国家电网有限公司
STATE GRID
CORPORATION OF CHINA

国家电网有限公司
技能人员专业培训教材

农网营销服务

国家电网有限公司　组编

中国电力出版社
CHINA ELECTRIC POWER PRESS

图书在版编目（CIP）数据

农网营销服务/国家电网有限公司组编. —北京：中国电力出版社，2019.11（2025.12 重印）
国家电网有限公司技能人员专业培训教材
ISBN 978-7-5198-3997-0

Ⅰ．①农…　Ⅱ．①国…　Ⅲ．①农村配电–市场营销学–技术培训–教材　Ⅳ．①F407.615

中国版本图书馆 CIP 数据核字（2019）第 246930 号

出版发行：中国电力出版社
地　　址：北京市东城区北京站西街 19 号（邮政编码 100005）
网　　址：http://www.cepp.sgcc.com.cn
责任编辑：张　瑶（010-63412503）
责任校对：黄　蓓　马　宁
装帧设计：郝晓燕　赵姗姗
责任印制：石　雷

印　　刷：廊坊市文峰档案印务有限公司
版　　次：2020 年 4 月第一版
印　　次：2025 年 12 月北京第九次印刷
开　　本：710 毫米×980 毫米　16 开本
印　　张：23.5
字　　数：453 千字
印　　数：7501—8500 册
定　　价：70.00 元

本书编委会

主　　任　吕春泉

委　　员　董双武　张　龙　杨　勇　张凡华

　　　　　王晓希　孙晓雯　李振凯

编写人员　程海斌　于智慧　贾建东　徐光举

　　　　　费海峰　徐京华　辛　欣　曹爱民

　　　　　战　杰　尹辉燕　赵　军

前 言

为贯彻落实国家终身职业技能培训要求，全面加强国家电网有限公司新时代高技能人才队伍建设工作，有效提升技能人员岗位能力培训工作的针对性、有效性和规范性，加快建设一支纪律严明、素质优良、技艺精湛的高技能人才队伍，为建设具有中国特色国际领先的能源互联网企业提供强有力人才支撑，国家电网有限公司人力资源部组织公司系统技术技能专家，在《国家电网公司生产技能人员职业能力培训专用教材》（2010 年版）基础上，结合新理论、新技术、新方法、新设备，采用模块化结构，修编完成覆盖输电、变电、配电、营销、调度等 50 余个专业的培训教材。

本套专业培训教材是以各岗位小类的岗位能力培训规范为指导，以国家、行业及公司发布的法律法规、规章制度、规程规范、技术标准等为依据，以岗位能力提升、贴近工作实际为目的，以模块化教材为特点，语言简练、通俗易懂，专业术语完整准确，适用于培训教学、员工自学、资源开发等，也可作为相关大专院校教学参考书。

本书为《农网营销服务》分册，由程海斌、于智慧、贾建东、徐光举、费海峰、徐京华、辛欣、曹爱民、战杰、尹辉燕、赵军编写。在出版过程中，参与编写和审定的专家们以高度的责任感和严谨的作风，几易其稿，多次修订才最终定稿。在本套培训教材即将出版之际，谨向所有参与和支持本书籍出版的专家表示衷心的感谢！

由于编写人员水平有限，书中难免有错误和不足之处，敬请广大读者批评指正。

目 录

第二部分　抄　表　收　费

第三部分 装 表 接 电

第四部分 电力营销管理信息系统应用

第一部分

营 业 业 务

第一章

业务受理与业务扩充

▲ 模块 1 低压电力客户业务办理（Z34E1004 Ⅱ）

【模块描述】本模块包含业扩报装和变更用电的工作流程和规定。通过概念描述、流程介绍、框图示意、要点归纳，掌握低压电力客户业务办理的步骤和要求。

【模块内容】低压电力客户业务主要包括两部分，即业扩报装和变更用电。供电营业人员需要掌握客户办理各项用电业务的步骤和要求。

一、管理要求

业务扩充又称业扩报装工作。业扩报装包括业务受理、现场勘查、供电方案确定及答复、业务收费、设计文件审查、中间检查、竣工检验、供用电合同签订、装表接电、资料归档、服务回访全过程的作业。根据《国家电网公司业扩报装管理规则》（营销 378—2017）的要求，全面践行"四个服务"宗旨、"你用电、我用心"的服务理念，认真贯彻国家法律法规、标准规程和供电监管要求，严格遵守国网公司供电服务"三个十条"规定，按照"一口对外、便捷高效、三不指定、办事公开"原则，开展业扩报装工作。

"一口对外"原则，指建立有效的业扩报装管理体系和跨部门协同机制，营销部门统一受理客户用电申请，承办业扩报装具体业务，并对外答复客户；规划、运检、运行、建设、物资等部门按照职责分工和流程要求，完成业扩报装相应工作内容；实现营销业务系统与相关系统的数据共享和流程贯通，支撑客户需求、电网资源、可开放容量、停电计划、业扩办理进程信息，以及跨部门工作安排信息自动发布。

"便捷高效"原则，指简化客户报装手续和资料种类，优化报装流程，供电方案编审推行网上会签、集中会审；业扩配套工程与受电工程推行设计、施工、验收"三同步"；收费、装表、合同签订、工程检查流程"串改并"；严格按照《供电监管办法》和公司"十项承诺"时限要求，办理业扩报装各环节业务，并通过系统进行全环节量化、全过程管控、全业务考核。

"三不指定"原则，指严格执行国家有关规范用户受电工程市场的规定，按照统一标准开展业扩报装服务工作，健全用户委托受电工程、新建居住区配套工程招投标制度，保障客户对设计、施工、设备供应单位的知情权、自主选择权，不以任何形式指定设计、施工和设备材料供应单位。

"办事公开"原则，指坚持信息公开透明，通过营业厅、"掌上电力"手机 App、95598 网站等渠道，公开业扩报装服务流程，工作规范，收费项目、标准及依据等内容；提供便捷的查询方式，方便客户查询设计、施工单位，业务办理进程，以及注意事项等信息，主动接受客户及社会监督。

二、业务扩充的主要内容

（1）客户新装或增容用电申请受理及申请资料审核；

（2）根据客户需求和电网情况，勘察确定供电方案；

（3）相关业务费用收取；

（4）客户受电工程的设计审查；

（5）客户受电工程的中间检查和竣工验收；

（6）签订供用电合同和有关协议；

（7）装设电能计量装置和办理接电事宜；

（8）建立电费账户和客户用电档案；

（9）客户回访。

三、业务受理作业规则

向客户提供营业厅、"掌上电力"手机 App、95598 网站等办电服务渠道，实行"首问负责制""一证受理""一次性告知""一站式服务"。对于有特殊需求的客户群体，提供办电预约上门服务。

受理客户用电申请时，应主动向客户提供用电咨询服务，接收并查验客户申请资料，及时将相关信息录入营销业务应用系统，由系统自动生成业务办理表单（表单中办理时间和相应二维码信息由系统自动生成）。推行线上办电、移动作业和客户档案电子化，坚决杜绝系统外流转。

（1）实行营业厅"一证受理"。受理时应询问客户申请意图，向客户提供业务办理告知书（居民生活用电业务办理告知书见表 1–1–1、低压非居民用电业务办理告知书见表 1–1–2），告知客户需提交的资料清单（详见告知书背面）、业务办理流程、收费项目及标准、监督电话等信息。对于申请资料暂不齐全的客户，在收到其用电主体资格证明并签署"承诺书"（非居民客户承诺书见表 1–1–3，居民客户承诺书见表 1–1–4）后，正式受理用电申请并启动后续流程，现场勘查时收资。已有客户资料或资质证件尚在有效期内，则无需客户再次提供。推行居民客户"免填单"服务，业务办理人员了解客户申请信息并录入营销业务应用系统，生成用电登记表（低压居民生活用电登记表见表 1–1–5、低压非居民用电登记表见表 1–1–6、低压批量用电登记表见表 1–1–7、低压批量用电清单见表 1–1–8），打印后交由客户签字确认。

表 1–1–1 用电业务办理告知书（居民生活）

尊敬的电力客户：

欢迎您到国网××供电公司办理用电业务！我公司为您提供营业厅、"掌上电力"手机 App、95598 网站等业务办理渠道。为了方便您办理业务，请您仔细阅读以下内容。

一、业务办理流程

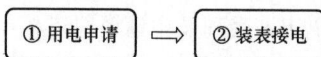

```
┌──────────┐      ┌──────────┐
│ ① 用电申请 │ ⟹  │ ② 装表接电 │
└──────────┘      └──────────┘
```

二、业务办理说明

① 用电申请

在受理您用电申请后，请您与我们签订供用电合同，并按照当地物价管理部门价格标准交清相关费用。您需提供的申请材料应包括：房屋产权证明以及与产权人一致的用电人身份证明。

若您暂时无法提供房屋产权证明，我们将提供"一证受理"服务。在您签署《客户承诺书》后，我们将先行受理，启动后续工作。

② 装表接电

受理您用电申请后，我们将在 2 个工作日内，或者按照与您约定的时间开展上门服务并答复供电方案，请您配合做好相关工作。如果您的用电涉及工程施工，在工程竣工后，请及时报验，我们将在 3 个工作日内完成竣工检验。您办结相关手续，并经验收合格后，我们将在 2 个工作日内装表接电。

您应当按照国家有关规定，自行购置、安装合格的漏电保护装置，确保用电安全。

请您对我们的服务进行监督，如有建议或意见，请及时拨打 95598 服务热线或登录"掌上电力"手机 App，我们将竭诚为您服务！

申请资料清单（用电业务办理告知书背面）

序号	资料名称	备注
一	居民客户	
1	用电主体资格证明材料，即与房屋产权人一致的用电人身份证明[如居民身份证、临时身份证、户口本、军官证或士兵证、台胞证、港澳通行证、外国护照、外国永久居留证（绿卡），或其他有效身份证明文书等]原件及复印件	申请时必备
2	客户承诺书（如果客户申请时提供了与用电人身份一致的有效产权证明原件及复印件的，可不要求签署该承诺书）	如果暂不能提供与用电人身份一致的有效产权证明原件及复印件的，签署承诺书后可在后续环节补充
3	产权证明（复印件）或其他证明文书	

续表

序号	资料名称	备注
二	非居民客户	
1	用电主体资格证明材料（如身份证、营业执照、组织机构代码证等）	申请时必备。已提供加载统一社会信用代码的营业执照的，不再要求提供组织机构代码和税务登记证明
2	客户承诺书（如果客户申请时提供了所有齐全资料的，可不要求签署该承诺书）	如果暂不能提供与用电人身份一致的有效产权证明原件及复印件的，签署承诺书后可在后续环节补充
3	产权证明（复印件）或其他证明文书	
4	企业、工商、事业单位、社会团体的申请用电委托代理人办理时，应提供： （1）授权委托书或单位介绍信（原件）； （2）经办人有效身份证明复印件（包括身份证、军人证、护照、户口簿或公安机关户籍证明等）	非企业负责人（法人代表）办理时必备
5	政府职能部门有关本项目立项的批复、核准、备案文件	高危及重要客户、高耗能客户必备
6	高危及重要客户： （1）保安负荷具体设备和明细； （2）非电性质安全措施相关资料； （3）应急电源（包括自备发电机组）相关资料	高危及重要客户必备
7	煤矿客户需增加以下资料： （1）采矿许可证； （2）安全生产许可证	煤矿客户必备
8	非煤矿山客户需增加以下资料： （1）采矿许可证； （2）安全生产许可证； （3）政府主管部门批准文件	非煤矿山客户必备
9	税务登记证复印件	根据客户用电主体类别提供。已提供加载统一社会信用代码的营业执照的，不再要求提供税务登记证明
10	一般纳税人资格复印件	需要开具增值税发票的客户必备
11	对涉及国家优待电价的应提供政府有权部门核发的资质证明和工艺流程	享受国家优待电价的客户必备

注　增容、变更用电时，客户前期已提供、且在有效期以内的资料无需再次提供。

表 1-1-2 用电业务办理告知书（低压非居民）

尊敬的电力客户：

欢迎您到国网××供电公司办理用电业务！我公司为您提供营业厅、"掌上电力"手机 App、95598 网站等业务办理渠道。为了方便您办理业务，请您仔细阅读以下内容。

一、业务办理流程

①用电申请 ➡ ②确定方案 ➡ ③工程实施 ➡ ④装表接电

二、业务办理说明

1. 用电申请
您在办理用电申请时，请提供以下申请材料： ➤ 用电主体资格证明材料［自然人客户提供身份证、军人证、护照、户口簿或公安机关户籍证明等；法人或其他组织提供法人代表有效身份证明（同自然人）、营业执照（或组织机构代码证）等］。 ➤ 房屋产权证明或土地权属证明文件。 若您暂时无法提供房屋产权证明或土地权属证明文件，我们将提供"一证受理"服务。在您签署《客户承诺书》后，我们将先行受理，启动后续工作。
2. 确定方案
受理您用电申请后，我们将 5 个工作日内，或者按照与您约定的时间开展上门服务并答复您供电方案，请您配合做好相关工作。
3. 工程实施
➤ 如果您的用电涉及工程施工，根据国家规定，产权分界点以下部分由您负责施工，产权分界点以上工程由供电企业负责。 ➤ 请您自主选择您产权范围内工程的施工单位（具备相应资质），工程竣工后，请及时报验，我们将在 3 个工作日内完成竣工检验。
4. 装表接电
➤ 在竣工检验合格，签订《供用电合同》及相关协议，并按照政府物价部门批准的收费标准结清业务费用后，我们将在 3 个工作日内为您装表接电。

请您对我们的服务进行监督，如有建议或意见，请及时拨打 95598 服务热线或登录"掌上电力"手机 App，我们将竭诚为您服务！

表 1–1–3　　　　　　　　　非 居 民 客 户 承 诺 书

国网××供电公司：

　　本人（单位）因_____需要办理用电申请手续，此次申请用电的地址为_____，申请用电的容量_____千伏安（或千瓦）。因_____原因，目前暂时只能提供本单位的主体资格证明资料《_____》，其他相应的用电申请资料在以下时间点提供：

　　在_____（时间或环节）前提交资料 1：《_____》。
　　在_____（时间或环节）前提交资料 2：《_____》。
　　……

　　为保证本单位能够及时用电，在提请供电公司先启动相关服务流程，我本人（单位）承诺：

　　（1）我方已清楚了解上述各项资料是完成用电报装的必备条件，不能在规定的时间提交将影响后续业务办理，甚至造成无法送电的结果。若因我方无法按照承诺时间提交相应资料，由此引起的流程暂停或终止、延迟送电等相应后果由我方自行承担。

　　（2）我方已清楚了解所提供各类资料的真实性、合法性、有效性、准确性是合法用电的必备条件。若因我方提供资料的真实性、合法性、有效性、准确性问题造成无法按时送电，或送电后在生产经营过程中发生事故，或被政府有关部门责令中止供电、关停、取缔等情况，所造成的法律责任和各种损失后果由我方全部承担。

用电人（承诺人）：
年　　月　　日

表 1–1–4　　　　　　　　居民客户承诺书样式

居民客户承诺书

（说明：如果客户申请时提供了与用电人身份一致的有效产权证明原件及复印件的，可不要求签署该承诺书。）

国网××供电公司：

　　本人申请居民用电的地址为_____。本人承诺提供的身份证明资料《证件名称：_____，证件号码：_____》真实、合法、有效，并与该用电地址的产权人一致。本人已清楚了解用电地址房屋产权及用电人身份的真实性、合法性、有效性、一致性是完成用电报装、合法用电的必备条件。若因本人提供资料的真实性、合法性、有效性、一致性问题造成的流程暂停或终止、无法按时送电，或送电后发生各种法律纠纷，或被政府有关部门责令中止供电等情况，供电公司有权按照政府部门或实际产权人要求拆表中止供电，所造成的法律责任和各种损失后果由本人全部承担。

用电人（承诺人）：
年　　月　　日

表 1-1-5　　　　　　　　　　低压居民生活用电登记表

客户基本信息			
客户名称			（档案标识二维码，系统自动生成）
（证件名称）	（证件号码）		
用电地址			
通信地址		邮编	
电子邮箱			
固定电话		移动电话	
经办人信息			
经办人		身份证号	
固定电话		移动电话	
服务确认			
业务类型	新装□　　　　　　　　增容□		
户　号		户　名	
供电方式		供电容量	
电　价		增值服务	
收费名称		收费金额	
其他说明			

特别说明：
本人已对本表信息进行确认并核对无误，同时承诺提供的各项资料真实、合法、有效，并愿意签订供用电合同，遵守所签合同中的各项条款。

经办人签名：_____
年　　月　　日

供电企业填写	受理人员：	申请编号：
	受理日期：　　　　年　　月　　日	

表 1-1-6　　　　　　　　　　　低压非居民用电登记表

客户基本信息				
户　　　名		户　　号		（档案标识二维码、系统自动生成）
（证件名称）	（证件号码）			
用电地址				
通信地址		邮编		
电子邮箱				
法人代表		身份证号		
固定电话		移动电话		
经办人信息				
经 办 人		身份证号		
固定电话		移动电话		
申请事项				
业务类型	新装□　　增容□　　临时用电□			
申请容量		供电方式		
需要增值税发票	是□　　否□			
增值税发票资料	增值税户名	纳税地址		联系电话
	纳税证号	开户银行		银行账号
告知事项				
贵户根据供电可靠性需求，可申请备用电源、自备发电设备或自行采取非电保安措施。				
服务确认				
特别说明： 本人（单位）已对本表信息进行确认并核对无误，同时承诺提供的各项资料真实、合法、有效。 经办人签名（单位盖章）：＿＿＿＿＿ 年　　月　　日				
供电企业填写	受理人：　　　　　　　　　申请编号： 受理日期：　　年　月　日			

表 1–1–7　　　　　　　　　　　　**低压批量用电登记表**

客户基本信息				
户　名			户　号	
用电地址	县（市/区）　　　　　街道（镇/乡）　　　　　社区（居委会/村）			
	道路　　　　　小区　　　　　组团（片区）			
用电类别		申请户数		
单户容量	千瓦	总容量		千瓦

经办单位信息	
经办单位	
单位地址	
通信地址	邮编
电子邮箱	传真
经办人	身份证号
固定电话	移动电话

告知事项

多户新装业务完成后电表将暂不通电。单户开通需向供电企业申请，提供身份证明、产权证明等相关资料，并签订供用电合同。通电后请核对户表供电关系是否正确。

特别说明：
本人（单位）已对本表及附件中的信息进行确认并核对无误，同时承诺提供的各项资料真实、合法、有效。

经办人签名（单位盖章）：＿＿＿＿＿

年　月　日

供电企业填写	受理人员：	申请编号：
	受理日期：　年　月　日	供电企业（盖章）：

表 1-1-8　　　　　　　　　低 压 批 量 用 电 清 单

经办单位			申请编号		
用电地址	_____幢_____单元　（不同单元分页填写）共___页，第___页				

序号	室号	户名	用电容量（千瓦）	身份证号码（或其他证件号码）	移动电话
1					
2					
3					
4					
5					
6					
7					
8					
9					
10					
11					
12					
13					
14					
15					
16					
17					
18					
19					
20					
21					
22					
23					

经办人签名（单位盖章）：　　　　　　　　　　　　　　　年　月　日

（2）提供"掌上电力"手机 App、95598 网站等线上办理服务。通过线上渠道业务办理指南，引导客户提交申请资料、填报办电信息。电子坐席人员在一个工作日内完成资料审核，并将受理工单直接传递至属地营业厅，严禁层层派单。对于申请资料暂不齐全的客户，按照"一证受理"要求办理，由电子坐席人员告知客户在现场勘查时收资。

（3）实行同一地区可跨营业厅受理办电申请。各级供电营业厅，均应受理各电压等级客户用电申请。同城异地营业厅应在 1 个工作日内将收集的客户报装资料传递至属地营业厅，实现"内转外不转"。

业务办理应及时将相关信息录入营销业务系统，并在相关表单自动生成时间和相应二维码信息。

受理客户用电申请，应主动向客户提供用电咨询服务，接收并查验客户用电申请资料，与客户预约现场勘查时间。

【思考与练习】

1. 低压客户用电申请需提供哪些资料？
2. 简述业务受理作业规则。
3. 业务扩充的主要内容有哪些？

◢ 模块 2 10kV 电力客户申请（Z34E1010Ⅲ）

【模块描述】 本模块包含用电业务办理告知书（高压）的内容与格式、高压客户用电登记表等内容。通过概念描述、要点归纳，熟悉 10kV 电力客户申请主要内容。

【模块内容】 依据《电力供应与使用条例》《用电营业规则》，客户新装或增加用电容量均要求事先到供电公司用电营业场所提出申请，办理手续。客户在新建项目的立项、选址阶段，应与供电公司联系，就供电可能性、用电容量和供电条件达成原则协议，方可确定项目选址。

客户新建项目定址后，应提供上级主管部门批准的文件及有关资料，并依照供电公司规定的格式如实填写用电申请书及办理所需手续，供电公司应密切配合，尽快确定供电方案。客户未按规定办理时，供电公司有权拒绝受理其用电申请。

供电营业人员在接受客户用电申请时，必须根据客户的用电性质，对资料进行审查，特别要查清工程项目是否已得到批准，提供的资料是否可以满足审定供电方案和设计、施工的要求。

业务受理作业规则详见第一章模块 1 低压电力客户业务办理中"三、业务受理作业规则"。

用电业务办理告知书（高压）见表 1-2-1，高压客户用电登记表见表 1-2-2，客户主要用电设备清单见表 1-2-3，联系人资料表见表 1-2-4。

表 1-2-1 用电业务办理告知书（高压）

尊敬的电力客户：

欢迎您到国网××供电公司办理用电业务！我公司为您提供营业厅、"掌上电力"手机 App、95598 网站等业务办理渠道。为了方便您办理业务，请您仔细阅读以下内容。

一、业务办理流程

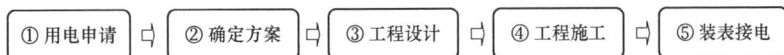

①用电申请 ⇨ ②确定方案 ⇨ ③工程设计 ⇨ ④工程施工 ⇨ ⑤装表接电

二、业务办理说明

1. 用电申请

➤ 请您按照材料提供要求准备申请资料，详见本告知书背面。
➤ 若您暂时无法提供全部资料，我们将提供"一证受理"服务。在您签署《承诺书》后，我们将先行受理，启动后续工作。

2. 确定方案

➤ 在受理您用电申请后，我们将安排客户经理按照与您约定的时间到现场查看供电条件，并在 15 个工作日（双电源客户 30 个工作日）内答复供电方案。根据国家《供电营业规则》规定，产权分界点以下部分由您负责施工，产权分界点以上工程由供电企业负责。

3. 工程设计

➤ 请您自主选择有相应资质的设计单位开展受电工程设计。
➤ 对于重要或特殊负荷客户，设计完成后，请及时提交设计文件，我们将在 10 个工作日内完成审查；其他客户仅查验设计单位资质文件。

4. 工程施工

➤ 请您自主选择有相应资质的施工单位开展受电工程施工。
➤ 对于重要或特殊负荷客户，在电缆管沟、接地网等隐蔽工程覆盖前，请及时通知我们进行中间检查，我们将于 3 个工作日内完成中间检查。
➤ 工程竣工后，请及时报验，我们将于 5 个工作日内完成竣工检验。

5. 装表接电

➤ 在竣工检验合格，签订《供用电合同》及相关协议，并按照政府物价部门批准的收费标准结清业务费用后，我们将在 5 个工作日内为您装表接电。

请您对我们的服务进行监督，如有建议或意见，请及时拨打 95598 服务热线或登录"掌上电力"手机 App，我们将竭诚为您服务！

表 1–2–2 高压客户用电登记表

客户基本信息					
户　　名			户　　号		
（证件名称）			（证件号码）		
行　　业			重要客户	是 □　　否 □	
用电地址	县（市/区）　　　　街道（镇/乡）　　　　社区（居委会/村）				
	道路　　　　　小区　　　　　组团（片区）				
通信地址			邮编		
电子邮箱					
法人代表		身份证号			
固定电话		移动电话			
客户经办人资料					
经 办 人		身份证号			
固定电话		移动电话			
用电需求信息					
业务类型	新装 □　　　增容 □　　　临时用电 □				
用电类别	工业 □　　非工业 □　　商业 □　　　农业 □　　　其他 □				
第一路电源容量	千瓦　　原有容量：　千伏安　　申请容量：　千伏安				
第二路电源容量	千瓦　　原有容量：　千伏安　　申请容量：　千伏安				
自备电源	有 □　　无 □　　容　量：　　千瓦				
需要增值税发票	是 □　否 □		非线性负荷	有 □　　无 □	

特别说明：
本人（单位）已对本表及附件中的信息进行确认并核对无误，同时承诺提供的各项资料真实、合法、有效。

经办人签名（单位盖章）：＿＿＿＿＿＿＿＿

年　　月　　日

供电企业填写	受理人：	申请编号：
	受理日期：	供电企业（盖章）：

表 1-2-3　　　　　　　　　　　客户主要用电设备清单

户　号			申请编号	
户　名				
序号	设备名称	型号	数量	总容量 （千瓦/千伏安）	负荷等级

用电设备容量合计： 　　　台　　　千瓦（千伏安）	根据用电设备容量及用电情况统计 我户需求负荷为　　　　千瓦
经办人签名（单位盖章）：	年　月　日 （系统自动生成）

表 1-2-4   联 系 人 资 料 表

户 号				申请编号									
户 名													
法人联系人	姓 名		固定电话		移动电话								
	邮 编		通信地址										
	传 真		电子邮箱										
电气联系人	姓 名		固定电话		移动电话								
	邮 编		通信地址										
	传 真		电子邮箱										
账务联系人	姓 名		固定电话		移动电话								
	邮 编		通信地址										
	传 真		电子邮箱										
	姓 名		固定电话		移动电话								
	邮 编		通信地址										
	传 真		电子邮箱										
经办人签名（单位盖章）：									年 月 日				
其他说明	办理高压和低压非居民新装、临时用电业务时应填写本表。办理其他业务，根据实际需要填写。												

【思考与练习】

1. 营业工作人员在接受客户用电申请时应做好哪方面的审查？
2. 高压用电业务办理告知书的主要内容有哪些？
3. 工程设计审查的时限是多少天？

模块 3　10kV 电力客户业扩流程（Z34E1011Ⅲ）

【模块描述】本模块包含业扩流程的定义、业扩流程及各环节的内容和职责要求。通过概念描述、框图示意、流程介绍、要点归纳，熟悉 10kV 电力客户业扩流程。

【模块内容】

一、业扩流程的定义

业扩流程是指供电公司受理客户新装或增容等业扩报装工作的内部传递程序。制定流程的原则是为客户提供快捷便利的服务。

二、新装客户业扩流程图

新装高压客户业扩流程图如图 1-3-1 所示，箭头所指方向为流程顺序。对高压供电方案的审批，因牵涉有关部门较多，可采取业扩会的方式，但应尽量缩短审批周期，按规定期限要求，及时给客户答复。对于暂无法批准的用电申请，也应在答复期限内，向客户说明不能批准的原因。

外部工程的设计、施工由供电公司的供电工程管理部门组织实施。客户内部工程的设计、施工可根据本地区实际情况自行选择设计、施工单位，但必须是国家或地方主管部门认可的具有相应资格的设计部门和施工单位。

三、资料归档

（1）推广应用营销档案电子化，逐步取消纸质工单，实现档案信息的自动采集、动态更新、实时传递和在线查阅。在送电后 3 个工作日内，收集、整理并核对归档信息和资料，形成归档资料清单（见表 1-3-1）。

（2）制订客户资料归档目录，利用系统校验、95598 回访等方式，核查客户档案资料，确保完整准确。如果档案信息错误或信息不完整，则发起纠错流程。具体要求如下：

1）档案资料应保留原件，确不能保留原件的，保留与原件核对无误的复印件。供电方案答复单、供用电合同及相关协议必须保留原件。

2）档案资料应重点核实有关签章是否真实、齐全，资料填写是否完整、清晰。

3）各类档案资料应满足归档资料要求。档案资料相关信息不完整、不规范、不一致的，应退还给相应业务环节补充完善。

4）业务人员应建立客户档案台账并统一编号建立索引。

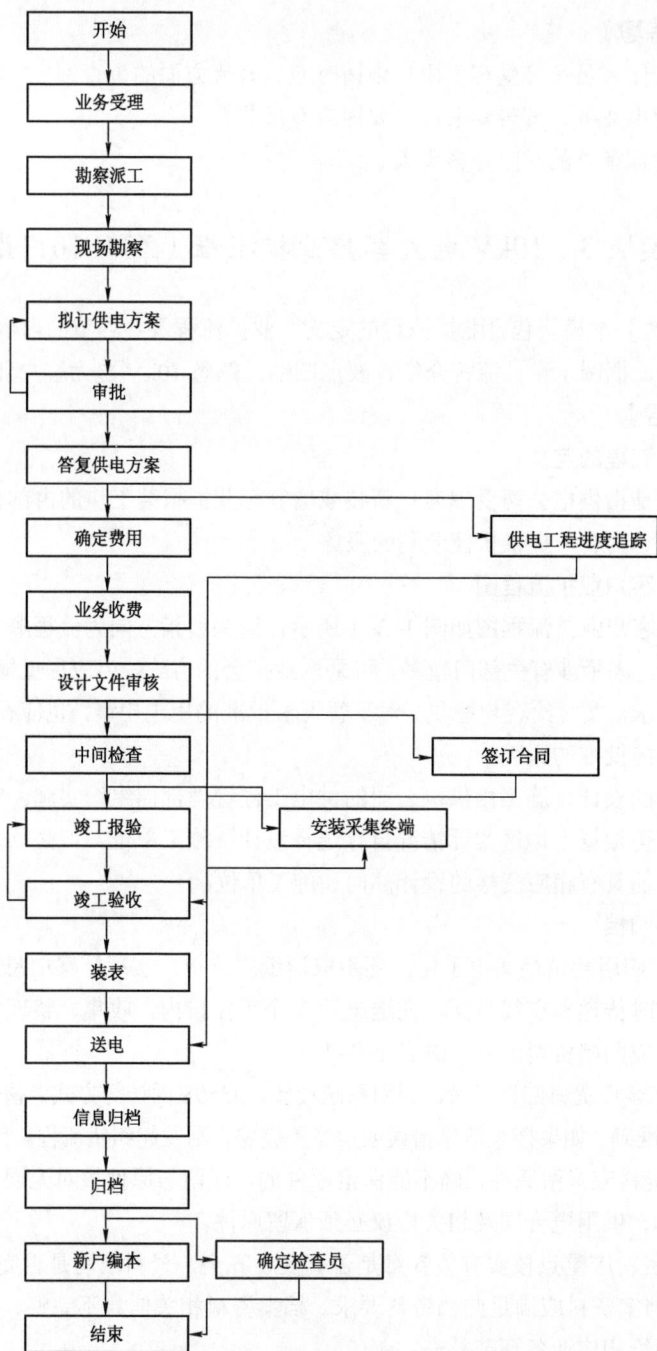

图 1-3-1 新装高压客户业扩流程图

表 1-3-1 　　　　　　　　　　　业扩报装归档资料清单

环 节	名　　　称	低压		高压
		居民	非居民	
受理申请	用电登记表	√	√	√
	客户有效身份证明（复印件）： 低压居民客户：用电主体资格证明材料，即与房屋产权人一致的用电人身份证明［包括居民身份证、临时身份证、户口本、军官证或士兵证、台胞证、港澳通行证、外国护照、外国永久居留证（绿卡），或其他有效身份证明文书等］原件及复印件。 非居民客户：用电主体资格证明材料（包括营业执照、组织机构代码证）	√	√	√
	客户承诺书（"一证受理"客户）	△	△	△
	产权证明（复印件）或其他证明文书	√	√	√
	主要电气设备清单（影响电能质量的用电设备清单）			√
	企业、工商、事业单位、社会团体的申请用电委托代理人办理时，应提供： （1）授权委托书或单位介绍信（原件）； （2）经办人有效身份证明（复印件）		△	△
	政府职能部门有关本项目立项的批复、核准（两高客户必须留存）			△
	（1）非电性质安全措施相关资料； （2）应急电源（包括自备发电机组）相关资料； （3）保安负荷、双电源、双回路的必要性及具体设备和明细（高危及重要客户必须留存）			△
供电方案	现场勘查单			√
	高压（低压）供电方案答复单	√	√	√
受电工程设计文件审查	设计资质证书复印件、客户受电工程设计资质查验意见单			√
	客户受电工程设计文件送审单			△
	客户受电工程设计文件审查意见单			△
受电工程中间检查及竣工检验	承装（修、试）电力设施许可证复印件、客户受电工程施工资质查验意见单			√
	客户受电工程竣工报验单			√
	竣工资料（包含竣工图纸、电气设备出厂合格证书、电气设备交接试验记录、试验单位资质证明）			√
	客户受电工程竣工检验意见单			√
	电能计量装接单	√	√	√
送电	新装（增容）送电单	√	√	√
	供用电合同及其附件	√	√	√

注　√为必需存档；△可视情况存档。

【思考与练习】

1. 简述高压客户业扩流程的定义。
2. 简述高压客户业扩流程。
3. 高压客户外部工程的设计、施工由哪个部门组织实施?

▲ 模块 4 供电可行性审查论证(Z34E1005Ⅲ)

【模块描述】 本模块包含用电申请容量核查、供电可靠性审查、供电可能性、合理性审查。通过概念描述、术语解释、要点归纳,了解供电可行性审查论证一般要求。

【模块内容】

一、用电申请容量核查

电力客户申请用电是《中华人民共和国电力法》赋予的一项权利。为了体现公司服务宗旨并对客户负责,应综合客户用电申请原因。若是新装客户,按照客户提出近期申请计划和将来发展规划的计算负荷,对申请容量进行审查;若是增容客户,则应对原供电容量的使用情况等进行核查论证,测算在原有容量中通过其内部挖潜改造,有多少可利用的富余容量,对其不足部分需新增多少容量,这样就可以撤销或减少申请用电容量。

二、供电可靠性审查

客户根据自己的生产需要和资金状况提出双路电源的需求,供电企业可以对客户进行技术指导,在供电条件许可的情况下尽量满足客户需求。另外,供电企业应该核查客户的负荷性质,如属于高危(重要)客户,则供电企业应督促客户配备双电源供电,同时应自备应急电源和非电保安措施。

双电源供电指由两个独立的供电线路向一个用电负荷实施的供电。这两条线路由两个电源供电,即由两个变电站或一个有多台变压器单独运行的变电站中的两段母线分别提供电源。其中一个电源故障时,不会因此而导致另一个电源同时损坏。

保安电源是指供给用户保安负荷的电源。当常用电源或主要电源故障断电时,保安电源用来保证对用户保安负荷连续供电,以防发生人身伤亡和设备事故,造成重大经济损失。保安电源必须是与其他电源无联系而能独立存在的电源,或与其他电源有较弱的联系,当其中一个电源故障断电时,不会导致另一个电源损坏的电源。

三、供电可能性审查

供电可能性是确定如何供电的问题。对电力客户进行供电必要性审查后,供电公司要落实供电资源渠道,并根据客户的用电性质、用电地址、用电变压器容量及用电负荷,结合当地区域变电站的供电能力、输配电网络的现有分布情况,来确定是否具备对该客户供电的条件，即进行供电可能性的审查。当供电能力受限制时，应对相应的输、变、配电设备进行统一规划建设。

电力客户新建受电工程项目在立项阶段，事先应与供电公司联系，就工程供电的可能性、用电容量和供电条件等达成意向性协议，方可审批、确定项目。未履行上述手续的，电力公司有权拒绝受理其用电申请。

四、供电合理性审查

根据国家的能源政策和环境保护的有关规定，审查电力客户能源使用是否合理，应严格控制高耗能设备。客户在设备选型配套中，是否采用用电单耗小、效率高的设备和国家推广的新技术、新工艺。对受电变压器容量在 100kVA 及以上者，应按要求进行无功补偿。

根据电力客户的用电性质和用电容量，以及未来电力发展规划，审查变压器申请容量是否合理，确定变压器容量时既要考虑现有负荷状况，又要考虑留有发展余地；既要满足高峰负荷时的用电需求，又要防止低谷负荷时变压器轻载、空载无功损耗大的问题；通常以客户总负荷不超过其所供配电变压器额定容量的 70% 较好，并选用国家推广的低损耗变压器。

批准变压器申请容量后，要进一步论证供电电压和供电线路回路数，论证是新建变电站，还是从现在已有变电站中出线；是采用架空线路供电，还是采用电力地埋电缆供电等。上述问题既是供电合理性审查的主要内容，又是确定供电方案中所要解决的问题。

【思考与练习】

1. 供电可行性审查论证主要有哪些部分？

2. 电力客户是否需要双电源取决于什么？

3. 电力客户新建受电工程项目在立项阶段应履行哪些手续，供电公司才可受理其用电申请？

◢ 模块 5 供电方案的确定（Z34E1001Ⅱ）

【模块描述】本模块包含现场查勘的内容、确定低压供电方案的依据、供电方案所要明确的内容、供电所答复客户供电方案的时限、供电方案的有效期等内容。通过概念描述、术语说明、案例介绍，掌握确定供电方案的基本知识。

【模块内容】

一、术语

1. 供电方案

指由供电企业提出，经供用双方协商后确定，满足客户用电需求的电力供应具体实施计划。供电方案可作为客户受电工程规划立项，以及设计、施工建设的依据。

2. 主供电源

指能够正常、有效且连续为全部用电负荷提供电力的电源。

3. 备用电源

指根据客户在安全、业务和生产上对供电可靠性的实际需求，在主供电源发生故障或断电时，能够有效且连续为全部或部分负荷提供电力的电源。

4. 自备应急电源

指由客户自行配备的，在正常供电电源全部发生中断的情况下，能够至少满足对客户保安负荷不间断供电的独立电源。

5. 双电源

指由两个独立的供电线路向同一个用电负荷实施的供电。这两条供电线路是由两个电源供电，即由来自两个不同方向的变电站或来自具有两回及以上进线的同一变电站内两段不同母线分别提供的电源。

6. 双回路

指为同一用电负荷供电的两回供电线路。

7. 保安负荷

指用于保障用电场所人身与财产安全所需的电力负荷。一般认为，断电后会造成下列后果之一的，为保安负荷：

（1）直接引发人身伤亡的；

（2）使有毒、有害物溢出，造成环境大面积污染的；

（3）将引起爆炸或火灾的；

（4）将引起重大生产设备损坏的；

（5）将引起较大范围社会秩序混乱或在政治上产生严重影响的。

8. 电能计量方式

指根据电能计量的不同对象，以及确定的客户供电方式和国家电价政策要求，确定电能计量点和电能计量装置配置原则。

9. 用电信息采集终端

指安装在用电信息采集点的设备，用于电能表数据的采集、数据管理、数据双向传输，以及转发或执行控制命令。用电信息采集终端按应用场所分为专用变压器采集终端、集中抄表终端（包括集中器及采集器）、分布式能源监控终端等类型。

10. 电能质量

指供应到客户受电端的电能品质的优劣程度。通常以电压允许偏差、电压允许波动和闪变、电压正弦波形畸变率、三相电压不平衡度、频率允许偏差等指标来衡量。

11. 谐波源

指向公共电网注入谐波电流或在公共电网中产生谐波电压的电气设备，如电气机车、电弧炉、整流器、逆变器、变频器、相控的调速和调压装置、弧焊机、感应加热设备、气体放电灯，以及有磁饱和现象的机电设备。

12. 大容量非线性负荷

指接入 110kV 及以上电压等级电力系统的电弧炉、轧钢设备、地铁、电气化铁路牵引机车，以及单台 4000kVA 及以上整流设备等具有波动性、冲击性、不对称性的负荷。

二、现场勘查

（1）根据与客户预约的时间，组织开展现场勘查。现场勘查前，应预先了解待勘查地点的现场供电条件。

（2）现场勘查实行合并作业和联合勘查，推广应用移动作业终端，提高现场勘查效率。

1）低压客户实行勘查装表"一岗制"作业。具备直接装表条件的，在勘查确定供电方案后当场装表接电；不具备直接装表条件的，在现场勘查时答复客户供电方案，由勘查人员同步提供设计简图和施工要求，根据与客户约定时间或配套电网工程竣工当日装表接电。

2）高压客户实行"联合勘查、一次办结"，营销部（客户服务中心）负责组织相关专业人员共同完成现场勘查。

（3）现场勘查应重点核实客户负荷性质、用电容量、用电类别等信息，结合现场供电条件，初步确定供电电源、计量、计费方案，并填写现场勘查单（低压现场勘查单见表 1-5-1）。勘查主要内容包括以下几方面。

1）对申请新装、增容用电的居民客户，应核定用电容量，确认供电电压、用电相别、计量装置位置和接户线的路径、长度。

2）对申请新装、增容用电的非居民客户，应审核客户的用电需求，确定新增用电容量、用电性质及负荷特性，初步确定供电电源、供电电压、供电容量、计量方案、计费方案等。

3）对拟定的重要电力客户，应根据国家确定重要负荷等级有关规定，审核客户行业范围和负荷特性，并根据客户供电可靠性的要求及中断供电危害程度确定供电方式。

4）对申请增容的客户，应核实客户名称、用电地址、电能表箱位、表位、表号、倍率等信息，检查电能计量装置和受电装置运行情况。

表 1-5-1 低 压 现 场 勘 查 单

客户基本信息				
户　号		申请编号		（档案标识二维码，系统自动生成）
户　名				
联 系 人		联系电话		
客户地址				
申请备注				
现场勘查人员核定				
申请用电类别		核定情况：是 □　否 □＿＿＿＿＿＿		
申请行业分类		核定情况：是 □　否 □＿＿＿＿＿＿		
申请供电电压		核定供电电压：220V □　　　380V □		
申请用电容量		核定用电容量：		
接入点信息	包括电源点信息、线路敷设方式及路径、电气设备相关情况			
受电点信息	包括受电设施建设类型、主要用电设备特性			
计量点信息	包括计量装置安装位置			
其他				
主要用电设备				
设备名称	型号	数量	总容量（kW）	备注
供电简图：				
勘查人（签名）		勘查日期	年　月　日	

（4）对现场不具备供电条件的，应在勘查意见中说明原因，并向客户做好解释工作。勘查人员发现客户现场存在违约用电、窃电嫌疑等异常情况，应做好记录，及时报相关责任部门处理，并暂缓办理该客户用电业务。在违约用电、窃电嫌疑排查处理完毕后，重新启动业扩报装流程。

三、确定供电方案

1. 供电方案的内容

依据供电方案编制有关规定和技术标准要求，结合现场勘查结果、电网规划、用电需求及当地供电条件等因素，经过技术经济比较、与客户协商一致后，拟定供电方案。方案包含客户用电申请概况、接入系统方案、受电系统方案、计量计费方案、其他事项 5 部分内容。

（1）用电申请概况。户名、用电地址、用电容量、行业分类、负荷特性及分级、保安负荷容量、电力用户重要性等级。

（2）接入系统方案。各路供电电源的接入点、供电电压、频率、供电容量、电源进线敷设方式、技术要求、投资界面及产权分界点、分界点开关等接入工程主要设施或装置的核心技术要求。

（3）受电系统方案。用户电气主接线及运行方式，受电装置容量及电气参数配置要求；无功补偿配置、自备应急电源及非电性质保安措施配置要求；谐波治理、调度通信、继电保护及自动化装置要求；配电站房选址要求；变压器、进线柜、保护等一、二次主要设备或装置的核心技术要求。

（4）计量计费方案。计量点的设置、计量方式、用电信息采集终端安装方案，计量柜（箱）等计量装置的核心技术要求；用电类别、电价说明、功率因数考核办法、线路或变压器损耗分摊办法。

（5）其他事项。客户应按照规定缴纳业务费用及收费依据，供电方案有效期，供用电双方的责任义务，特别是取消设计文件审查和中间检查后，用电人应履行的义务和承担的责任（包括自行组织设计、施工的注意事项，竣工验收的要求等内容），其他需说明的事宜及后续环节办理有关告知事项。

2. 供电方案的答复

（1）对于具有非线性、不对称、冲击性负荷等可能影响供电质量或电网安全运行的客户，应书面告知其委托有资质单位开展电能质量评估，并在设计文件审查时提交初步治理技术方案。

（2）根据客户供电电压等级和重要性分级，取消供电方案分级审批，实行直接开放、网上会签或集中会审，并由营销部门统一答复客户（低压供电方案答复单见表 1-5-2）。

表 1-5-2 低压供电方案答复单

客户基本信息					
户　　号		申请编号		（档案标识二维码，系统自动生成）	
户　　名					
用电地址					
用电类别		行业分类			
供电电压		供电容量			
联 系 人		联系电话			

营业费用				
费用名称	单价	数量（容量）	应收金额（元）	收费依据

供电方案				
电源编号	电源性质	供电电压	供电容量	电源点信息
				供电变压器名称，接入点杆号（电缆分支箱号），产权分界点，进出线敷设方式建议

计量点组号	电价类别	定量定比	电能表		电流互感器	
			精度	规格及接线方式	精度	变比

备注	1. 表箱安装位置；2. 需客户配合事项说明；3. 其他事项
其他说明	1. 本供电方案自客户签收之日起三个月内有效。如遇有特殊情况，需延长供电方案有效期的，客户应在有效期到期前十天向供电企业提出申请，供电企业视情况予以办理延长手续。 2. 贵户如有受电工程，可委托有资质的电气设计、承装单位进行设计和施工。 3. 贵户受电工程竣工并经自验收合格后请及时联系供电企业进行竣工检验。

客户签名（单位盖章）：　　　　　　　　　供电企业（盖章）：
　　年　　月　　日　　　　　　　　　　　年　　月　　日（系统自动生成）

1）10（20）kV 及以下项目，原则上直接开放，由营销部（客户服务中心）编制供电方案，并经系统推送至发展、运检、调控等部门备案；对于电网接入受限项目，实行先接入、后改造。

2）35kV 项目，由营销部（客户服务中心）委托经研院（所）编制供电方案，营销部（客户服务中心）组织相关部门进行网上会签或集中会审。

3）110kV 及以上项目，由客户委托具备资质的单位开展接入系统设计，发展部委托经研院（所）根据客户提交的接入系统设计编制供电方案，由发展部组织进行网上会签或集中会审。营销部（客户服务中心）负责统一答复客户。

3. 供电方案的有效期

高压供电方案有效期 1 年，低压供电方案有效期 3 个月。若需变更供电方案，应履行相关审查程序，其中对于客户需求变化造成供电方案变更的，应书面告知客户重新办理用电申请手续；对于电网原因造成供电方案变更的，应与客户沟通协商，重新确定供电方案后答复客户。

4. 供电方案答复期限

在受理申请后，低压客户在次工作日完成现场勘查并答复供电方案；10kV 单电源客户不超过 14 个工作日；10kV 双电源客户不超过 29 个工作日；35kV 及以上单电源客户不超过 15 个工作日；35kV 及以上双电源客户不超过 30 个工作日。

【思考与练习】

1. 低压现场勘察包含哪些主要内容？
2. 答复客户供电方案的时限是如何规定的？
3. 低压供电方案包含哪些主要内容？

▲ 模块 6　10kV 电力客户供电方案（Z34E1006Ⅲ）

【模块描述】本模块包含确定供电方案基本原则、供电条件勘察、确定变压器容量、确定供电电压、确定供电方式、确定电能计量方式、答复客户等内容。通过概念描述、列表示意、要点归纳，熟悉 10kV 电力客户供电方案的内容及要求。

【模块内容】确定供电方案是业扩报装工作的一个重要环节。供电方案要解决的主要问题为两部分：第一是供多少，第二是如何供。"供多少"是指确定受电容量是多少比较适宜。"如何供"的主要内容是确定供电电压等级、选择供电电源、明确供电方式与计量方式等。

供电方案制定得正确与否，将直接影响电网的结构与运行，影响电力客户所需的供电可靠性和电压质量能否得到满足。此外，供电方案还为正确执行分类电价，正确选择、安装电能计量装置，合理计收电费，以及建立供用双方的业务关系，解决日常用电中的各种问题奠定了一定的基础，创造了必要的条件。因此，从电力客户申请用电开始，就要抓住这个关键环节。

确定供电方案基本原则、基本要求、现场勘察及供电方案答复，详见第一章模块5 供电方案的确定。

高压供电客户现场勘查单见表 1–6–1。高压供电客户供电方案答复单见表 1–6–2。

表 1–6–1 　　　　　　　　　　　　 **高压供电客户现场勘查单**

客户基本信息				
户　　号		申请编号		
户　　名				（档案标识二维码，系统自动生成）
联 系 人		联系电话		
客户地址				
申请备注				
意向接电时间		年　　月　　日		
现场勘查人员核定				
申请用电类别		核定情况：是 □ 否 □＿＿＿＿＿＿＿＿＿＿＿		
申请行业分类		核定情况：是 □ 否 □＿＿＿＿＿＿＿＿＿＿＿		
申请用电容量		核定用电容量		
供电电压				
接入点信息	包括电源点信息、线路敷设方式及路径、电气设备相关情况			
受电点信息	包括变压器容量、建设类型、变压器建议类型（杆上/室内/箱式变压器/油浸式变压器/干式变压器）			
计量点信息	包括计量装置安装位置			
备注				
供电简图：				
勘查人（签名）		勘查日期	年　　月　　日	

表 1–6–2　　　　　　　　　　高压供电客户供电方案答复单

客户基本信息					
户　　号		申请编号		（档案标识二维码，系统自动生成）	
户　　名					
用电地址					
用电类别		行业分类			
拟定客户分级		供电容量			
联系人		联系电话			

营业费用				
费用名称	单价	数量（容量）	应收金额（元）	收费依据

告知事项

依据国家有关政策、贵户用电需求以及当地供电条件，经双方协商一致，现将贵户供电方案答复如下：

□受电工程具备供电条件，供电方案详见正文。

□受电工程不具备供电条件，主要原因是_____，待具备供电条件时另行答复。

本供电方案有效期自客户签收之日起一年内有效。如遇有特殊情况，需延长供电方案有效期的，客户应在有效期到期前十天向供电企业提出申请，供电企业视情况予以办理延长手续。

贵户接到本通知后，即可委托有资质的电气设计、承装单位进行设计和施工。

请贵户在竣工报验前交清上述营业费用。

客户签名（单位盖章）：　　　　　　　　　供电企业（盖章）：

　　年　　月　　日　　　　　　　　　　　年　　月　　日（系统自动生成）

一、客户接入系统方案

1. 供电电源情况

供电企业向客户提供 ＿＿＿＿＿＿＿＿三相交流 50Hz 电源

（1）第一路电源

电源性质：＿＿＿＿＿＿＿＿＿＿电源类型：＿＿＿＿＿＿＿＿＿＿＿＿

供电电压：＿＿＿＿＿＿＿＿＿＿　供电容量：＿＿＿＿＿＿＿＿＿＿＿

供电电源接电点：＿＿＿＿＿＿＿＿＿＿＿＿＿＿＿＿＿＿＿＿＿＿＿＿

产权分界点：＿＿＿＿＿＿＿＿＿＿＿＿＿＿＿＿＿＿＿＿＿＿＿＿＿＿

分界点电源侧产权属供电企业，分界点负荷侧产权属客户。

进出线路敷设方式及路径，建议：

＿＿＿＿＿＿＿＿＿＿＿＿＿＿＿＿＿＿＿＿＿＿＿＿＿＿＿＿＿＿＿＿＿

＿＿＿＿＿＿＿＿＿＿＿＿＿＿＿＿＿＿＿＿＿＿＿＿＿＿＿＿＿＿＿＿＿

＿＿＿＿＿＿＿＿＿＿＿＿＿＿＿＿＿＿＿＿＿＿＿＿＿＿＿＿＿＿＿＿。

具体路径和敷设方式以设计勘察结果以及政府规划部门最终批复为准。

（2）第二路电源

电源性质：＿＿＿＿＿＿＿＿＿＿电源类型：＿＿＿＿＿＿＿＿＿＿＿＿

供电电压：＿＿＿＿＿＿＿＿＿＿　供电容量：＿＿＿＿＿＿＿＿＿＿＿

供电电源接电点：＿＿＿＿＿＿＿＿＿＿＿＿＿＿＿＿＿＿＿＿＿＿＿＿

产权分界点：＿＿＿＿＿＿＿＿＿＿＿＿＿＿＿＿＿＿＿＿＿＿＿＿＿＿

分界点电源侧产权属供电企业，分界点负荷侧产权属客户。

进出线路敷设方式及路径，建议：

＿＿＿＿＿＿＿＿＿＿＿＿＿＿＿＿＿＿＿＿＿＿＿＿＿＿＿＿＿＿＿＿＿

＿＿＿＿＿＿＿＿＿＿＿＿＿＿＿＿＿＿＿＿＿＿＿＿＿＿＿＿＿＿＿＿＿

＿＿＿＿＿＿＿＿＿＿＿＿＿＿＿＿＿＿＿＿＿＿＿＿＿＿＿＿＿＿＿＿。

具体路径和敷设方式以设计勘察结果以及政府规划部门最终批复为准。

二、客户受电系统方案

（1）受电点建设类型：采用＿＿＿＿＿＿＿＿＿＿＿＿＿＿＿＿＿＿方式。

（2）受电容量：合计＿＿＿＿＿＿＿＿＿＿＿＿＿＿＿＿＿＿＿＿kVA。

（3）电气主接线：采用 ＿＿＿＿＿＿＿＿＿＿＿＿＿＿＿＿＿＿方式。

（4）运行方式：电源采用＿＿＿＿＿＿＿＿＿＿＿＿＿＿＿＿＿方式，

电源联锁采用＿＿＿＿＿＿＿＿＿＿＿＿＿＿＿＿＿＿＿＿＿＿方式。

（5）无功补偿：按无功电力就地平衡的原则，按照国家标准、电力行业标准等规定设计并合理装设无功补偿设备。补偿设备宜采用自动投切方式，防止无功倒送，在高峰负荷时的功率因数不宜低于＿＿＿＿＿＿＿＿＿＿。

（6）继电保护：宜采用数字式继电保护装置，电源进线采用＿＿＿＿＿＿＿＿＿＿＿

＿＿＿＿＿＿＿＿＿＿＿＿＿＿＿＿＿＿＿＿＿＿＿＿＿＿＿＿＿＿＿＿＿＿保护。

（7）调度、通信及的自动化：与＿＿＿＿＿＿＿＿＿＿＿＿＿＿＿＿＿＿＿＿建立调度
关系；配置相应的通信自动化装置进行联络，通信方案建议：

＿＿＿＿＿＿＿＿＿＿＿＿＿＿＿＿＿＿＿＿＿＿＿＿＿＿＿＿＿＿＿＿＿＿＿＿＿

＿＿＿＿＿＿＿＿＿＿＿＿＿＿＿＿＿＿＿＿＿＿＿＿＿＿＿＿＿＿＿＿＿＿＿。

（8）自备应急电源及非电保安措施：客户对重要保安负荷配备足额容量的自备应
急电源及非电性质保安措施，自备应急电源容量不应少于保安负荷的 120%，自备应急
电源与电网电源之间应设可靠的电气或机械闭锁装置，防止倒送电；非电性质保安措
施应符合生产特点，负荷性质，满足无电情况下保证客户安全的需求。

（9）电能质量要求：

1）存在非线性负荷设备＿＿＿＿＿＿＿＿＿＿＿＿＿＿＿＿＿＿＿接入电网，应委
托有资质的机构出具电能质量评估报告，并提交初步治理技术方案。

2）用电负荷注入公用电网连接点的谐波电压限值及谐波电流允许值应符合《电能
质量　公用电网谐波》（GB/T 14549）的限值。

3）冲击性负荷产生的电压波动允许值，应符合《电能质量　电压波动和闪变》
（GB/T 12326）的限值。

三、计量计费方案

（1）计量点设置及计量方式：

计量点 1：计量装置装设在＿＿＿＿＿＿＿＿＿＿＿＿＿＿＿＿＿＿＿＿＿＿＿处，
计量方式为＿＿＿＿＿＿＿＿＿＿＿＿，接线方式为＿＿＿＿＿＿＿＿＿＿＿＿，计量点电压
＿＿＿＿＿＿＿＿＿＿＿。

电压互感器变比为＿＿＿＿＿＿＿＿＿＿＿＿、准确度等级为＿＿＿＿＿＿＿＿＿＿；

电流互感器变比为＿＿＿＿＿＿＿＿＿＿＿＿、准确度等级为＿＿＿＿＿＿＿＿＿＿；

电价类别为：＿＿＿＿＿＿＿＿＿＿＿＿＿＿＿；

定量定比为：＿＿＿＿＿＿＿＿＿＿＿＿＿＿＿（应说明是从哪个计量点下的电量进
行定量定比）。

计量点 2：计量装置装设在＿＿＿＿＿＿＿＿＿＿＿＿＿＿＿＿＿＿＿＿＿＿＿处，
计量方式为＿＿＿＿＿＿＿＿＿＿＿，接线方式为＿＿＿＿＿＿＿＿＿＿＿＿＿＿＿，

计量点电压＿＿＿＿＿＿＿＿＿＿。

电压互感器变比为＿＿＿＿＿＿＿＿＿＿＿＿、准确度等级为＿＿＿＿＿＿＿＿＿＿；

电流互感器变比为＿＿＿＿＿＿＿＿＿＿＿＿、准确度等级为＿＿＿＿＿＿＿＿＿＿；

电价类别为：_____；

定量定比为：_____（应说明是从哪个计量点下的电量进行定量定比）。

（2）用电信息采集终端安装方案：配装_____终端_____台，终端装设于_____处，用于远程监控及电量数据采集。

（3）功率因数考核标准：根据国家《功率因数调整电费办法》的规定，功率因数调整电费的考核标准为_____。

根据政府主管部门批准的电价（包括国家规定的随电价征收的有关费用）执行，如发生电价和其他收费项目费率调整，按政府有关电价调整文件执行。

四、其他事项

_____
_____
_____
_____

_____

五、接线简图

【思考与练习】

1. 高压现场勘察包含哪些主要内容？

2. 制定供电方案应遵循的基本原则是什么？

3. 高压供电方案包含哪些主要内容？

◢ 模块 7　10kV 电力客户配电线路方案（Z34E1007Ⅲ）

【模块描述】本模块包含电源点的选择确定、双电源或备用电源供电选择等内容。通过概念描述、术语解释、图解示意、要点归纳，了解 10kV 电力客户配电线路方案的选择。

【模块内容】

一、供电电源点确定的一般原则

（1）电源点应具备足够的供电能力，能提供合格的电能质量，以满足用户的用电需求，确保电网和用户变电所的安全运行。

（2）对多个可选的电源点选择，应进行技术经济比较后确定。

（3）应根据电力客户的负荷性质和用电需求，来确定电源点的回路数和种类，满足客户的需求，保证可靠供电。

（4）应根据城市地形、地貌和城市道路规划要求就近选择电源点，线路路径应短捷顺直，减少与道路的交叉，避免近电远供、迂回供电。

二、供电电源配置的一般原则

（1）供电电源应依据客户分级、用电性质、用电容量、生产特性，以及当地供电条件等因素，经过技术经济比较，与客户协商后确定。

1）特级重要电力客户应具备三路及以上电源供电条件，其中的两路电源应来自两个不同的变电站，当任何两路电源发生故障时，第三路电源能保证独立正常供电。

2）一级重要电力客户应采用双电源供电，二级重要电力客户应采用双电源或双回路供电。

3）临时性重要电力客户按照用电负荷重要性，在条件允许情况下，可以通过临时架线等方式满足双电源或多电源供电要求。

4）对普通电力客户可采用单电源供电。

（2）双电源、多电源供电时宜采用同一电压等级电源供电，供电电源的切换时间和切换方式要满足重要电力客户允许中断供电时间的要求。

（3）根据客户分级和城乡发展规划，选择采用架空线路、电缆线路或架空–电缆线路供电。

三、供电线路选择

供电线路方案选择时，除了考虑应具有最短的供电距离外，还应考虑电压质量。单电源供电线路走向图如图 1–7–1 所示，A 为电源，1～4 为负荷。当申请用电的客户在点 5 时，从图 1-7-1 中可以看出点 5 距离点 4 最短，如果点 5 由点 4 架空线路供电，那么点 5 成为电源 A 的供电末端，电压质量就很难保证。为了解决迂回供电的不合理现象，可以从电源 A 架设线路到点 5，这样线路投资虽然增加了一点，但线路损耗可以减少，电压质量可以得到保证。双电源供电线路走向图如图 1-7-2 所示，点 3 的负荷由电源 B 供电比由点 2 供电更为合理。总之，供电线路路径的选择应从技术、经济两方面来综合考虑。

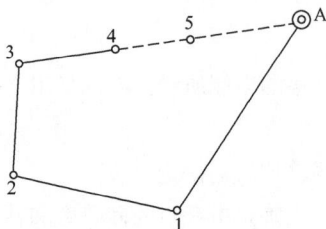

图 1-7-1 单电源供电线路走向图　　　　图 1-7-2 双电源供电线路走向图

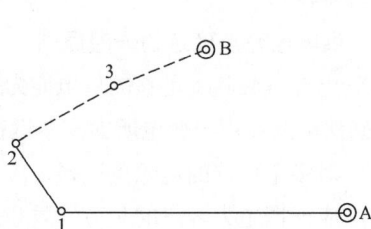

另外，营销部门批复供电方式时，应紧密结合城市建设规划，把业扩工程与城市电网建设和改造结合起来，以减少不必要的重复投资，使电网布局既经济又合理。

【思考与练习】

1. 供电电源点确定的一般原则有哪些？
2. 一级重要电力客户的供电电源如何配置？
3. 特级重要电力客户的供电电源如何配置？

▲ 模块 8　低压用电工程验收项目及标准（Z34E1002Ⅱ）

【模块描述】本模块包含低压用电工程竣工检验、装表接电等内容。通过概念描述、要点归纳，掌握低压用电工程验收项目及标准。

【模块内容】受电工程验收是指客户新装受电工程接入系统电网运行或原受电工程发生变更、改造，供电企业对客户受（送）电装置工程施工是否符合国家和电力行业施工规范要求，是否符合并网所需的安全、计量、调度等管理要求进行的检验。

简化竣工检验内容，重点查验可能影响电网安全运行的接网设备和涉网保护装置，取消客户内部非涉网设备施工质量、运行规章制度、安全措施等竣工检验内容；优化客户报验资料，普通客户实行设计、竣工资料合并报验，一次性提交。

一、竣工检验

竣工检验分为资料查验和现场查验。

1. 资料查验

在受理客户竣工报验申请时（客户受电工程竣工报验单见表 1-8-1），应审核客户提交的材料是否齐全有效，主要包括以下内容。

表 1-8-1　　　　　　　　客户受电工程竣工报验单

客户基本信息					
户　　号		申请编号		（档案标识二维码，系统自动生成）	
户　　名					
用电地址					
联 系 人		联系电话			
施工单位信息					
施工单位			施工资质		
联 系 人			联系电话		
报验信息					
有关说明：					
意向接电时间				年　　月　　日	
我户受电工程已竣工，请予检查。 经办人签名＿＿＿＿＿＿					
供电企业填写	受理人：				
	受理日期：　　　年　　月　　日			（系统自动生成）	

（1）设计、施工、试验单位资质。

（2）工程竣工图及说明。

（3）主要设备的型式试验报告。

（4）电气试验及保护整定调试记录。

（5）接地电阻测试报告。

2．现场查验

应与客户预约检验时间，组织开展竣工检验。按照国家、行业、规程规范和客户竣工报验资料，对受电工程涉网部分进行全面检验。对于发现缺陷的，应以受电工程竣工检验意见单的形式（低压客户受电工程竣工检验意见单见表 1-8-2），一次性告知客户，复验合格后方可接电。查验内容包括：

表 1-8-2　　　　　　　　　低压客户受电工程竣工检验意见单

客户基本信息					
户　　号		申请编号		（档案标识二维码，系统自动生成）	
户　　名					
联 系 人		联系电话			
供电电压		合同容量			
用电类别		行业分类			
用电地址					
现场检验信息					
设计单位名称		资　　质			
施工单位名称		资　　质			
报 验 人		报验日期		年　月　日	
现场检验意见（可附页）： 供电企业（盖章）：					
检验人员		检验日期		年　　月　　日（系统自动生成）	
经办人签收：				年　月　日	

（1）电源接入方式、受电容量、电气主接线、运行方式、无功补偿、自备电源、计量配置、保护配置等是否符合供电方案。

（2）电气设备是否符合国家的政策法规，以及国家、行业等技术标准，是否存在使用国家明令禁止的电气产品。

（3）试验项目是否齐全、结论是否合格。

（4）计量装置配置和接线是否符合计量规程要求，用电信息采集及负荷控制装置是否配置齐全，是否符合技术规范要求。

（5）供电企业认为必要的其他资料或记录。

竣工检验合格后，应根据现场情况最终核定计费方案和计量方案，记录资产的产权归属信息，告知客户检查结果，并及时办结受电装置接入系统运行的相关手续。

二、装表接电

（1）电能计量装置和用电信息采集终端的安装应与客户受电工程施工同步进行，送电前完成。

（2）现场安装前，应根据供电方案、设计文件确认安装条件，并提前与客户预约装表时间。

（3）采集终端、电能计量装置安装结束后，应核对装置编号、电能表起度及变比等重要信息，及时加装封印，记录现场安装信息、计量印证使用信息，请客户签字确认。

（4）根据客户意向接电时间及施工进度，营销部门提前在营销业务应用系统录入意向接电时间等信息，并推送至 PMS 系统。在停（送）电计划批复发布后，运检部门通过 PMS 系统反馈至营销业务应用系统。根据现场作业条件，优先采用不停电作业。35kV 及以上业扩项目，实行月度计划，10kV 及以下业扩项目，推行周计划管理。

（5）对于已确定停（送）电时间，因客户原因未实施停（送）电的项目，营销部门负责与客户确定接电时间调整安排，重新报送停（送）电计划；因天气等不可抗因素，未按计划实施的项目，若电网运行方式没有发生重大调整，可按原计划顺延执行。

（6）正式接电前，应完成接电条件审核，并对全部电气设备做外观检查，确认已拆除所有临时电源，并对二次回路进行联动试验，抄录电能表编号、主要铭牌参数、起度数等信息，填写电能计量装接单（低压电能计量装接单见表 1-8-3），并请客户签字确认。

表 1-8-3 低压电能计量装接单

客户基本信息										
户　号				申请编号						
户　名										
用电地址							（档案标识二维码，系统自动生成）			
联 系 人		联系电话			供电电压					
合同容量		电能表准确度			接线方式					

装 拆 计 量 装 置 信 息										
装/拆	资产编号	计度器类型	表库.仓位码	位数	底度	自身倍率（变比）	电流	规格型号	计量点名称	

现场信息				
接电点描述				
表箱条形码	表箱经纬度	表箱类型	表箱封印号	表计封印号
采集器条码		安装位置		
流程摘要		备注	表计和表箱已加封，电能表存度本人已经确认。经办人签章：　年　月　日	
装接人员		装接日期	年　月　日	

（7）接电条件包括：启动送电方案已审定，新建的供电工程已验收合格，客户的受电工程已竣工检验合格，供用电合同及相关协议已签订，业务相关费用已结清。

（8）接电后应检查采集终端、电能计量装置运行是否正常，会同客户现场抄录电能表示数，记录送电时间、变压器启用时间等相关信息，依据现场实际情况填写新装（增容）送电单（见表 1-8-4），并请客户签字确认。

表 1-8-4　　　　　　　　新 装（增 容）送 电 单

户　　号			申请编号			（档案标识二维码，系统自动生成）			
户　　名									
用电地址									
联 系 人			联系电话						
申请容量			合计容量						
电源编号	电源性质	电源类型	供电电压	变电站	线路	杆号	变压器台数	变压器容量
送电结果和意见： 								
送电人					送电日期		年　月　日	
经办人意见： 								
经办人签收：							年　月　日	

（9）装表接电的期限如下。

1）对于无配套电网工程的低压居民客户，在正式受理用电申请后，2个工作日内完成装表接电工作；对于有配套电网工程的低压居民客户，在工程完工当日装表接电。

2）对于无配套电网工程的低压非居民客户，在正式受理用电申请后，3个工作日内完成装表接电工作；对于有配套电网工程的低压非居民客户，在工程完工当日装表接电。

【思考与练习】

1. 低压受电工程验收时间有何规定？

2. 低压受电工程验收时客户应提供哪些资料？

3. 竣工检验的重点内容有哪些？

▲ 模块9 高压用户新装的设计审核与 现场竣工检验（Z34E1008Ⅲ）

【模块描述】本模块包含受电工程（变配电站）的设计审核、工程竣工检验等内容。通过概念描述、术语解释、要点归纳，了解高压用户新装的设计审核与现场竣工检验的主要内容及要求。

【模块内容】对于重要或者有特殊负荷（高次谐波、冲击性负荷、波动负荷、非对称性负荷等）的客户，开展设计文件审查和中间检查。对于普通客户，实行设计单位资质、施工图纸与竣工资料合并报送。

一、设计审查

（1）受理客户设计文件审查申请时，应查验设计单位资质等级证书复印件和设计图纸及说明（设计单位盖章），重点审核设计单位资质是否符合国家相关规定。如资料欠缺或不完整，应告知客户补充完善（客户受电工程设计文件送审单见表1-9-1）。

（2）严格按照国家、行业技术标准以及供电方案要求，开展重要或特殊负荷客户设计文件审查，审查意见应一次性书面答复客户，重点包括以下3方面。

1）主要电气设备技术参数、主接线方式、运行方式、线缆规格应满足供电方案要求；通信、继电保护及自动化装置设置应符合有关规程；电能计量和用电信息采集装置的配置应符合《电能计量装置技术管理规程》、国家电网有限公司智能电能表以及用电信息采集系统相关技术标准。

2）对于重要客户，还应审查供电电源配置、自备应急电源及非电性质保安措施等，应满足有关规程、规定的要求。

表 1-9-1　　　　　　　　**客户受电工程设计文件送审单**

客户基本信息				（档案标识二维码，系统自动生成）
户　　号		申请编号		
户　　名				
联 系 人		联系电话		

设计单位信息			
设计单位		设计资质	
联 系 人		联系电话	

送审信息	
有关说明：	
意向接电时间	年　　月　　日
我户受电工程设计文件已完成，请予审核。 经办人签名：＿＿＿＿＿＿	

供电企业填写	受理人：	
	受理日期：　　　年　　月　　日	（系统自动生成）

3）对具有非线性阻抗用电设备（高次谐波、冲击性负荷、波动负荷、非对称性负荷等）的特殊负荷客户，还应审核谐波负序治理装置及预留空间，电能质量监测装置是否满足有关规程、规定要求。

（3）设计文件审查合格后，应填写客户受电工程设计文件审查意见单（见表1-9-2），并在审核通过的设计文件上加盖图纸审核专用章，告知客户下一环节需要注意的事项。

表1-9-2　　　　　　　客户受电工程设计文件审查意见单

户　　号		申请编号		（档案标识二维码，系统自动生成）
户　　名				
用电地址				
联 系 人		联系电话		
审查意见（可附页）：				
				供电企业（盖章）：
客户经理		审图日期		年　月　日
主　　管		批准日期		年　月　日
客户签收：				年　月　日
其他说明	特别提醒：客户一旦发生变更，必须重新送审，否则供电企业将不予检验和接电。			

1）因客户原因需变更设计的，应填写客户受电工程变更设计申请联系单（见表1–9–3），将变更后的设计文件再次送审，通过审核后方可实施。

表1–9–3 客户受电工程变更设计申请联系单

客户基本信息			
户　　号		申请编号	
户　　名			
联 系 人		联系电话	
供电公司： 我单位受电工程设计文件以下内容需要进行变更设计，现特提出变更设计申请，主要变更如下： 客户签名： 年　月　日			
供电企业意见： 供电企业（盖章）：			
客户签收（单位盖章）：			年　月　日
其他说明	特别提醒：客户受电工程的设计文件，未经供电企业审核同意，客户不得据以施工，否则供电企业将不予检验和接电。		

2）承揽受电工程施工的单位应具备政府部门颁发的相应资质的承装（修、试）电力设施许可证。

3）工程施工应依据审核通过的图纸进行。隐蔽工程掩埋或封闭前，须报供电企业进行中间检查。

4）受电工程竣工报验前，应向供电企业提供进线继电保护定值计算相关资料。

（4）设计图纸审查期限：自受理之日起，高压客户不超过 5 个工作日。

二、中间检查

受理客户中间检查报验申请后（客户受电工程中间检查报验单见表 1-9-4），应及时组织开展中间检查。发现缺陷的，应一次性书面通知客户整改。复验合格后方可继续施工。

表 1-9-4　　　　　　　　客户受电工程中间检查报验单

客户基本信息				（档案标识二维码，系统自动生成）
户　　号		申请编号		
户　　名				
用电地址				
联 系 人		联系电话		
报验信息				
有关说明：				
意向接电时间			年　　月　　日	
我户已具备中间检查条件，请予检查。 经办人签名：_____				
供电企业填写	受理人：			
	受理日期：　年　　月　　日（系统自动生成）			

（1）现场检查前，应提前与客户预约时间，告知检查项目和应配合的工作。

（2）现场检查时，应查验施工企业、试验单位是否符合相关资质要求，重点检查涉及电网安全的隐蔽工程施工工艺、计量相关设备选型等项目。

（3）对检查发现的问题，应以书面形式一次性告知客户整改。客户整改完毕后报请供电企业复验。复验合格后方可继续施工。

（4）中间检查合格后，以受电工程中间检查意见单（见表1-9-5）书面通知客户。

（5）对未实施中间检查的隐蔽工程，应书面向客户提出返工要求。

（6）中间检查的期限，自接到客户申请之日起，高压供电客户不超过3个工作日。

表1-9-5 客户受电工程中间检查意见单

户　　号		申请编号		（档案标识二维码，系统自动生成）
户　　名				
用电地址				
联系人		联系电话		
现场检查意见（可附页）： 供电企业（盖章）：				
检查人		检查日期		年　月　日
经办人签收：				年　月　日

三、竣工检验

详见第一章模块 8　低压用电工程验收项目及标准中的竣工检验。

现场查验增加内容如下。

（1）冲击负荷、非对称负荷及谐波源设备是否采取有效的治理措施。

（2）双（多）路电源闭锁装置是否可靠，自备电源管理是否完善、单独接地、投切装置是否符合要求。

（3）重要电力客户保安电源容量、切换时间是否满足保安负荷用电需求，非电保安措施及应急预案是否完整有效。

（4）竣工检验的期限，自受理之日起，高压客户不超过 5 个工作日（客户受电工程竣工报验单见表 1–9–6）。

表 1–9–6　　　　　　　　　　客户受电工程竣工报验单

客户基本信息				
户　　号		申请编号		（档案标识二维码，系统自动生成）
户　　名				
用电地址				
联 系 人		联系电话		
施工单位信息				
施工单位		施工资质		
联 系 人		联系电话		
报验信息				
有关说明：				
意向接电时间			年　月　日	
我户受电工程已竣工，请予检查。 　　　　　　　　　　　　　　　　　　　　　经办人签名＿＿＿＿＿				
供电企业填写	受理人：			
	受理日期：　　　　　年　月　日　　　　（系统自动生成）			

（5）对于高压客户，在竣工检验合格，签订供用电合同，并办结相关手续后，5
个工作日内完成送电工作。对于有特殊要求的客户，按照与客户约定的时间装表接电
（客户受电工程竣工检验意见单见表 1-9-7）。

表 1-9-7　　　　　　　　　客户受电工程竣工检验意见单

户　　号		申请编号		（档案标识二维码，系统自动生成）
户　　名				
用电地址				
联 系 人		联系电话		
资料检验			检验结果（合格打"√"，不合格填写不合格具体内容）	
设计、施工、试验单位资质				
工程竣工图及说明				
主要设备的型式试验报告				
电气试验及保护整定调试记录				
接地电阻测试报告				
现场检验意见（可附页）： 　　　　　　　　　　　　　　　　　　　　　　　　　供电企业（盖章）：				
检验人			检验日期	年　　月　　日（系统自动生成）
经办人签收：				年　　月　　日

【思考与练习】

1. 设计图纸文件审查合格后，告知客户下一环节需要注意的事项有哪些？

2. 高压受电工程设计图纸文件审核重点内容有哪些？

3. 高压受电工程设计审核时限有何规定？

◢ 模块 10　高压用户新装接电前应履行完毕的工作内容（Z34E1009Ⅲ）

【模块描述】本模块包含新装接电前应履行完毕的各项工作介绍，包括接电条件、装表接电、启动方案等内容。通过概念描述、术语解释、要点归纳，熟悉高压用户新装接电前应履行完毕的工作内容。

【模块内容】

一、接电条件

启动送电方案已审定，新建的供电工程已验收合格，客户的受电工程已竣工检验合格，供用电合同及相关协议已签订，业务相关费用已结清。

二、装表接电

电能计量装置和用电信息采集终端的安装应与客户受电工程施工同步进行，送电前完成。

（1）现场安装前，应根据供电方案、设计文件确认安装条件，并提前与客户预约装表时间。

（2）采集终端、电能计量装置安装结束后，应核对装置编号、电能表起度及变比等重要信息，及时加装封印，记录现场安装信息、计量印证使用信息，请客户签字确认。

（3）根据客户意向接电时间及施工进度，营销部门提前在营销业务应用系统录入意向接电时间等信息，并推送至 PMS 系统。在停（送）电计划批复发布后，运检部门通过 PMS 系统反馈至营销业务应用系统。根据现场作业条件，优先采用不停电作业。35kV 及以上业扩项目，实行月度计划，10kV 及以下业扩项目，推行周计划管理。

（4）对于已确定停（送）电时间，因客户原因未实施停（送）电的项目，营销部门负责与客户确定接电时间调整安排，重新报送停（送）电计划；因天气等不可抗因素，未按计划实施的项目，若电网运行方式没有发生重大调整，可按原计划顺延执行。

（5）正式接电前，应完成接电条件审核，并对全部电气设备做外观检查，确认已拆除所有临时电源，并对二次回路进行联动试验，抄录电能表编号、主要铭牌参数、起度数等信息，填写高压电能计量装接单（见表 1-10-1），并请客户签字确认。

（6）接电后应检查采集终端、电能计量装置运行是否正常，会同客户现场抄录电能表示数，记录送电时间、变压器启用时间等相关信息，依据现场实际情况填写新装（增容）送电单（见表 1-8-4），并请客户签字确认。

表 1-10-1   高压电能计量装接单

客户基本信息									
户　　号				申请编号			(档案标识二维码,系统自动生成)		
户　　名									
用电地址									
联 系 人		联系电话			供电电压				
合同容量		计量方式			接线方式				
装 拆 计 量 装 置 信 息									
装/拆	资产编号	计度器类型	表库.仓位码	位数	底度	自身倍率（变比）	电流	规格型号	计量点名称
流程摘要			备注				表计、计量箱（柜）已加封，电能表存度本人已经确认。		
							经办人签章： 　　年　　月　　日		
装接人员			装接日期				年　　月　　日		

（7）装表接电的期限。

1）对于高压客户，在竣工验收合格，签订供用电合同，并办结相关手续后，5 个工作日内完成送电工作。

2）对于有特殊要求的客户，按照与客户约定的时间装表接电。

三、启动方案内容

（1）启动日期、时间。

（2）启动条件。包括启动设备安装调试完毕，由施工单位出具相关试验报告。一、二次设备电气搭接完好，相位正确，经验收合格，具备投运条件。

（3）启动前的检查内容。包括送电当前受电变电站一、二次设备的巡视检查内容；送电前供电设施需要进行的巡视检查、电气试验报告、缺陷处理等情况向调度汇报。

（4）启动操作内容。包括配电网需要进行的操作，受电变电站内的送电范围及相应的操作票（包括检查相序正确、多电源相位核对）。

（5）送电过程中可能发生的异常、缺陷及故障处理的预案。

（6）参加启动的人员。新装送电用户负责人（与供电公司调度部门联系送电），受电变电站操作人、监护人。

【思考与练习】

1. 高压用户新装接电条件有哪些？

2. 启动方案主要有哪些内容？

3. 高压用户新装接电前，对电能计量装置有哪些要求？

◢ 模块 11　变更用电的内容（Z34E1003Ⅱ）

【模块描述】 本模块包含变更用电业务的概念、内容和注意事项等内容。通过概念描述、要点归纳，掌握各项变更用电的工作内容。

【模块内容】 变更用电是电力营业部门日常性工作，具有项目多、范围广、服务性强及政策性强的特点。它的主要对象是已用电的各类正式用电客户。

一、变更用电

变更用电业务指客户在不增加用电容量和供电回路的情况下，由于自身经营、生产、建设、生活等变化而向供电企业申请，要求改变原《供用电合同》中约定的用电事宜的业务。

二、变更用电业务的内容

（1）减少合同约定的用电容量（简称减容）。

（2）暂时停止全部或部分受电设备的用电（简称暂停）。

（3）临时更换大容量变压器（简称暂换）。

（4）迁移受电装置用电地址（简称迁址）。

（5）移动受电计量装置安装位置（简称移表）。

（6）暂时停止用电并拆表（简称暂拆）。

（7）改变客户的名称（简称更名或过户）。

（8）一户分列为两户及以上的客户（简称分户）。

（9）两户及以上客户合并为一户（简称并户）。

（10）合同到期终止用电（简称销户）。

（11）改变供电电压等级（简称改压）。

（12）改变用电类别（简称改类）。

三、变更用电的注意事项

（1）客户需要变更用电时，应事先提出申请，并携带有关证明文件及原供用电合同，到供电企业用电营业厅办理手续，变更供用电合同。

（2）凡不办理手续而私自变更的，均属于违约行为，应按违约用电有关规定处理。

（3）供电企业不受理临时用电客户的变更用电事宜，临时用电客户不在办理变更用电的范围。

（4）从破产用电客户分离出去的新户，必须在还清原破产用电客户电费和其他债务后，方可办理用电手续。否则，供电企业可按违约用电处理。

四、办理变更用电的规定

1. 减容

客户申请减容，须在 5 天前向供电企业提出申请。供电企业应按下列规定办理：

（1）减容必须是整台或整组变压器的停止或更换小容量变压器用电。供电企业在受理之后，根据客户申请减容的日期对设备进行加封。从加封之日起，按原计费方式减收其相应容量的基本电费。但客户申明为永久性减容或从加封之日起期满 2 年又不办理恢复用电手续的，其减容后容量已达不到实施两部制电价规定容量标准时，应改为单一制电价计费。

（2）减少用电容量的期限，应根据客户所提出的申请确定，但最短期限不少于 6 个月，最长期限不超过 2 年。

（3）在减容期限内，供电企业保留客户减少容量的使用权，超过减容期限恢复用电时，应按新装或增容手续办理。

（4）减容期限内要求恢复用电时，应提前 5 天向供电企业办理恢复用电手续，基本电费从启封之日起计收。

（5）减容期满后的客户及新装、增容客户，2 年内不得申办减容或暂停。如确需继续办理减容或暂停的，则减容或暂停部分容量的基本电费应按 50% 计算收取。

2. 暂停

暂停是指客户在正式用电以后，由于生产、经营情况发生变化，需要临时变更、设备检修、季节性用电等原因，为了节省和减少电费支出，需要短时间内停止使用一部分或全部用电设备容量的一种变更用电事宜。

客户暂停，需提前 5 天向供电企业提出申请。供电企业按下列规定办理：

（1）客户在每一日历年内，可申请全部（含不通过受电变压器的高压电动机）或部分用电容量的暂时停止用电 2 次，每次不得少于 15 天，一年累计暂停时间不得超过 6 个月。季节性用电或国家另有规定的客户，累计暂停时间可以另议。

（2）按变压器容量计收基本电费的客户，暂停用电必须是整台或整组变压器停止运行。从设备加封之日起，按原计费方式减收其相应容量的基本电费。

（3）暂停期满或每一日历年内累计暂停用电时间超过 6 个月者，不论客户是否申请恢复用电，供电企业须从期满之日起，按合同约定容量计收其基本电费。

（4）在暂停期限内，客户申请恢复暂停用电容量时，需在预定恢复日前 5 天向供电企业提出申请。暂停时间少于 15 天者，暂停期间基本电费照收。

（5）按最大需量计收基本电费的客户，申请暂停用电须是全部容量（含不通过受电变压器的高压电动机）的暂停，并遵守以上的（1）～（4）项。

3. 暂换

客户运行中的变压器发生故障或计划检修，无相同容量变压器可替换时，需要临时更换大容量变压器代替运行的，称为临时更换大容量变压器，简称暂换。

客户申请暂换，供电企业按下列规定办理：

（1）必须在原受电地点内暂换整台变压器。

（2）暂换时间，10kV 及以下的不得超过 2 个月，35kV 及以上的不得超过 3 个月。逾期不办理手续的，供电企业可终止供电。

（3）暂换的变压器，经检验合格后才能投入运行。

（4）对执行两部制电价的客户须在暂换之日起，按替换后的变压器容量计收基本电费。

4. 迁址

迁址是指客户由于生产、经营或市政规划等原因需迁移受电装置地址的变更用电事宜。迁址需提前 5 天向供电企业提出申请，供电企业应按下列规定办理：

（1）原址按终止用电办理，供电企业予以销户，新址用电优先受理。

（2）迁址后的新址不在原供电点的，新址用电按新装用电办理。

（3）迁址后的新址在原供电点供电的，且新址用电容量不超过原址容量，新址用电无需按新装办理，但新址用电引起的工程费用由客户承担。

（4）迁移后的新址仍在原供电点，但新址用电容量超过原址用电容量的，超过部分按增容办理。

（5）私自迁移用电地址而用电者，除按《供电营业规则》规定办理外，私迁新址不论是否引起供电点变动，一律按新装用电办理。

供电点是指客户受电装置接入供电网的位置。

5. 移表

移表是客户在原用电地址内，因修缮房屋、变（配）电室改造或其他原因，需要移动用电计量装置位置的业务。

客户移表须向供电企业提出申请，供电企业按下列规定办理：

（1）在用电地址、容量、类别、供电点等不变的情况下，可办理移表手续。

（2）移表所需费用由客户负担。

（3）客户不论何种原因，不得自行移动表位，否则，按违章用电处理。

6. 暂拆

暂拆是客户因修缮房屋或其他原因需要暂时停止用电并拆表的业务。

客户须持有关证明向供电企业提出申请，供电企业按下列规定办理：

（1）客户办理暂拆手续后，供电企业应在5天内执行暂拆。

（2）暂拆时间最长不得超过6个月。暂拆期间，供电企业保留该客户原容量的使用权。

（3）暂拆原因消除，客户要求复装接电时，须向供电企业办理复装接电手续，并按规定缴付费用。上述手续完成后，供电企业应在5天内为该户复装接电。

（4）超过暂拆规定时间要求复装接电者，按新装手续办理。

7. 更名或过户

更名是原户不变而仅依法变更企业、单位或居民用电代表人的名称的业务。过户是原户迁出，新户迁入，改变了用电单位或用电代表的业务。

客户应持有关证明向供电企业提出申请，供电企业按下列规定办理：

（1）在用电地址、容量、类别不变的条件下，允许办理更名或过户。

（2）原客户与供电企业结清债务，才能解除原供用电关系。

（3）不申请办理过户手续而私自过户者，新客户应承担原客户所负债务。经供电企业检查发现私自过户时，供电企业应通知该户补办手续，必要时可中止供电。

8. 分户

分户是指原客户由于生产、经营或改制等原因，一户分列为两户及以上的计费客户。

客户分户应持有关证明资料向供电企业提出申请，供电企业按下列规定办理：

（1）在用电地址、供电点、用电容量不变，且其受电装置具备分装的条件时，允许办理分户。

（2）在原客户与供电企业结清债务的情况下，方可办理分户手续。

（3）分立后的新客户应与供电企业重新建立供用电关系。

（4）原客户的用电容量由分户者自行协商分割，需要增容者，另行办理增容手续。

（5）分户引起的工程费用由分户者承担。

（6）分户后受电装置应经供电企业检验合格，由供电企业分别装表计费。

9. 并户

客户在用电过程中，由于生产、经营或改制方面原因，两户及以上用户合并为一户，简称并户。

客户持有关证明资料向供电企业提出并户申请后，供电企业按以下规定办理：

（1）同一供电点、同一用电地址的相邻两个及以上客户允许办理并户。

（2）原客户应在并户前向供电企业结清债务。

（3）新客户用电容量不得超过原各客户容量之和。

（4）并户引起的工程费由并户者承担。

（5）并户的受电装置应经检验合格，由供电企业重新装表计费。

10. 销户

销户是指客户由于合同到期终止供电、企业破产终止供电、供电企业强制终止客户用电的业务，即供用电双方解除供用电关系。

（1）客户合同到期终止供电按以下规定办理：

1）客户必须停止全部用电容量的使用。

2）客户与供电企业结清电费和所有账务。

3）查验用电计量装置完好性后，拆除接户线或用电计量装置。

（2）企业依法破产终止供电按以下规定办理：

1）供电企业予以销户，终止供电。

2）从破产客户分离出去的新客户，必须在偿清原破产客户电费和其他债务后，方可办理变更用电手续。否则，按违约用电处理。

（3）供电企业强制终止客户用电按以下规定办理：

客户连续 6 个月不用电，也不申请办理暂停用电手续者，供电企业须以销户终止其用电。客户需再用电时，按新装用电办理。

11. 改压

客户正式用电后，由于客户原因需要在原址改变供电电压等级的，称为改压。

客户改压应向供电企业提出申请，供电企业按下列规定办理：

（1）改压后的容量不大于原容量者，由客户提供改造费用；超过原容量者，按增容办理。

（2）由于供电企业的原因引起的客户供电电压等级变化的，改压引起的客户外部工程费用由供电企业负担。

12. 改类

客户由于生产、经营情况发生变化，电力用途发生了变化，而引起用电电价类别的改变，称为改类。

客户持有关证明资料向供电企业提出改类申请后，供电企业按以下规定办理：

（1）在同一受电装置内，电力用途发生变化而引起用电电价类别改变时，允许办理改类手续。

（2）擅自改变用电类别应按违约用电处理。

【思考与练习】

1. 简述变更用电业务的内容。

2. 简述变更用电应注意的事项。

3. 办理减容有什么规定？

第二章

供用电合同管理

◢ 模块1　合同的基本知识（Z34E2001Ⅰ）

【模块描述】本模块包含合同的定义、分类、基本内容、要约和承诺、格式条款合同、签订合同应遵循的基本原则、违约责任等内容。通过概念描述、术语说明、条文解释、要点归纳，掌握合同的基本知识。

【模块内容】学习合同知识是确保供用电合同质量的基础，本模块介绍合同的基本知识。

一、合同的定义

合同又称契约，《中华人民共和国合同法》（简称《合同法》）规定：合同是平等主体的自然人、法人、其他组织之间设立、变更、终止民事权利义务关系的协议。

平等主体：指合同双方当事人的法律地位是平等的，在合同的缔结和履行过程中，任何一方当事人都不能将自己的意志强加给另一方，合同双方是平等的法律关系，《合同法》就是一部调整平等主体之间的合同关系的法律。

二、合同的分类

1. 有名合同与无名合同

（1）有名合同，即法律已经命名的合同。

（2）无名合同，即法律上尚未确定统一名称的合同。

1）借用合同。借用合同指以非消耗物的使用权为标的合同。

借用与租赁的区别：租赁有租金、有对价；而借用无对价。借用无对价决定了借用合同是单务的、无偿的、实践性的合同。

2）消费借贷合同。借贷与借用的区别：借用不转移所有权，借贷要转移所有权。

消费借贷：以可消耗物的占有使用为目的的合同。

例：甲、乙为邻居，甲借乙1000斤米并签订借米合同，该合同即消费借贷合同。

消费借贷与借用的区别：借用是无偿的；消费借贷可能是有偿的，也可能是无偿的。一般认为，消费借贷合同是诺成合同。

（3）区分有名、无名的意义。无名合同的适用规则在《合同法》第 124 条中有两个：① 无名合同适用《合同法》总则；② 参照《合同法》分则或者其他法律中最相类似的规定。

2. 单务合同与双务合同

（1）如果双方都负有义务，为双务合同；如果仅有一方负有义务，为单务合同。

（2）常见的单务合同有：保证合同、借用合同、赠予合同、民间借贷合同。

（3）区分单务、双务的意义：履行抗辩权只能发生在双务合同中。

三、合同的基本内容

合同的内容，在《合同法》中叫合同的主要条款，包括：

（1）当事人的名称或者姓名和住所。

（2）标的。标的是合同当事人的权利义务指向的对象，表明了当事人订立合同的目的与要求。

（3）数量。数量是对标的量的规定，是衡量标的大小、多少、轻重的尺度。

（4）质量。质量是对标的的质的规定。质量是指标的内在素质和外观形态的状况。标的质量包括产品质量、工程质量和劳务质量。

（5）价款或者报酬。价款是取得标的物一方当事人向对方用货币支付的价金，是有偿合同的主要条款。价款是标的物本身价值的货币表现形式。报酬是合同一方当事人对提供劳务或者劳动成果的另一方当事人给付的酬金。

（6）履行期限、地点和方式。合同履行期限，就是合同当事人实现权利和履行义务的时间界限。履行地点是指合同当事人一方履行义务和另一方当事人接受履行义务的地方。履行方式是合同当事人约定的履行合同义务的方法。

（7）违约责任。违约责任是指合同一方当事人或双方当事人违反合同规定，不履行或者不全面、适当履行合同义务，应承担的法律责任。

（8）解决争议的方法。争议又称纠纷。解决争议的方法是指合同争议的解决方式。解决争议的方式有：① 双方通过协商和解；② 由第三人进行调解；③ 通过仲裁解决；④ 通过诉讼解决。

四、要约和承诺

（1）要约又称发盘、出盘、发价、出价或报价等，要约是希望和他人订立合同的意思表示。提出要约的一方称为要约人，对方称为受要约人。要约人在发出要约时，一般要规定承诺的期限。

（2）承诺是受要约人同意要约的意思表示。承诺要以通知的形式作出，可以是口头的，也可以是书面的，根据交易习惯或者要约表明可以通过行为作出承诺的，可以用行为表示承诺，承诺应当在要约规定期限内到达要约人，要约没有规定期限的，应当在合理期限内到达要约人。承诺通知到达要约人时生效。

五、格式合同

格式合同又称标准合同、定型化合同，是指当事人一方预先拟定合同条款，对方只能表示全部同意或者不同意的合同。因此，对于格式合同的非拟定条款的一方当事人而言，要订立格式合同，就必须全部接受合同条件；否则就不订立合同。现实生活中的车票、船票、飞机票、保险单、提单、仓单、出版合同等都是格式合同。

格式合同的产生及其普遍运用是基于一定的社会经济基础的。一般而言，某一交易内容的重复性，交易双方所要求的简便、省时促使格式合同的存在并大量运用于商业和生活领域。

格式合同具有以下法律特征：

（1）格式合同的要约向公众发出，并且规定了在某一特定时期订立该合同的全部条款；

（2）格式合同的条款是单方事先制定的；

（3）格式合同条款的定型化导致了对方当事人不能就合同条款进行协商；

（4）格式合同一般采取书面形式；

（5）格式合同（特别是提供商品和服务的格式合同）条款的制定方一般具有绝对的经济优势，而另一方为不特定的、分散的消费者。

格式合同虽然具有节约交易时间、事先分配风险、降低经营成本等优点，但同时也存在诸多弊端。由于格式合同限制了合同自由原则，格式合同的拟定方可以利用其优越的经济地位，制定有利于自己而不利于消费者的合同条款。

六、签订合同应遵循的基本原则

合同的基本原则是在订立合同的过程中双方应当共同遵循的原则。合同除应遵循民法的一些基本原则外，还具有其特有的原则，主要是自愿、等价有偿、协商一致三个原则。

1. 自愿原则

即合同自由原则，主要体现在五个方面：

（1）缔约自由，就是任何人可以自由决定是否和他人签订合同。

（2）选择对方当事人的自由，就是可以自由决定和什么人缔结合同，不和什么人缔结合同。

（3）合同内容自由，就是只要不违反法律的强制性规定，当事人可以自主决定合同的具体内容。

（4）设定变更和解除合同条件的自由。

（5）订立合同方式自由，当事人订立合同，可以自由选择合同的形式，包括书面形式、口头形式和其他形式。

2. 等价有偿原则

即一方所承担的义务需要另一方给付对价。双方的这种给付在客观上虽然在金钱上不一定是等值的，但却应当是一方主观上愿以自己的给付换取对方的给付，这就是等价有偿原则的体现。

3. 协商一致原则

即合同是双方进行充分协商后的结果，只有双方意思一致，才可能签订合同。《合同法》规定双方就合同主要条款协商一致，合同就成立。但是，根据以往的经验认为：双方签约的时候，应做到全部条款的协商一致，这样才能减少纠纷的发生。另外，合同的条款要明确、具体，并且应像施工工艺及工艺流程一样具有操作性。

七、违约责任

违约责任条款的意义在于可以促使当事人履行合同，在发生纠纷时，可以使守约方的损失减少到最低，所以要在合同中明确约定。一般的违约条款分四层意思：一是什么是违约行为；二是如何计算违约金，例如，逾期一天，向对方支付多少违约金；三是怎么计算损失额，一方违约，给对方造成的损失额怎么计算；四是违约多少天，另一方可以解除合同。

【思考与练习】

1. 合同的定义是什么？
2. 合同包括哪些基本内容？
3. 签订合同应遵循哪些基本原则？

▲ 模块 2　供用电合同的种类（Z34E2002 I）

【模块描述】本模块包含供用电合同的定义、分类和适用范围等内容。通过概念描述、术语说明、要点归纳，掌握各类供用电合同的适用范围。

【模块内容】明确供用电合同的定义及种类，掌握各类供用电合同的适用范围，是签订供用电合同的前提条件。供用电合同是以书面形式签订的供用电双方共同遵守的行为准则，也是明确供用电双方当事人权利义务、保护当事人合法权益、维护正常供用电秩序、提高电能使用效果的重要法律文书。给供用电合同进行分类的目的在于更好地签订供用电合同和促使当事双方认真、适当地履行合同，避免不必要的纠纷。

一、供用电合同的定义

供用电合同是供电人与用电人就供用双方的权利和义务签订的法律文书。

电是一种无色、无味的特殊商品，但又是客观存在并能发挥一定效能的物质。在供用电合同中，合同主体是供电企业和客户，合同标的是电力。

二、供用电合同的分类和适用范围

（1）高压供用电合同：适用于供电电压为 6、10、35、110、220kV 的高压电力客户。

（2）低压供用电合同：适用于供电电压为 220/380V 的低压电力客户。

（3）临时供用电合同：适用于短时、非永久性电力客户。

（4）委托转供用电合同：适用于公用供电设施未到达地区，供电方委托有供电能力的电力客户（转供电方）向第三方（被转供电方）供电的情况。这是在供电方分别与转供电方和被转供电方签订供用电合同的基础上，三方共同就转供电有关事宜签订的协议。

（5）居民供用电合同：适用于居民客户的电力需求。由于居民客户用电需求类同，供电方式简单，对居民客户的供用电合同也可采用发放"居民用电须知"的方式处理。

（6）非标准格式合同：是对有特殊情况的电力客户，当标准格式合同不足以满足要求时，采用的一类合同，在该类合同中必须具备以下条款：

1）供电方式、供电质量和用电时间；

2）用电容量和用电地址、用电性质；

3）计量方式和电价、电费结算方式；

4）供用电设施维护责任的划分；

5）合同的有效期限；

6）违约责任；

7）双方共同认为应当约定的其他条款。

【思考与练习】

1. 供用电合同的定义是什么？

2. 供用电合同分哪几类？

3. 供用电合同为什么要分类？

模块 3　供用电合同范本的条款内容（Z34E2003 I ）

【模块描述】本模块包含供用电合同范本的条款及条款的含义等内容。通过概念描述、术语说明、要点归纳，掌握供用电合同的基本条款。

【模块内容】

一、供用电合同范本的条款

（1）用电地址、用电容量和用电性质。

（2）供电方式、供电质量和用电时间。

（3）产权分界点及责任划分。

（4）计量方式和电价、电费结算方式。

（5）违约责任。

（6）合同的有效期限。

（7）双方共同认定应当约定的其他条款。

二、条款的含义

1. 用电地址、用电容量和用电性质

（1）用电地址。用电人受电设施的地理位置及用电地点。

（2）用电容量。又称协议容量，用电人申请并经供电人核准使用电力的最大功率或视在功率。

（3）用电性质。包括用电人行业分类和用电分类。

2. 供电方式、供电质量和用电时间

（1）供电方式。是指供电人以何种方式向用电人供电，包括主供电源、备用电源、保安电源的供电方式，以及委托转供电等内容。供电企业对申请用电的客户提供的供电方式，应从供用电的安全、经济、合理和便于管理出发，依据国家的有关规定、电网的规划、用电需求，以及当地供电条件等因素，进行技术经济比较，与客户协商确定。

（2）供电质量。供电质量是指供电频率、电压和供电可靠性三项指标。频率（周波）质量是以频率允许偏差来衡量；电压质量是以电压的闪变、偏离额定值的幅度和电压正弦波畸变程度来衡量；供电可靠性是以供电企业对客户停电的时间及次数来衡量。

（3）用电时间。用电时间是指用电人有权使用电力的起止时间。双方应在合同中具体规定用电时间。规定用电时间的目的在于保证合理用电和安全用电，避免同一时间用电人集中用电，造成高峰时间供电设施因负荷过大而发生断电、停电事故，同时也可以防止低谷负荷过低而造成电力浪费。近几年，随着我国电力事业的迅速发展，电力供应的紧张状况已趋于缓和，对用电时间的限制将逐步放宽。

3. 产权分界点及责任划分

在供用电合同中，双方应当协商确认供用电设施产权分界点，分界点及电源侧供电设施属于供电人，由供电人负责运行维护管理，分界点负荷侧供电设施属于用电人，由用电人负责运行维护管理。供电人、用电人分管的供电设施，除另有约定外，未经对方同意，不得操作或更动。

供用电合同是双方法律行为，当事人还可以在协商一致的情况下，在合同中约定其他认为需要的事项，如合同的有效期限、违约责任等条款。对于合同内容的要求是提倡性和指导性的，而不是强制性的。如果供用电合同没有完全具备法律规定的内容，不影响合同的效力。供用电合同生效后，当事人就合同的某些内容没有约定或者约定不明确的，可以协议补充；不能达成补充协议的，按照合同有关条款或者交易习惯确定。

4. 计量方式和电价、电费结算方式

（1）计量方式。计量方式是指供电人如何计算用电人使用的电量。供电企业应在客户每一个受电点内按不同电价类别，分别安装用电计量装置。用电计量装置是一种记录客户使用电力电量多少的专用度量衡器，它的记录作为向用电人计算电费的依据。用电计量方式采用高压侧计量或低压侧计量。

（2）电价。即电网销售电价，是指供电企业向用电人供应电力的价格。电价实行国家统一定价，由电网经营企业提出方案，报国家有关物价部门核准。

（3）电费。是电力资源实现商品交换的货币形式。供电企业应当按照国家核准的电价和用电计量装置的记录，向用电人计收电费；客户应当按照国家核准的电价和用电计量装置的记录，按时缴纳电费。为防止电费的拖欠，双方当事人可以在合同中约定电价、电费的结算方式。双方可采取下列结算方式：① 现金支付；② 采取预付电费制；③ 有账务往来的，可商订价款互抵协议；④ 采用商业承兑汇票或银行承兑汇票的结算方式；⑤ 由供电、用电、银行三方商签每月电费分期划拨协议；⑥ 其他有效方式。

5. 违约责任

供用电合同中应明确哪些属于免责条件，哪些属于违约行为，并明确违约所应承担的责任等。

6. 合同的有效期限

在合同中约定合同的有效期限及起止时间。供用电合同的有效期限一般为 1～3 年。合同到期，可以重新签订，原合同废止；或在合同中约定合同有效期届满，双方均未对合同履行提出书面异议，合同效力按合同有效期重复继续维持。在合同有效期内，如发生对合同部分条款进行修改、补充时，经供用电双方认可，合同继续有效。

7. 双方共同认定应当约定的其他条款

主要约定以上没有列举的事项。

【**思考与练习**】

1. 供用电合同范本的条款包括哪些内容？

2. 简述用电容量的概念。

3. 为什么要明确产权分界点？

◢ 模块4　居民用户供用电合同的主要内容（Z34E2004Ⅰ）

【模块描述】本模块包含居民用户供用电合同的特点及相关内容。通过概念描述、案例介绍，掌握居民供用电合同的主要内容。

【模块内容】居民供用电合同样例如下：

居 民 供 用 电 合 同

户名＿＿＿＿＿＿＿＿＿　　　　　　总户号＿＿＿＿＿＿＿＿＿

为明确供电企业（简称供电人）和居民用电户（简称用电人）在电力供应与使用中的权利和义务，根据《中华人民共和国合同法》《中华人民共和国电力法》《电力供应与使用条例》《供电营业规则》等有关法律法规规定，经供电人、用电人协商一致，签订本合同，共同信守，严格履行。

一、用电地址、容量和性质

1. 用电地址：

2. 约定容量：　　　　　　千瓦

3. 用电性质为居民生活照明用电。

二、供电方式

供电人以交流低压单相/三相电源向用电人供电。

三、供电质量和计量方式

1. 在电力系统正常状态下，供电人按照国家规定的电能质量标准向用电人供电。

2. 供电人按国家规定，在用电人的受电点安装用电计量装置，并按计量表计正常记录作为向用电人计算电费的依据。

用电人认为计量表计记录不准，有权向供电人提出校验。经校验，计量表计误差在允许范围内，校验费由用电人承担；计量表计误差超出允许范围，校验费用供电人承担。

3. 电能计量及采集装置产权属供电人，用电人有义务妥为保护，发生丢失、损坏或过负荷等异常情况，应及时通知供电人处理。

4. 用电人不得擅自开启供电人加封的计量装置封印，发现封印脱落，应立即通知供电人处理。

5. 供电人按国家规定对到期的电能表进行轮换，用电人应当予以配合。

四、电价及电费结算

供电人按照电价管理有权部门批准的电价和用电计量装置的正常记录，定期向用电人结算电费及随电量征收的有关费用。

在合同有效期内，电价及其他收费项目费率调整时，按电价管理有权部门的调价文件规定执行。

五、电力设施运行维护管理责任分界及运行维护职责

1. 电力设施运行维护管理责任分界点和供电设施产权按《供电接线及产权分界示意图》附图___的分界点明确划分。分界点电源侧电力设施属供电人，由供电人负责运行维护管理。分界点负荷侧电力设施属用电人，由用电人负责运行维护管理。

2. 在电力设施上发生的法律责任以电力设施运行维护管理责任分界点划分。供电人、用电人应做好各自分管的电力设施的运行维护管理工作，并依法承担相应责任。

六、合同变更和解除

用电人需要增加、减少用电容量、变更户名或过户、改变用电性质、迁移用电地址或终止用电时，应及时向供电人办理手续，结清所欠电费，并变更或解除合同；其他需要变更或解除合同的，依据国家法律法规的有关规定执行。

七、违约责任

1. 因供电人的电力运行事故引起居民家用电器损坏，依照《居民用户家用电器损坏处理办法》有关规定处理。

2. 用电人未按规定期限足额缴纳电费，应承担违约责任，并依法缴纳电费违约金。供电人向用电人每日加收欠费总额千分之一的违约金，不足一元按一元收取，电费违约金从逾期之日起计算到交纳日止。用电人拖欠电费，供电人按规定程序催交仍未足额缴费的，供电人可中止供电，并追收所欠电费和违约金。

3. 用电人发生违约用电、窃电行为，按《供电营业规则》有关规定处理。

八、争议的解决方式

供电人、用电人因履行本合同发生争议时，应依本合同之原则协商解决。协商不成时，双方可选择下列第_____种方式解决：

a. 向_____申请仲裁；

b. 提起诉讼。

九、其他约定

1. 本合同未尽事宜，按《中华人民共和国合同法》《中华人民共和国电力法》《电力供应与使用条例》《供电营业规则》等有关法律、规章办理。

2. 用电人公安门牌发生变化而实际地址未变迁，本合同继续有效。

3. 用电人因房屋买卖或其他原因变更户主时，用电人应督促新户主及时到供电人处办理相关变更户名手续，未及时办理变更户名手续的，产生的后果由用电人与新户主协商解决。

十、合同有效期

1. 本合同经供电人、用电人双方签字后生效，在供用电关系存续期间本合同有效。

2. 本合同一式两份。供电人、用电人各执一份。

供电人：（签章）　　　　　　　　用电人：（签章）

签约人：（签章）　　　　　　　　签约人：（签章）

附件：供电接线及产权分界示意图

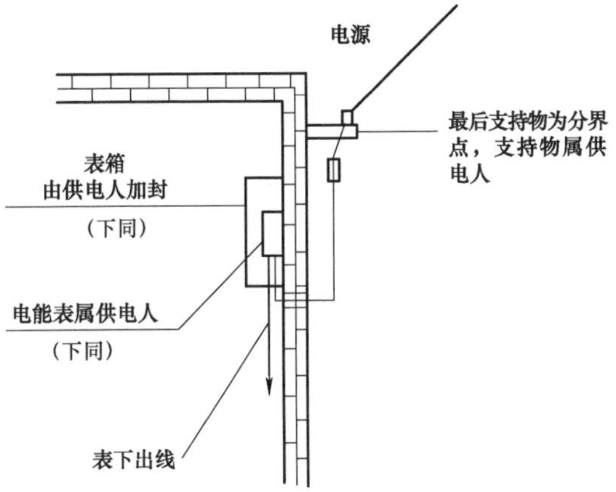

附图 A　架空方式进户

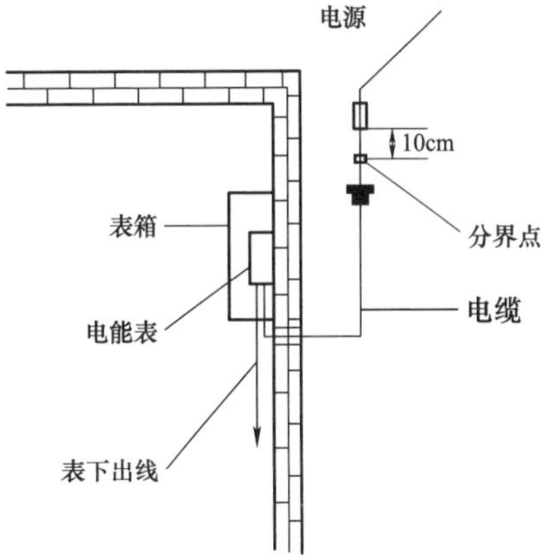

附图 B　电缆方式进户

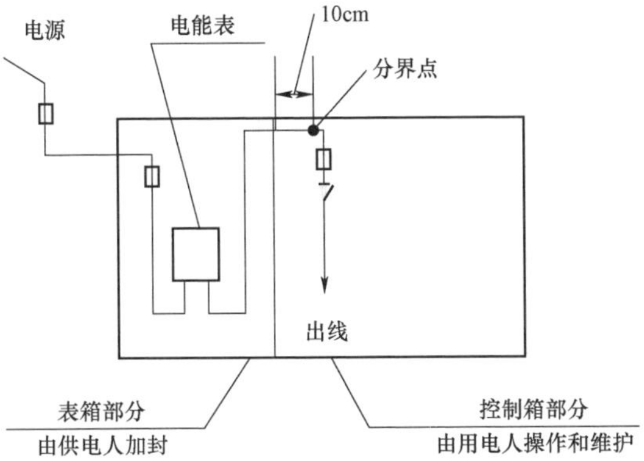

附图 C　集中表箱（带出线控制）

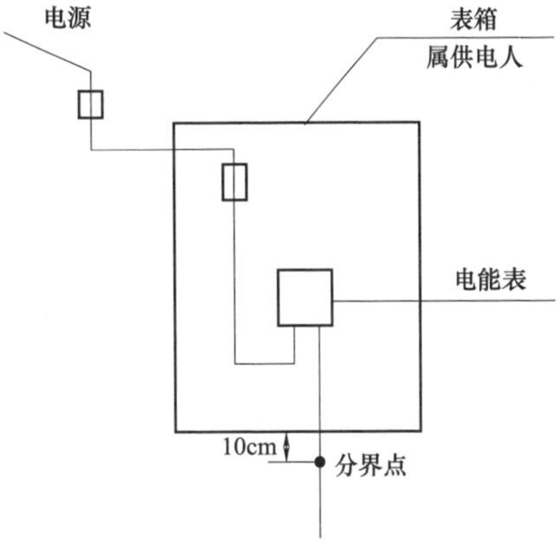

附图 D　集中表箱（不带出线控制）

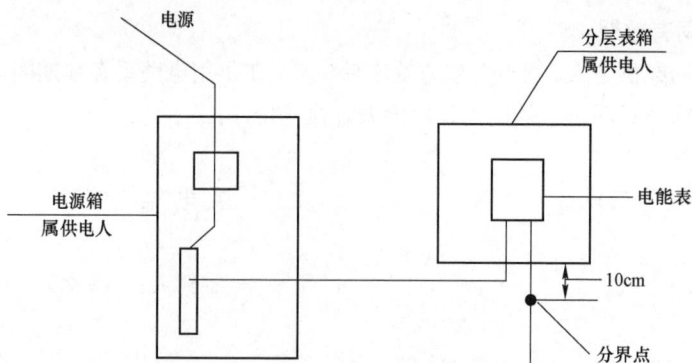

附图 E 分层表箱

【思考与练习】

1. 居民用户电力设施运行维护管理责任分界及运行维护职责如何划分？
2. 居民用户供用电合同中的违约责任有哪些？
3. 居民用户供用电合同如何变更合同？

▲ 模块 5 供用电合同文本的规范格式（Z34E2005Ⅱ）

【模块描述】 本模块包含供用电合同文本格式。通过案例介绍，掌握供用电合同应具备的条款、书写方法及注意事项。

【模块内容】 本模块通过供用电合同文本，举例说明供用电合同文本的规范格式。例：××门窗制造有限公司是一家新成立的生产铝合金门窗的小型企业，需要220/380V电源，办理有关用电手续，与电力部门签订低压供用电合同。

合同封面：

低压供用电合同

合同编号：203012010125

供电人：××供电公司

用电人：××门窗制造有限公司

签订日期：2010 年 4 月 9 日

签订地点：××供电公司营业厅

合同正文：

为确定供电人和用电人在电力供应与使用中的权利和义务，安全、经济、合理、有序地供电和用电，根据《中华人民共和国合同法》《中华人民共和国电力法》《电力供应与使用条例》《供电营业规则》等有关规定，双方经协商一致，订立本合同。

第一条　用电地址、用电性质和用电容量

1. 用电地址：＿＿＿××镇新华村下南组＿＿＿。

2. 用电性质

（1）行业分类：＿＿＿金属制品业＿＿＿。

（2）用电分类：＿＿＿非普工业＿＿＿。

3. 合同约定容量为＿25＿千瓦，该容量为用电人最大用电容量。

第二条　供电方式

1. 供电人向用电人提供 220/380V 交流 50Hz 电源，经以下变压器向用电人供电：

（1）××镇新华村下南＿公用变压器。

（2）＿＿＿无＿＿＿公用变压器。

（3）＿＿＿无＿＿＿。

2. 因电网意外断电影响安全生产的，用电人应自行采取电或非电保安措施。用电人若有保安负荷时，应自备应急电源，并装设可靠的闭锁装置，防止向电网倒送电。

（1）用电人自备发电机＿＿＿无＿＿＿千瓦，闭锁方式为＿＿＿无＿＿＿。

（2）不间断电源（UPS）＿＿＿无＿＿＿千瓦。

第三条　产权分界点及责任划分

供用电设施产权分界点为：

1. 以供电接户线用户端最后支持物（户外墙角横担）为分界点，分界点及其靠电源侧属供电人，靠负荷侧属用电人。

2. ＿＿＿＿＿＿＿＿＿＿＿无＿＿＿＿＿＿＿＿＿＿＿。

供用电设施产权分界点以文字和附图表述，详见《供电接线及产权分界示意图》（附件二）；如两者不符，以文字为准，分界点电源侧产权属供电人，分界点负荷侧产权属用电人。双方各自承担其产权范围内供用电设施上发生事故等引起的法律责任。

第四条　用电计量

1. 按照规定，每一受电点内按不同电价类别分别安装电能计量装置，其记录作为向用电人计算电费的依据。

计量点 1：计量装置装设在用电人户外处，为总/分表，作为用电人＿全部＿用电量的计量依据，计费倍率为＿50/5＿。

计量点 2：计量装置装设在＿无＿处，为总/分表，作为用电人＿无＿用电量的计量依据，计费倍率为__无__。

2. 未分别计量的电量认定：

__无__计量装置计量的电量包含多种电价类别的电量，对__无__电价类别的用电量，每月按以下第__无__种方式确定：

（1）__无__电量定比为：__无__%。

（2）__无__电量定量为：__无__千瓦时；其余电量电价类别为__无__。

以上方式及核定值双方每年至少可以提出重新核定一次，对方不得拒绝。

3. 各计量点计量装置配置如下：

计量点	计量设备名称	计算倍率	备注（总分表关系）
量点 1	电能表	1	
	电流互感器	50/5	
	无		
无			

第五条 电价及电费结算

1. 电价按照政府主管部门批准的价格执行，根据调价政策规定进行调整。

根据国家《功率因数调整电费办法》的规定，功率因数调整电费的考核标准为__无__，相关电费计算按规定执行。

2. 抄表周期为__一个月__，抄表例日为_每月 5 日_；如有变动，供电人应提前一个抄表周期告知用电人。

3. 抄表方式：采用__人工__方式抄录。

采用用电信息采集装置抄表的，其自动抄录的数据作为电度电费结算依据，当装置故障时，依人工抄录数据为准。

4. 电费按抄表周期结算，支付方式为__现金支付__，用电人应在当月__28__日前结清全部电费。

双方可另行订立电费结算协议。

5. 若遇电费争议，用电人应先按结算电费金额按时足额交付电费，待争议解决后，据实清算。

第六条 计量失准及争议处理规则

1. 一方认为用电计量装置失准，有权提出校验请求，对方不得拒绝。校验应由有资质的计量检定机构实施。如校验结论为合格，检测费用由提出请求方承担；如不合格，由表计提供方承担，但能证明因对方使用、管理不善的除外。

2. 计量失准时，计费差额电量按下列方式确定：

（1）互感器或电能表误差超出允许范围时，以"0"误差为基准，按验证后的误差值确定计费差额电量。上述超差时间从上次校验或换装后投运之日至误差更正之日的二分之一时间计算。

（2）其他非人为原因致使计量记录不准时，以用电人上年度或正常月份用电量的平均值为基准，确定计费差额电量，计算退补电量的时间按导致失准时间至误差更正之日的差值确定。

3. 以下原因导致的电能计量或计算出现差错时，计费差额电量按下列方式确定：

（1）计费计量装置接线错误的，以其实际记录的电量为基数，按正确与错误接线的差额率退补电量，计算退补电量的时间从上次校验或换装投运之日至接线错误更正之日。

（2）计算电量的计费倍率与实际倍率不符的，以实际倍率为基准，按正确与错误倍率的差值确定计费差额电量，计算退补电量的时间以发生时间为准确定。

4. 抄表记录、用电信息采集系统、表内留存的信息作为双方处理有关计量争议的依据。

5. 按确定的退补电量和误差期间的电价标准计算退补电费。

第七条 供电质量

在电力系统处于正常运行状况下，供到用电人受电点的电能质量应符合国家规定的标准。

第八条 连续供电

在发供电系统正常情况下，供电人连续向用电人供电。发生如下情形之一的，供电人可按有关法律、法规、规章规定程序及本合同约定中止供电：

1. 供电设施计划或临时检修。

2. 危害供用电安全，扰乱供用电秩序，拒绝检查的。

3. 用电人逾期未交电费，经供电人催交仍未交付。

4. 受电装置经检验不合格，在指定期间未改善的。

5. 用电人注入电网的谐波电流超过标准，以及冲击负荷、非对称负荷等对电网电能质量产生干扰和妨碍，严重影响、威胁电网安全，拒不按期采取有效措施进行治理改善的。

6. 拒不按期拆除私增用电容量的。

7. 拒不按期交付违约用电引起的费用的。

8. 违反安全用电有关规定，拒不改正的。

9. 发生不可抗力或紧急避险的。

10. 用电人实施本合同第十三条第 6 款至第 11 款行为的。

第九条 中止供电程序

1. 因故需要中止供电的，按如下程序进行：

（1）供电设施计划检修需要中止供电的，提前七天通知用电人或进行公告。

（2）供电设施临时检修需要中止供电的，提前 24 小时通知重要用电人。

2. 除以上因故中止供电情形外，需对用电人中止供电时，供电人除需履行有关法规、规章规定的报批程序外，按如下程序进行：

（1）停电前三至七天内，将停电通知书送达用电人，对重要用电人的停电，同时将停电通知书报送同级电力管理部门。

（2）停电前 30 分钟，将停电时间再通知用电人一次。

3. 发生以下情形之一的，供电人可当即中止供电：

（1）发生不可抗力或紧急避险。

（2）用电人实施本合同第十三条第 6 款至第 11 款行为的。

4. 引起中止供电或限电的原因消除后，应在三日内恢复供电，不能在三日内恢复供电的，应向用电人说明原因。

第十条 配合事项

1. 供电人为用电人缴费和查询电价、电费、用电量、电能表示数提供方便。

2. 为保障电网安全或因发电、供电系统发生故障以及根据本合同约定，需要停电、限电时，用电人应予以配合。

引起停电或者限电的原因消除后，供电人应在三日内恢复供电，否则应向用电人说明原因。

3. 供电人依法进行的用电检查或抄表，用电人应提供方便并予以配合，根据检查内容提供相应资料。

4. 用电计量装置的安装、移动、更换、校验、拆除、加封、启封由供电人负责，用电人应提供必要的方便和配合；安装在用电人处的用电计量装置由用电人妥善保管，如有异常，应及时通知供电人。

第十一条 质量共担

用电人用电时的功率因数和谐波源负荷、冲击负荷、非对称负荷等产生的干扰与影响应符合国家标准。

第十二条 供电人不得实施的行为

1. 故意使用电计量装置计量错误。

2. 随电费收取其他不合理费用。

第十三条　用电人不得实施的行为

1. 在电价低的供电线路上，擅自接用电价高的用电设备或私自改变用电类别。

2. 私自超过合同约定容量用电。

3. 擅自使用已在供电人处办理暂停手续的电力设备或启用已封存电力设备。

4. 私自迁移、更动和擅自操作供电人的用电计量装置。

5. 擅自引入（供出）电源或将自备应急电源和其他电源并网。

6. 在供电人的供电设施上，擅自接线用电。

7. 绕越供电人用电计量装置用电。

8. 伪造或者开启供电人加封的用电计量装置封印用电。

9. 损坏供电人用电计量装置。

10. 使供电人用电计量装置失准或者失效。

11. 采取其他方法导致不计量或少计量。

第十四条　供电人的违约责任

1. 供电人违反本合同约定，应当按照国家、电力行业标准或本合同约定予以改正，继续履行。

2. 供电人违反本合同电能质量义务给用电人造成损失的，应赔偿用电人实际损失，最高赔偿限额为用电人在电能质量不合格的时间段内实际用电量和对应时段的平均电价乘积的百分之二十。

3. 供电人违反本合同约定实施停电给用电人造成损失的，应赔偿用电人实际损失，最高赔偿限额为用电人在停电时间内可能用电量（该用电量的计算参照）电度电费的五倍。

前款所称的可能用电量，按照停电前用电人在上月与停电时间对等的同一时间段的平均用电量乘以停电小时求得。

4. 供电人未履行抢修义务而导致用电人损失扩大的，对扩大损失部分按本条第 3款的原则给予赔偿。

5. 供电人故意使用电计量装置计量错误，造成用电人损失的，按用电人多承担的费用予以退还。

6. 供电人随电费收取其他不合理费用，造成用电人损失的，应退还用电人有关费用。

7. 有如下情形之一的，供电人不承担违约责任：

（1）符合本合同第八条约定的连续供电的除外情形且供电人已履行必经程序。

（2）电力运行事故引起开关跳闸，经自动重合闸装置重合成功。

（3）多电源供电只停其中一路，其他电源仍可满足用电人用电需要的。

（4）用电人未按合同约定安装自备应急电源或采取非电保安措施，或者对自备应急电源和非电保安措施维护管理不当，导致损失扩大部分。

（5）因用电人或第三人的过错行为所导致。

第十五条　用电人的违约责任

1. 用电人违反本合同约定义务，应当按照国家、电力行业标准或本合同约定予以改正，并继续履行。

2. 由于用电人责任造成供电人对外供电停止，应当按供电人少供电量乘以上月份平均售电单价给予赔偿；其中，少供电量为停电时间上月份每小时平均供电量乘以停电小时。停电时间不足 1 小时的按 1 小时计算，超过 1 小时的按实际停电时间计算。

3. 因用电人过错给供电人或者其他用户造成财产损失的，用电人应当依法承担赔偿责任。本款责任不因本条第四款责任而免除。

4. 用电人有以下违约行为，应按合同约定向供电人支付违约金：

（1）用电人违反本合同约定逾期交付电费，当年欠费部分的每日按欠交额的千分之二、跨年度欠费部分的每日按欠交额的千分之三计付。

（2）用电人擅自改变用电类别或在电价低的供电线路上，擅自接用电价高的用电设备的，按差额电费的两倍计付违约金，差额电费按实际违约使用日期计算；违约使用起讫日难以确定的，按三个月计算。

（3）擅自迁移、更动或操作用电计量装置、电力负荷管理装置、擅自操作供电企业的供电设施以及约定由供电人调度的受电设备的，按每次 5000 元计付违约金。

（4）擅自引入、供出电源或者将自备电源和其他电源私自并网的，按引入、供出或并网电源容量的每千瓦（千伏安）500 元计付违约金。

（5）用电人擅自在供电人供电设施上接线用电、绕越用电计量装置用电、伪造或开启已加封的用电计量装置用电，损坏用电计量装置、使用电计量装置不准或失效的，按补交电费的三倍计付违约金。少计电量时间无法查明时，按 180 天计算。日使用时间按小时计算，其中，电力用户每日按 12 小时计算，照明用户每日按 6 小时计算。

5. 用电人违约责任因以下原因而免除：

（1）不可抗力。

（2）法律、法规及规章规定的免责情形。

第十六条　合同的生效、转让及变更

1. 合同生效

（1）用电人受电装置已验收合格，业务相关费用已结清且本合同和有关协议均已签订后，供电人应即依本合同向用电人供电。

（2）本合同经双方签署并加盖公章或合同专用章后成立。合同有效期为<u>　两　</u>年，

自 <u>2010 年 4 月 10 日</u>起至 <u>2012 年 4 月 9 日</u>止。合同有效期届满，双方均未对合同履行提出书面异议，合同效力按本合同有效期重复继续维持。

（3）对合同有异议的，应提前一个月向对方提出书面修改意见，经协商，双方达成一致，重新签订供用电合同；双方不能达成一致，在合同有效期届满后双方解除、终止合同的书面协议签订前，本合同继续有效。

2. 合同转让

未经对方同意，任何一方不得将本合同下的义务转让给第三方。

3. 合同变更

合同如需变更，双方协商一致后签订《合同事项变更确认书》（附件三）。

第十七条 争议解决的方式

1. 双方发生争议时，应本着诚实信用原则，通过友好协商解决。

2. 若争议经协商仍无法解决的，按以下第 <u>1</u> 种方式处理：

（1）仲裁：提交××市仲裁委员会，按照申请仲裁时该仲裁机构有效的仲裁规则进行仲裁。仲裁裁决是终局的，对双方均有约束力。

（2）诉讼：向＿＿＿无＿＿＿所在地人民法院提起诉讼。

3. 在争议解决期间，合同中未涉及争议部分的条款仍须履行。

第十八条 附则

1. 本合同正本一式 <u>两</u> 份，供电人执 <u>壹</u> 份，用电人执 <u>壹</u> 份；副本 <u>两</u> 份，供电人执 <u>壹</u> 份，用电人执 <u>壹</u> 份。

合同签署前，双方按供用电业务流程所形成的申请、批复等书面资料，为合同附件，与合同正文具有同等效力。

本合同附件包括：

（1）附件一：术语定义。

（2）附件二：供电接线及产权分界示意图。

（3）附件三：合同事项变更确认书。

（4）＿＿＿＿＿无＿＿＿＿＿。

2. 本合同中特别条款已用黑体字标识，双方均已认真阅读。鉴于供用电合同的专业性，供电人亦就合同条款向用电人作了必要和合理的说明。

3. 双方是在完全清楚、自愿的基础上签订本合同。

第十九条 特别约定

本特别约定是对合同其他条款的修改或补充，如有不一致，以特别约定为准。

＿＿＿＿＿＿＿＿＿＿＿无＿＿＿＿＿＿＿＿＿＿＿

＿＿＿＿＿＿＿＿＿＿＿无＿＿＿＿＿＿＿＿＿＿＿

_____无_____。

（以下无正文）

签 署 页

供电人：××供电公司　　　　　用电人：××门窗制造有限公司
（盖章）　　　　　　　　　　　（盖章）
法定代表人（负责人）或　　　　法定代表人（负责人）或
授权代表（签字）：张三　　　　授权代表（签字）：李四

签订日期：2010 年 4 月 9 日　　签订日期：2010 年 4 月 9 日
地址：　　　　　　　　　　　　地址：
邮编：　　　　　　　　　　　　邮编：
联系人：　　　　　　　　　　　联系人：
电话：　　　　　　　　　　　　电话：
传真：　　　　　　　　　　　　传真：
开户银行：　　　　　　　　　　开户银行：
账号：　　　　　　　　　　　　账号：
税号：　　　　　　　　　　　　税号：

附件一

术 语 定 义

1. 用电地址：用电人受电设施的地理位置及用电地点。

2. 用电容量：又称协议容量，用电人申请并经供电人核准使用电力的最大功率或视在功率。

3. 供电质量：指供电频率、电压和供电可靠性三项指标。

4. 谐波源负荷：指用电人向公共电网注入谐波电流或在公共电网中产生谐波电压的电气设备。

5. 冲击负荷：指用电人用电过程中周期性或非周期性地从电网中取用快速变动功率的负荷。

6. 非对称负荷：因三相负荷不平衡引起电力系统公共连接点正常三相电压不平衡

度发生变化的负荷。

7. 计划检修：按照年度、月度检修计划实施的设备检修。

8. 临时检修：供电设备障碍、改造等原因引起的非计划、临时性停电（检修）。

9. 紧急避险：指电网发生事故或者发电、供电设备发生重大事故；电网频率或电压超出规定范围、输变电设备负载超过规定值、主干线路功率值超出规定的稳定限额以及其他威胁电网安全运行，有可能破坏电网稳定，导致电网瓦解以至大面积停电等运行情况时，供电人采取的避险措施。

10. 不可抗力：指不能预见、不能避免并不能克服的客观情况。

11. 逾期：指超过双方约定的交纳电费的截止日的第二天算起，不含截止日。

附件二

供电接线及产权分界示意图

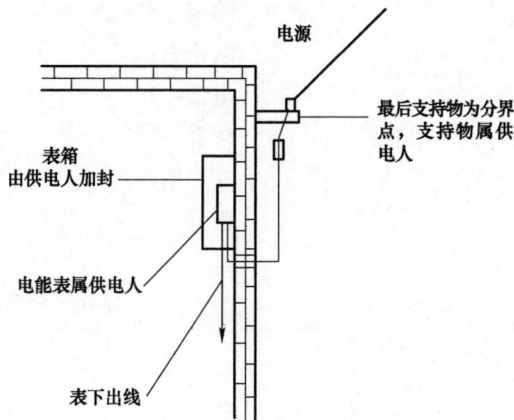

附件三

合同事项变更确认书

序号	变更事项	变更前约定	变更后约定	供电人确认	用电人确认
1				（签）章 _____年___月___日	（签）章 _____年___月___日
2				（签）章 _____年___月___日	（签）章 _____年___月___日
3				（签）章 _____年___月___日	（签）章 _____年___月___日
4				（签）章 _____年___月___日	（签）章 _____年___月___日

【思考与练习】

1. 计划检修与临时检修有何不同？

2. 供电质量包括哪些内容？

3. 简述低压供用电合同的主要内容。

◢ 模块 6　供用电合同的签订、履行（Z34E2006Ⅱ）

【模块描述】本模块包含供用电合同的签订应注意的事项及履行合同中出现的违约或争议的处理。通过概念描述、术语说明、条文解释、要点归纳，掌握供用电合同的签订和履行。

【模块内容】

一、供用电合同的签订

（1）根据国家电网有限公司下发的统一供用电合同文本，与客户协商拟订合同内容，形成合同文本初稿及附件。对于低压居民客户，精简供用电合同条款内容，可采取背书方式签订，或通过"掌上电力"手机 App、移动作业终端电子签名方式签订。

（2）高压供用电合同实行分级管理，由具有相应管理权限的人员进行审核。对于重要客户或者对供电方式及供电质量有特殊要求的客户，采取网上会签方式，经相关部门审核会签后形成最终合同文本。

（3）供用电合同文本经双方审核批准后，由双方法定代表人、企业负责人或授权委托人签订，合同文本应加盖双方的"供用电合同专用章"或公章后生效；如有异议，由双方协商一致后确定合同条款。利用密码认证、智能卡、手机令牌等先进技术，推广应用供用电合同网上签约。

二、供用电合同的履行

（1）供用电合同生效后应依法履行合同，不得无故中止履行。不因法定代表（负责）人或承办、签约人员的变动而变动或解除。

（2）供用电双方在合同履行期间要求变更和解除合同时应以书面形式通知对方；对方应在法定或约定的期限内答复。在未达成变更或解除合同书面协议之前，原合同继续履行。

（3）供用电合同履行期内，用户发生增容，或涉及合同实质性条款调整的变更用电业务时，应重新签订合同。

三、供用电合同纠纷处理

（1）供用电合同在履行过程中发生争议的，应当在法定期限内，通过以下步骤和方式解决。

1）双方自行协商解决；

2）提请电力管理部门调解；

3）供用电合同有明确的仲裁条款的，向约定的仲裁机构申请仲裁；

4）供用电合同未约定仲裁或约定不明的，依法向人民法院提起诉讼。

5）供用电合同争议经裁决后，对方拒不执行的，应及时申请法院强制执行。

（2）各级单位应当建立供用电合同争议及处理的报告、备案制度，合同争议发生后 7 日内、结案后 15 日内应将书面材料报省公司备案。

【思考与练习】

1. 供用电合同签订有哪些要求？

2. 供用电合同履行有哪些要求？

3. 供用电合同纠纷如何处理？

▲ 模块 7　供用电合同的变更与解除（Z34E2007Ⅲ）

【模块描述】本模块包含供用电双方可以变更或解除供用电合同的情形、供用电合同的续签与废止。通过概念描述、要点归纳，了解供用电合同的变更与解除的基本情况。

【模块内容】

一、供用电合同的变更与解除

供用电合用的变更或解除应当依照有关法律、法规的规定，当情况发生变化时，供用电双方应及时协商，修改合同有关内容。

（1）符合供用电合同变更或解除条件的，双方应签订变更或解除协议，变更或解除合同的程序与合同签订程序相同。供用电合同变更或解除后，其台账、档案等资料应相应更改。

（2）供电企业与客户依法解除供用电合同时，必须与客户结清全部电费和其他债务，同时，终止对该客户的供电。

（3）办理暂停、暂拆、暂换、移表等变更用电业务时，应将办理业务的工单作为原供用电合同的附件，变更的内容以工单内容为准。

（4）经双方同意的有关修改合同的文书、电报、信件等可作为供用电合同的组成部分。

（5）有如下情形供用电合同可进行终止：

1）用电人主体资格丧失或依法宣告破产；

2）供电人主体资格丧失或依法宣告破产；

3）合同依法或依协议解除；

4）合同有效期届满，双方未就合同继续履行达成有效协议。

二、变更供用电合同的示例

A 为 220/380V 供电，供用电合同容量为 30kW，计量方式为低供低计。由于其经营滑坡，特申请过户给 B（用电容量和性质不变）。请办理变更供用电合同。

供电企业应按下列办理，并变更供用电合同相关内容：

（1）在用电地址、用电容量、用电类别不变的情况下，允许办理过户。

（2）A 应与供电企业结清债务，才能解除原供用电关系。

（3）核实 B 的主体资格、经营资信应符合过户和签约条件，然后变更原合同相关内容，重新签订供用电合同。

（4）不申请办理过户手续而私自过户者，新客户应承担原客户所有债务。经供电企业检查发现客户私自过户时，供电企业应通知该户补办过户手续，必要时可中止供电。

【思考与练习】

1. 列举供用电双方可以变更或解除供用电合同的情形。

2. 低压供用电合同变更的主要类型有哪些？

3. 什么情况下，供用电合同废止，需要重新签订合同？

第三章

电能计量装置配置

▲ 模块 1　客户计量方式的选择原则（Z34E3001 Ⅰ）

【模块描述】本模块包含客户计量装置的分类、计量方式分类、各计量方式的适用范围和选择原则等内容。通过概念描述、术语说明、要点归纳，熟悉用户计量方式的选择原则。

【模块内容】

一、客户电能计量点的设置原则

电能计量点是输、配电线路中装接电能计量装置的位置。在电网中，若电能计量点不完善，便不能准确计算发、供、用电电量，将给供电企业的经营工作带来较严重的负面影响。一个计量点一般只装设一套电能计量装置，但根据计量的重要性也可装设两套计量装置。

确定电能计量点的基本原则：贸易结算用电能计量装置，原则上应设置在供用电设施产权分界处；如果产权分界处不具备装设电能计量装置的条件或为了方便管理将电能计量装置设置在其他合适位置的，其线路损耗由产权所有者负担。高压供电，在受电变压器低压侧计量的，应加计变压器损耗。

（1）高压供电的客户，宜在高压侧计量；但对 10kV 供电且容量在 315kVA 及以下、35kV 供电且容量在 500kVA 及以下的，高压侧计量确有困难时，可在低压侧计量，即采用高供低计方式。

（2）6～10kV 电压等级供电的电力客户，应安装整体式电能计量柜（或高压计量箱）。

（3）当采用整体式计量柜时，若屋内配电装置为成套开关柜，则计量柜宜布置在进线柜（即第二柜）之后；若配电间不设进线断路器，而采用屋外跌落式熔断器方式，则计量柜宜布置在第一柜。为了合理计量电压互感器损耗，高压计量装置的电压互感器应装设在电流互感器的负荷侧。

（4）低压客户和居民客户的计量点应设置在进户线附近的适当位置。

二、用户计量方式分类及其适用范围

1. 高供高计

（1）高供高计的概念。电能计量装置装设点的电压与供电电压一致且在 10（6）kV 及以上的计量方式，即高压供电在高压侧计量电能的计量方式，称为高供高计。

（2）高供高计的适用范围。适用于变压器容量为 500kVA 及以上的高压供电用户。

2. 高供低计

（1）高供低计的概念。电能计量装置装设点的电压低于用户供电电压的计量方式，即高压供电在低一级电压侧计量电能的计量方式（不一定是低压侧），称为高供低计。

（2）高供低计的适用范围。适用于除高供高计以外的高压供电用户。

3. 低供低计

（1）低供低计的概念。电能计量装置装设点的电压为低压的计量方式，称为低供低计。

（2）低供低计的适用场合。适用于所有接在低压电网供电的用户。

【例 3-1-1】某包装行业电力客户申请用电递交的用电设备清单如表 3-1-1 所示，试确定该客户的计量方式。

表 3-1-1 某包装行业电力客户用电设备清单

序号	设备	容量（kW）	数量	总容量（kW）
1	包装机	17.5	2	35
2	其他照明			5

解： 根据本客户生产实际情况，该客户的合同容量可确定为 40kW，计量方式采用低供低计，选配三相四线智能表，3×220/380V，3×10（100）A。

【**思考与练习**】

1. 用户计量方式分类及其适用范围如何规定？

2. 用户电能计量点的设置原则有哪些？

3. 某塑料制品行业电力客户申请用电递交的用电设备清单如表 3-1-2 所示，试确定该客户的计量方式。

表 3-1-2 某塑料制品行业电力客户用电设备清单

序号	设备	容量（kW）	数量	总容量（kW）
1	吸塑机	30	4	120
2	冲床	11	5	55
3	吸塑机	10	3	30
4	烘机	20	3	60
5	其他设备			50

▲ 模块 2　客户计量方式的技术要求（Z34E3002 I ）

【模块描述】本模块包含用户计量方式确定技术要求、高压计量接线方式的技术要求、常用典型接线图、电能计量装置的二次回路等内容。通过概念描述、术语说明、图解示意、要点归纳，熟悉用户计量方式的技术要求。

【模块内容】

一、确定客户计量方式的技术规定

电能计量方式与供电方式和电费管理制度有关，具体规定是：

（1）客户单相用电设备总容量在 10kW 及以下时可采用低压 220V 供电，在经济发达地区用电设备容量可扩大到 16kW。

（2）客户用电设备总容量在 100kW 及以下或受电变压器容量在 50kVA 及以下者，可采用低压 380V 供电。在用电负荷密度较高的地区，经过技术经济比较，采用低压供电的技术经济性明显优于高压供电时，低压供电的容量可适当提高。

（3）按客户电能计量装置的类别，选择智能表的准确度等级和通信模式。

（4）低压供电线路的负荷电流为 60A 及以下时，宜采用直接接入式电能表；低压供电线路的负荷电流为 60A 以上时，宜采用经电流互感器接入式的接线方式。

（5）有两路及以上线路分别来自两个及以上的供电点，或有两个及以上受电点的客户，应分别装设电能计量装置。

（6）客户的一个受电点内若有不同用电类别的用电，应按照国家电价分类，分别安装计费用电能计量装置。在客户受电点内难以按用电类别分别装表时，可安装计费总表，采用其他方式分算电费。

农村地区低压供电容量，应根据当地农村电网综合配电小容量、多布点的配置特点来确定。

二、计量接线方式的技术要求

（1）接入中性点绝缘系统的电能计量装置，应采用三相三线计量方式。接入非中性点绝缘系统的电能计量装置，应采用三相四线计量方式。

（2）I、II、III类贸易结算用电能计量装置，应按计量点配置计量专用电压、电流互感器或者专用二次绕组。电能计量专用电压、电流互感器或专用二次绕组及其二次回路，不得接入与电能计量无关的设备。

（3）对于 I 类计量装置，在设计中应考虑安装主、副两套准确度等级相同或不相同的电能表。当采用准确度等级不同的电能表时，主表原则上应为准确度等级高的表，并应以合同的形式明确。

（4）35kV 及以下贸易结算用电能计量装置中电压互感器二次回路，应不装设隔离开关辅助触点和熔断器。

（5）安装在客户处的贸易结算用电能计量装置，10kV 及以下电压供电的客户，应配置全国统一标准的电能计量柜或电能计量箱。

三、电能计量装置的二次回路的技术要求

（1）贸易结算用高压电能计量装置应装设电压失压计时器。未配置计量柜（箱）的，其互感器二次回路的所有接线端子、试验端子应能实施铅封。

（2）互感器二次回路的连接导线应采用铜质单芯绝缘线。对电流二次回路，连接导线截面积应按电流互感器的额定二次负荷确定，至少不应小于 4mm²。对电压二次回路，连接导线截面积应按允许的电压降计算确定，至少不应小于 2.5mm²。

（3）互感器实际二次负荷应在 25%～100%额定二次负荷范围内，电流互感器额定二次负荷的功率因数应为 0.8～1.0。

（4）用于贸易结算的电能计量装置中，电压互感器二次回路电压降不应大于其额定二次电压的 0.2%。

（5）经电流互感器接入的电能表，其基本电流宜不超过电流互感器额定二次电流的 30%，其额定最大电流应为电流互感器额定二次电流的 120%左右。直接接入式电能表的基本电流应按正常运行负荷电流的 30%左右进行选择。为提高低负荷计量的准确性，应选用过载 4 倍及以上的电能表。

四、常用低压典型接线图

常用低压典型接线图如图 3-2-1、图 3-2-2 所示。

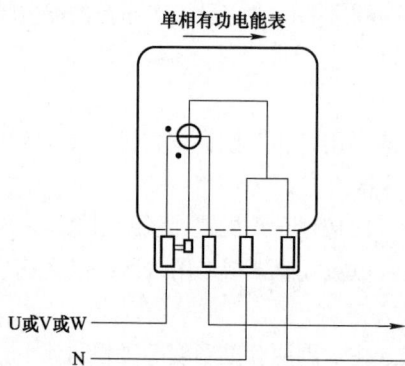

图 3-2-1 单相计量有功电能直接接入式

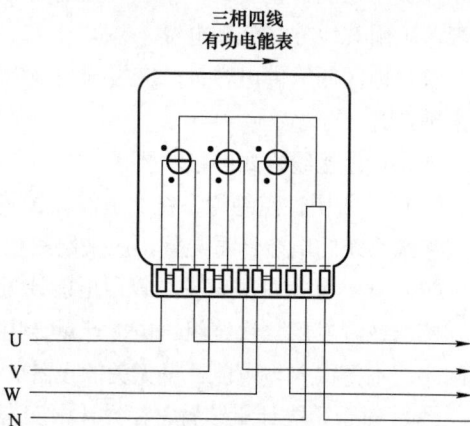

图 3-2-2 低压计量有功电能直接接入式

【思考与练习】

1. 电能计量装置二次回路的技术要求有哪些？
2. 用户计量方式确定的技术要求有哪些？
3. 画出直接接入式三相四线表接线图。

▲ 模块 3　电能计量装置选配（Z34E3003 I）

【模块描述】本模块包含电能计量装置配置的原则、电能计量装置配置的要求及选用案例等内容。通过概念描述、列表示意、计算举例、要点归纳，掌握电能计量装置配置方法。

【模块内容】

一、电能计量装置配置的原则

（1）具有足够的准确度。对于高压电能计量装置，电能表、互感器的等级要满足 DL/T 448—2016《电能计量装置技术管理规程》的要求。

（2）具有足够的可靠性。要求电能计量装置故障率低，电能表一次使用寿命长，能适应用电负荷在较大范围变化时的准确计量。

（3）有可靠的封闭性能和防窃电性能，封印不易伪造，在封印完整的情况下，做到用户无法窃电。

（4）装置要便于工作人员现场检查和带电工作。

二、电能计量装置配置的要求

1. 电能表的配置要求

为提高低负荷计量的准确性，应选用过负荷 4 倍及以上的电能表。经电流互感器接入的电能表，其基本电流不宜超过电流互感器额定二次电流的 30%，其额定最大电流应为电流互感器额定二次电流的 120% 左右。直接接入式电能表的基本电流应按正常运行负荷电流的 30% 左右进行选择。

2. 互感器的配置要求

（1）电流互感器额定一次电流的确定，应保证其在正常运行中的实际负荷电流达到额定值的 60% 左右，至少不应小于 30%。否则应选用高动热稳定电流互感器，以减小变比。

（2）二次侧额定电流必须与电能表额定值对应。

（3）实际二次负荷必须在互感器额定负荷的 25%～100% 的范围内。若互感器接入二次负荷超过额定值时，则其准确度等级下降。

同一组电流互感器应采用制造厂、型号、额定电流比、准确度等级、二次容量均相同的互感器。不宜使用可任意改变一次绕组匝数以改变变比的穿芯式电流互感器（一次绕组制造厂已固定好或一次只绕一匝的穿芯式电流互感器除外）及变压器套管型电流互感器。

（4）电压互感器的额定电压，应与供电线路电压相适应，否则将无法正确计量。

（5）电压、电流互感器应选用符合国家标准，并经有关部门鉴定质量优良，准许进入电力系统的产品。

3. 二次回路的配置要求

（1）二次回路必须使用铜质单芯绝缘导线，转动部分必须有足够长的裕度，低压电能表和互感器二次回路导线截面积至少不得小于 $4mm^2$。

（2）二次回路中，均不得装设熔断器及切换开关，且中间不允许有接头。因为熔断器、切换开关及导线接头存在较大的接触电阻，且常随接触的紧密度和接触面是否洁净而有变化，尤其当运行期较长时，阻值都有增加，使计量准确性得不到保证。

（3）Ⅲ类及以上计量装置的二次回路中，宜装有能加封的专用接线端子盒，安装位置应便于现场带电工作。电能表专用接线盒应具有带负荷现场校表、带负荷换表、防窃电三种功能，要求其性能是阻燃、耐压强度高、绝缘电阻高、通流容量大，并要求热稳定性能达到相应的规定值。接线盒类型有 PJ 型接线式和 FY 型插接式两种。

4. 计量屏及计量箱的配置要求

（1）计量屏（箱）的设计应符合国家有关标准、电力行业标准及有关规程对电能计量装置的要求。

（2）电能计量装置应具有可靠的防窃电措施。电能表、互感器及二次回路，必须安装在封闭可靠的电能计量屏或计量箱内。计量装置电源进线，必须采用电缆或穿管绝缘导线，且不得有破口或裸露部分。

（3）计量屏（箱）内，应留有足够的空间来安装电能表、互感器及一、二次接线，并有足够的安全距离及操作空间距离。

（4）计量屏（箱）内电能表、互感器的安装位置，应考虑现场检查及拆换工作的方便。

（5）计量屏（箱）的活动门必须能加封，门上应有带玻璃的观察窗，以便于抄表读数与观察表计运转情况。对于需要对电能表面盘进行操作（如设置参数、需量复零等）的计量柜（箱），应在其观察窗处设便于开启的小门，且小门能加铅封。

（6）计量箱与墙壁的固定点不应少于三个，使箱体不能前后左右移动。

（7）计量屏（箱）内在电源与计量器具之间宜装熔断器（或自动开关）。进户线进入计量屏（箱）时，首先应接至熔断器（或自动开关），用来保护电能表及防止电气装置的故障影响电网安全运行。单相电能表在一相上装设一只熔断器，三相四线 U、

V、W 三相上分别装设熔断器，但在任何情况下中性线不能装设熔断器。

（8）计量屏（箱）的金属外壳应有接地端钮。

（9）计量配电合一的开关屏，安装的开关电器应具有防震措施。

5. 电能表、互感器准确度等级配置要求

电能表、互感器准确度等级配置如表 3-3-1 所示。

表 3-3-1 电能表、互感器准确度等级配置

电能计量装置类别	准确度等级			
	有功电能表	无功电能表	电压互感器	电流互感器
Ⅰ	0.2S	2	0.2	0.2S
Ⅱ	0.5S	2	0.2	0.2S
Ⅲ	0.5S	2	0.5	0.5S
Ⅳ	1	3.0	0.5	0.5S
Ⅴ	2			0.5S

三、电能计量装置的选用案例

【例 3-3-1】某电力客户新装一台容量为 315kVA 变压器 10kV 供电，高供高计，请选配电流互感器、电压互感器额定变比及电能表。

解：

$$I_f = \frac{S}{\sqrt{3}U} = \frac{315}{\sqrt{3}\times10} \approx 18.19\,(\text{A})$$

$$I_{1N} = \frac{I_f}{60\%} = \frac{18.19}{0.6} \approx 30.32\,(\text{A})$$

$$I_b \leq I_{2N}\times30\% = 5\times0.3 = 1.5\,(\text{A})$$

$$I_{max} \leq I_{2N}\times120\% = 5\times1.2 = 6\,(\text{A})$$

应选配 0.5S 级 30A/5A 两台电流互感器，0.5 级 10kV/100V 电压感器两台。电能表选择 1.0 级，3×100V，3×1.5（6）A 智能表一只。

【思考与练习】

1. 计量屏及计量箱的配置要求有哪些？

2. 互感器的配置要求有哪些？

3. 某低压电力客户报装容量为单相 220V、2kW 电动机和 200W 的照明负荷，问该户应配用多少安的电能表？

4. 有一客户新上一加工项目，用电设备有：15kW 三相电动机两台，5kW 单相电动机一台，低压计量，配用多功能电能表一台，负荷控制终端一台，试分析计算对应配互感器的要求。

▲ 模块4 客户计算负荷的确定（Z34E3004Ⅱ）

【模块描述】本模块包含计算负荷的概念及需用系数法、二项式系数法、单耗法、单位面积耗电量法等计算方法。通过概念描述、术语说明、公式解析、计算举例，掌握确定用户计算负荷的方法。

【模块内容】

一、计算负荷的概念

负荷计算主要是确定计算负荷，计算负荷是按发热条件选择电气设备的一个假定的持续负荷，计算负荷产生的热效应和实际变动负荷产生的最大热效应相等。所以根据计算负荷选择导体及电器时，在实际运行中，导体及电器的最高温升不会超过允许值。

计算负荷是确定供电系统，选择变压器容量、电气设备、导线截面和仪表量程的依据，也是整定继电保护的重要依据。计算负荷确定得是否合理，直接影响到电器和导线的选择是否经济合理。如计算负荷确定过大，将使电器和导线截面选择过大，造成投资和有色金属的浪费；如计算负荷确定过小，将使电器和导线运行时增加电能损耗，并产生过热，引起绝缘过早老化，甚至烧坏，以致发生事故，同样给国家造成损失。为此，正确进行负荷计算与预测是供电设计的前提，也是实现供电系统安全、经济运行的必要手段。

负荷计算的基本方法如表 3-4-1 所示。

表 3-4-1 负荷计算的基本方法

序号	计算方法	适用范围
1	需用系数法	用电设备台数较多、各台设备容量相差不太悬殊时，特别在乡镇的计算负荷时采用
2	二项式法	用电设备台数较少、各台设备容量相差悬殊时，特别在干线和分支线的计算负荷时采用
3	单位产品耗电量法	乡镇的初步的设计中估算负荷时采用
4	单位面积耗电量法	建筑的补步设计中估算照明负荷时采用
5	典型调查及实测法	有特别使用要求的用户采用

二、需用系数法

1. 单组用电设备的负荷计算

单组用电设备的负荷计算时，需用系数法是将设备的额定容量加起来，再乘以需用系数就得出计算负荷，计算方法如下。

（1）计算有功 P_{js}（kW）

$$P_{js} = K_x \sum P_n = K_t K_f \sum P_n \qquad (3-4-1)$$

式中　K_x——需用系数，如表 3-4-2 中所示；

　　　K_f——负荷系数；

　　　K_t——同时系数；

　　　$\sum P_n$——所有负荷的总和，kW。

（2）计算无功 Q_{js}（kvar）

$$Q_{js} = P_{js} \tan\varphi \qquad (3-4-2)$$

（3）计算容量 S_{js}（kVA）

$$S_{js} = \sqrt{P_{js}^2 + Q_{js}^2} \qquad (3-4-3)$$

（4）计算电流

$$I_{js} = \frac{S_{js}}{\sqrt{3}U} \quad (A) \qquad (3-4-4)$$

表 3-4-2　　　　　　用电负荷及部分乡镇企业的需用系数和功率因数

序号	用电设备名称	需用系数 K_x	功率因数 $\cos\varphi$	序号	用电设备名称	需用系数 K_x	功率因数 $\cos\varphi$
1	机械加工	0.2～0.25	0.6	9	粮库	0.25～0.4	0.85
2	木器加工	0.25～0.35	0.65	10	工厂及办公室	0.81～1.0	1.0
3	机修厂	0.2～0.25	0.6	11	生活区照明	0.6～0.8	1.0
4	电镀厂	0.4～0.6	0.85	12	街道照明	1	1.0
5	变压器厂	0.3～0.4	0.65	13	电气开关厂	0.35	0.75
6	开关厂	0.25～0.3	0.7	14	电机厂	0.33	0.65
7	煤气站	0.5～0.7	0.65	15	电线厂	0.35	0.73
8	水厂	0.5～0.65	0.8	16	煤矿机械厂	0.32	0.71

【例 3-4-1】有一机械加工厂，其用电设备均为接于 380V 线路上的三相交流电动机，功率为 5kW 的 6 台，4.5kW 的 8 台，2.8kW 的 15 台，求此线路的总负荷。

解：通过查表取需用系数 K_x=0.25，$\cos\varphi$=0.6，$\tan\varphi$=1.33，则

$$\sum P_n = 5\times6 + 4.5\times8 + 2.8\times15 = 108 \ (\text{kW})$$

$$P_{js} = 0.25\times108 = 27 \ (\text{kW})$$

$$Q_{js} = 27\times1.33 = 36 \ (\text{kvar})$$

$$S_{js} = \sqrt{27^2 + 36^2} = 45 \ (kVA)$$

2. 多组用电设备的负荷计算

用需用系数法计算是将设备的多组用电设备的计算负荷加起来，再乘以综合需用系数就得出计算负荷，计算方法如下

（1）计算有功功率 P_{js}（kW）

$$P_{js} = K_{\sum P} \sum P_{jsi} \tag{3-4-5}$$

（2）计算无功功率 Q_{js}（kvar）

$$Q_{js} = K_{\sum Q} \sum Q_{jsi} \tag{3-4-6}$$

（3）计算容量 S_{js}（kVA）

$$S_{js} = \sqrt{P_{js}^2 + Q_{js}^2} \tag{3-4-7}$$

式中　　$K_{\sum P}$——有功综合需用系数，如表 3-4-3 中所示；

　　　　$K_{\sum Q}$——无功综合需用系数，如表 3-4-3 中所示。

表 3-4-3　　　　　　　　　有功、无功综合需用系数选择表

应用范围		$K_{\Sigma P}$、$K_{\Sigma Q}$	应用范围		$K_{\Sigma P}$、$K_{\Sigma Q}$
确定车间变电站低压母线的负荷时	冷加工车间	0.7~0.8	确定配电站母线的负荷时	计算负荷小于5000kW	0.9~1.0
	热加工车间	0.7~0.9		计算负荷为5000~10 000kW	0.85
	动力站	0.8~1.0		计算负荷大于10 000kW	0.8

【例 3-4-2】某村负荷情况如下，试计算其计算负荷。

（1）××村企业。

动力：300kW，需用系数 0.32，$\cos\varphi=0.7$。

照明：7kW，需用系数 0.9，$\cos\varphi=1.0$。

（2）××村工厂。

动力：180kW，需用系数 0.25，$\cos\varphi=0.65$。

照明：5kW，需用系数 0.85，$\cos\varphi=1.0$。

（3）××宿舍。

照明：260kW，需用系数 0.7，$\cos\varphi=1.0$。

以上合计 752kW。

解：（1）××村企业

$$P_{js1}=0.32\times300+7\times0.9=102.3\text{（kW）}$$

$$Q_{js1}=0.32\times300\tan\varphi+7\times0.9\tan\varphi=97.9\text{（kvar）}$$

$$S_{js1}=\sqrt{P_{js}^2+Q_{js}^2}=\sqrt{102.3^2+97.9^2}=141.6\text{ (kVA)}$$

$$I_{js1}=\frac{S_{js1}}{\sqrt{3}U_e}=\frac{141.6}{\sqrt{3}\times0.38}=215\text{ (A)}$$

（2）××村工厂

$$P_{js2}=0.25\times180+5\times0.85=49.3\text{（kW）}$$

$$Q_{js2}=0.25\times180\tan\varphi+5\times0.85\tan\varphi=52.7\text{（kvar）}$$

$$S_{js2}=\sqrt{P_{js}^2+Q_{js}^2}=\sqrt{49.3^2+52.7^2}=72.2\text{ (kVA)}$$

$$I_{js2}=\frac{S_{js2}}{\sqrt{3}U_e}=\frac{72.2}{\sqrt{3}\times0.38}=109.7\text{ (A)}$$

（3）××村宿舍

$$P_{js3}=0.7\times260=182\text{（kW）}$$

$$Q_{js3}=0\text{（kvar）}$$

$$S_{js3}=P_{js3}=182\text{（kVA）}$$

$$I_{js}=\frac{S_{js3}}{\sqrt{3}U_e}=\frac{182}{\sqrt{3}\times0.38}=277\text{ (A)}$$

（4）该村配电变压器低压侧总计算负荷

取
$$K_P=0.9,\ K_Q=0.93$$

$$P_{js}=0.9\times（102.3+49.3+182）=300.24\text{（kW）}$$

$$Q_{js}=0.93\times（97.9+52.7+0）=140.1\text{（kvar）}$$

$$\tan\varphi=\frac{Q_{js}}{P_{js}}=0.463\qquad\cos\varphi=0.906$$

$$S_{js}=\frac{P_{js}}{\cos\varphi}=\frac{300.24}{0.9}=321.36\text{ (kVA)}$$

$$I_{js}=\frac{S_{js}}{\sqrt{3}U_e}=\frac{321.36}{1.732\times0.38}=490\text{ (A)}$$

三、二项式系数法

二项式系数法是适用于容量差别大，需要考虑大容量设备的影响，如机床加工车

间。将总容量和容量最大设备的容量之和分别乘以不同的系数后相加，得出计算负荷，即

$$P_{js} = c \sum P_{n,max} + b \sum P_n \qquad (3\text{-}4\text{-}8)$$

式中　$\sum P_n$——总容量；

　　　$\sum P_{n,max}$——最大设备容量之和；

　　　c、b——系数，如表 3-4-4 中所示。

表 3-4-4　　　　　　　二 项 式 系 数 参 考 值

序号	用电设备名称	二项式系数		最大容量设备台数
		b	c	
1	小批生产的金属冷加工机床的电动机	0.14	0.40	5
2	大批生产的金属冷加工机床的电动机	0.14	0.50	5
3	小批生产的金属热加工机床的电动机	0.24	0.40	5
4	大批生产的金属热加工机床的电动机	0.26	0.50	5
5	通风机、水泵、空气压缩机及其电动发电机组	0.65	0.25	5
6	非连锁的连续运输机械及铸造工厂、整砂机械	0.40	0.40	5
7	连锁的连续运输机械及铸造工厂、整砂机械	0.60	0.20	5
8	锅炉房和机修、机加装配等企业的吊车	0.06	0.20	3
9	铸造车间吊车	0.09	0.30	3
10	自动连续装料的电阻炉设备	0.70	0.30	2
11	实验室用小型电热设备（电阻炉、干燥箱等）	0.70	0	

四、单耗法

单耗法是以总产量乘以单位耗电量来求计算负荷的，单位耗电量根据统计调查而得，或按产品单位耗电量（见表 3-4-5）乘以产品数量得总电量 W，再与该类负荷的最大负荷利用小时数相除便得计算负荷，即

$$P_{js} = \frac{W}{T_{max}} \qquad (3\text{-}4\text{-}9)$$

式中　T_{max}——最大负荷利用小时数，可以查有关表格。

表 3-4-5 部分产品单位耗电量

序号	产品名称	产品单位	产品单耗 (kWh/产品单位)	序号	产品名称	产品单位	产品单耗 (kWh/产品单位)
1	电动机	台	14	8	大米	t	25
2	变压器	台	2.50	9	玉米面	t	24.13
3	肥皂	t	16.60	10	红砖	万块	43.60
4	草报纸	t	174	11	水泥	t	82
5	水	t	0.28	12	水泥电杆	根	9.20
6	饼干	t	384	13	水泥瓦	万片	131
7	啤酒	t	92.10	14			

五、单位面积耗电量法

将单位建筑面积需用电力 P 乘以建筑面积 S 得计算负荷为

$$P_{js}=PS \qquad (3-4-10)$$

式中　P——单位建筑面积耗电量，W/m^2，如表 3-4-6 所示；

　　　S——建筑面积，m^2。

表 3-4-6 照明负荷单位耗电参考表

名称	单位建筑面积耗电量（W/m^2）	名称	单位建筑面积耗电量（W/m^2）
学校	20~30	公共食堂	25
医院	20~25	小型工厂	15~20
图书馆	15~25	仓库	2~6
商店	20~40	一般宾馆	20~30
办公楼	15~25	走廊、厕所、厨房	6~10
托儿所	15~25		

【思考与练习】

1. 负荷计算的目的是什么？计算方法有哪些？

2. 什么是计算负荷？

3. 某用户负荷情况如下：① 机床组：55kW，需用系数 0.2，$\cos\varphi$=0.6；② 水泵及通风机组：55kW，需用系数 0.75，$\cos\varphi$=0.8；③ 卷扬机组：30kW，需用系数 0.6，$\cos\varphi$=0.75。取总需用系数 $K_P=K_Q=0.9$。试计算该用户的计算负荷。

4. 有一机械加工厂，其用电设备均为接于 380V 线路上的三相交流电动机，功率为 5kW 的 6 台，4.5kW 的 8 台，2.8kW 的 15 台，求此线路的总负荷。

▲ 模块 5 电流互感器的选择要求（Z34E3005 Ⅱ）

【模块描述】本模块包含计量用电流互感器的作用、接线方式、选择等内容。通过概念描述、术语说明、公式解析、图表示意、计算举例，掌握选配计量用电流互感器的方法。

【模块内容】

一、电流互感器的作用

电力系统中，电流互感器得到广泛的应用，用它来把大电流变小，以更安全、方便地利用表计测量大电流，也是交流电能计量装置的重要组成元件。电流互感器代号为 LH（汉语拼音）、TA（英文缩写）。电流互感器的作用一是保障安全；二是使二次设备免受冲击；三是使仪表标准化、规格化，简化工艺、降低成本；四是扩大仪表量限，用量限较小的仪表可以测量大电流，但读数要考虑互感器的变比。

二、电流互感器的接线方式

1. 极性标志

（1）减极性的概念。一、二次电流分别流进一、二次绕组时产生相反方向的磁通，这种接线称为减极性接线，如图 3-5-1 所示。

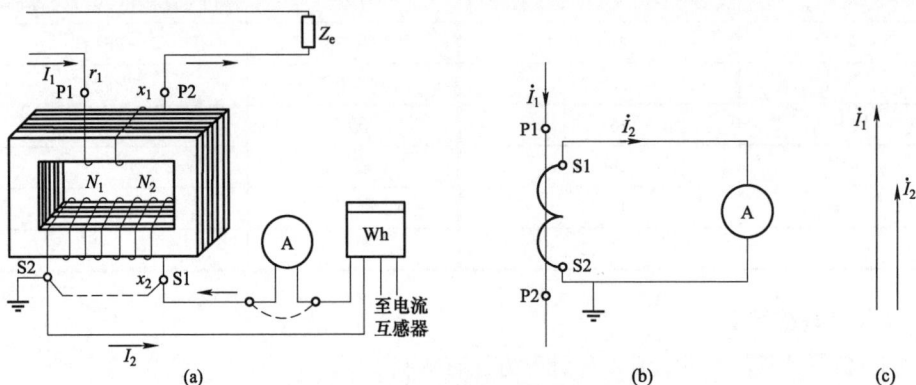

图 3-5-1 电流互感器减极性接线
（a）接线示意图；（b）接线原理图；（c）相量图

（2）极性标志。一次绕组接线端标志：首端为 L1（或 P1），末端为 L2（或 P2）。二次绕组接线端标志：首端为 K1（或 S1），末端为 K2（或 S2）。

（3）减极性接法。一次电流从 P1 流进 P2 流出，二次电流从 S1 流出 S2 流回的接线方式，称为减极性接线方式。

2. 接线方式

电流互感器的二次绕组与电能表等的连接常有三种方式。

（1）单相接线。采用单只减极性接线，如图3-5-1所示，主要适用于单相电流或对称三相电路中一相电流的测量。

（2）星形接线。星形接线适用于三相四线制不对称负载电流的测量。三只电流互感器与电能表之间可以采用两种接线方式（参见DL/T 448—2016《电能计量装置技术管理规程》）。

第一种接法："三只四线"连接，如图3-5-2（a）所示，各相互不独立、接线不清晰，不利于查处错误接线，故不提倡采用。

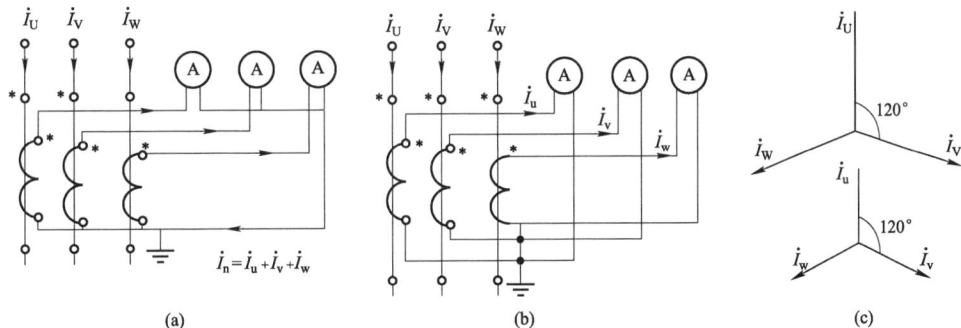

图3-5-2　三相电流互感器的星形接线方式
（a）TA"三只四线"接法；（b）TA"三只六线"接法；（c）相量图

第二种接法："三只六线"连接，如图3-5-2（b）所示，各相相对独立、接线清晰、易于查处错误接线，能完整地变换不对称三相四线负载的电流，故推荐采用。

（3）不完全星形接线。接线方式见图3-5-3。两只电流互感器与电能表之间也可以采用两种接线方式（参见DL/T 448—2016《电能计量装置技术管理规程》）。

第一种接法："两只三线"连接方式，公共导线中会产生压降、加大误差，且不利于查处错误接线，故不宜采用简化的"两只三线"接线方式，如图3-5-3（a）所示。

第二种接法："两只四线"连接方式，也就电平时所说的"分相接法"。避免了在公共导线中产生压降误差，且两相相对独立，接线原理清晰，易于查处错误接线。因此，推荐两只电流互感器采用"两只四线"接线方式，如图3-5-3（b）所示。

不完全星形接线适用于三相三线对称负载电流的测量。采用两只TA三线连接或四线连接，能完整地变换对称三相电流的计量。

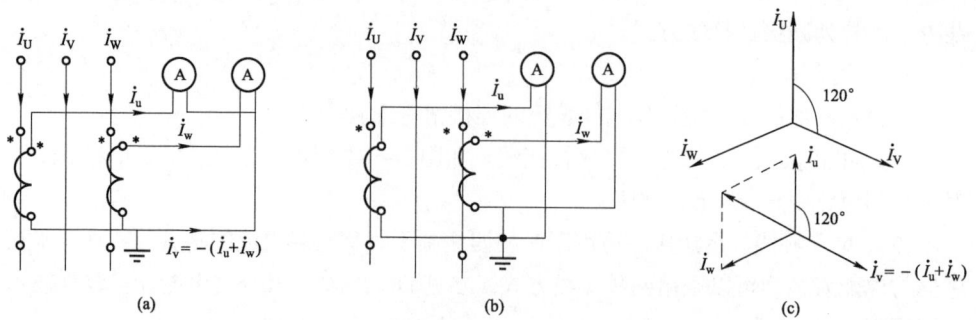

图 3-5-3　三相电流互感器的不完全星形接线方式

（a）TA "两只三线" 接法；（b）TA "两只四线" 接法；（c）相量图

三、电流互感器的选择

1. 额定变流比的选择

额定变流比是指一次与二次侧的额定电流（有效值）之比，称为额定变流比，即

$$K_I = \frac{I_{1N}}{I_{2N}} \quad （如 \frac{100}{5}、\frac{200}{5} 等） \tag{3-5-1}$$

式中　I_{1N}——一次侧的额定电流，在 I_{1N} 下长期运行，不会发热损坏；

I_{2N}——二次侧的额定电流，在 I_{2N} 下长期运行，不会发热损坏。

因为额定电流比为一、二次额定电流之比，且交流电流互感器二次电流已标准化定为 5A，故选择额定变流比，实际上是选择一次额定电流。一般是按长期通过电流互感器的最大工作电流来选择。但为了保证电流互感器有好的电流特性，不应使其工作在一次额定电流 1/3 以下。

2. 额定容量的选择

电流互感器的额定容量是指二次导线额定电流 I_{2N} 通过二次额定负载阻抗 Z_{2N} 时所消耗的视在功率 S_{2N}，可直接用 VA 表示，也可用二次阻抗 Z_{2N} 的欧姆值来表示，即

$$Z_{2N} = \frac{S_{2N}}{I_{2N}^2} = \frac{S_{2N}}{25} \tag{3-5-2}$$

选择电流互感器时，应满足式（3-5-3）的要求

$$0.25 S_{2N} \leqslant S \leqslant S_{2N} \tag{3-5-3}$$

3. 额定电压的选择

电流互感器的额定电压是指一次绕组能够长期承受的对地最大电压的有效值，应不低于所接线路的额定相电压。电流互感器一、二次绕组本身的电压很小，其额定电压不是指绕组本身的电压，而是绕组的对地电压。

4. 准确度等级的选择

电流互感器的准确度等级是指在额定工作条件下产生的变比误差的百分比等级。一般的电流互感器在额定电流的 5%～120% 之间有误差限要求，而 S 级则在额定电流的 1%～120% 之间有误差限要求。目前与电能表配套使用的电流互感器主要有 0.2S 级和 0.5S 级。

5. 二次导线截面的选择

电流互感器接入的总二次负载超过额定值时，准确度等级将下降，二次负载过低，误差也偏大，所以根据国家标准规定，一般测量用电流互感器的二次负载 S（VA）必须在额定负载 S_{2N} 和下限负载范围内，即满足式（3-5-3）要求。

电流互感器二次负载包括以下三部分：所有仪表串联绕组内总阻抗 Z_m、二次连接导线的电阻 R_L、接头的接触电阻 R_K（一般取 0.05～0.1）。所以二次导线的电阻可按式（3-5-4）计算

$$R_L \leqslant \frac{S_{2N} - I_{2N}^2(Z_m + R_K)}{I_{2N}^2} \qquad (3\text{-}5\text{-}4)$$

由于电流互感器二次仪表已知，所以式中 R_K、Z_m、I_{2N} 为已知，根据 S_{2N} 即可计算二次导线的允许电阻 RL。如已知导线总长度，则可选择导线截面。如已知导线截面，则可计算二次导线的允许长度。

四、电流互感器选配案例

【例 3-5-1】某电力客户，已知全厂的三相动力装见容量为 260kW，运行的功率因数为 0.85，并以低压三相四线制计量电能，试求该客户电能计量装置应如何选配。

解： 负荷电流 I=260/（1.732×0.38×0.85）=465（A）

选用 0.5S 级、变比为 500/5 的低压电流互感器。

选用 3×220/380V、3×1.5（6）A 的三相四线智能电能表。

【思考与练习】

1. 电流互感器选用的一般注意事项有哪些？

2. 作图说明电流互感器的二次绕组与电能表连接方式。

3. 某 35kV 电力客户，变压器装见容量为 5000kVA，采用高供高计方式计量，试求该客户的计量用电流互感器及电能表如何选配。

▲ 模块 6　电压互感器的选择要求（Z34E3006Ⅱ）

【模块描述】本模块包含计量用电压互感器的作用、接线方式、选择等内容。通过概念描述、术语说明、公式解析、图表示意、计算举例，掌握选配计量用电压互感

器的方法。

【模块内容】

一、电压互感器的作用

电力系统中，电压互感器得到广泛的应用，用它来把高电压变低，以便安全、方便地利用表计测量高电压等，也是交流电能计量装置的重要组成元件。电压互感器代号 YH（汉语拼音）、TV（英文缩写）。电压互感器二次侧额定电压为 100V，与电流互感器一样，也能起保障安全、免受冲击、扩大仪表量限、使仪表标准化的作用。

二、电压互感器的接线方式

1. 极性标志

一次绕组首端用 A、末端用 X 表示，二次绕组首端用 a、末端用 x 表示，如图 3-6-1（b）所示。

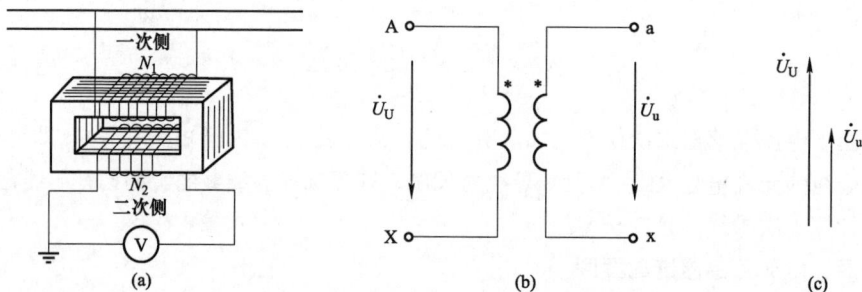

图 3-6-1 单相电压互感器的接线方式
(a) 接线示意图；(b) 单只接线；(c) 相量图

2. 联结组别

联结组别表示了一、二次线电压间相位关系的不同联结组。联结组别的表示方法采用时钟表示法，在相量图与时钟平面相对应的几何图形中，把一次电压线圈的电压相量固定在"12"的位置上作为"分针"，二次电压绕组的电压相量指向对应的位置作为"时针"的表示方法，称为时钟表示法。与电能表连接的电压互感器，要求一、二次电压的相位相同，故只能采用零点（即"12"点）的联结组别。

3. 接线方式

一只三相电压互感器，或者由三只或两只单相电压互感器连接成的互感器组，其接线方式一般有 V/v、Yy、Y0y0 三种接线方式。

（1）单只电压互感器。如图 3-6-1（b）所示。适用于单相交流电压或对称三相交流电路中一相电压的变换。

（2）三相电压互感器的接线方式。

1）三相电压互感器星形（Yy0）接线方式。由单只三相电压互感器或三只单相电压互感器连接成的三相电压互感器组，采用 Yy0 接线方式。如图 3-6-2 所示。三相电压互感器星形（Yy0）接线方式适用于三相电路交流电压的变换，能够完整地变换三相交流电压。此种接线方式的缺点：一是当二次负载不平衡时，可能引起较大的误差；二是为防止高压侧单相接地故障，高压中性点不允许接地，故不能测量对地电压。

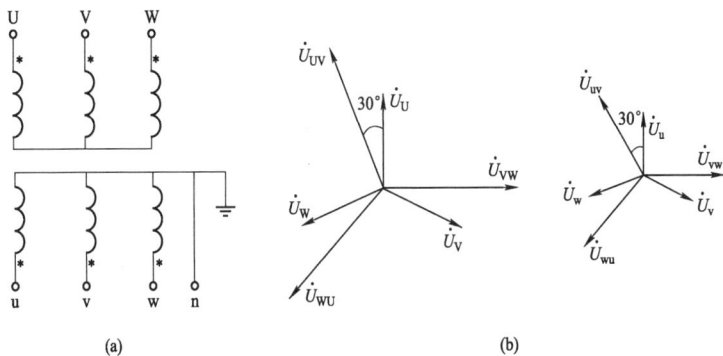

图 3-6-2　三相电压互感器 Yy0 接线方式

（a）接线图；（b）相量图

2）三相电压互感器星形（Y0y0）接线方式。这种接线方式用于大电流接地系统，它的优点：一是由于高压中性点接地，故可降低线路绝缘水平，使成本下降；二是电压互感器绕组是按相电压设计，可测量线电压，又可测量相电压，如图 3-6-3 所示。

（3）两只单相电压互感器不完全星形（V/v）接线方式。采用 V/v 接线方式，二次侧中相（v 相）必须接地，如图 3-6-4 所示。两只单相电压互感器不完全星形（V/v）接线方式适用于 3~10kV 中性点不接地系统，用于高压三相三线电能计量时的交流电压的变换。

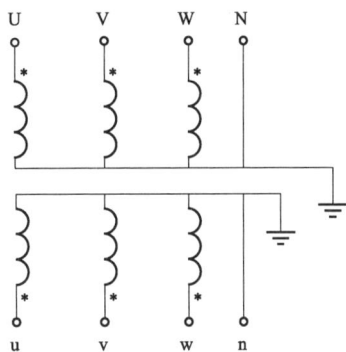

图 3-6-3　三相电压互感器 Y0y0 接线方式

两只单相电压互感器采用 V/v 接线方式，可以完整地变换对称三相线电压，正常时二次侧的三个线电压额定值为 100V。这种接线方式既能节省一台电压互感器，又能满足三相有功、无功电能表所需的线电压。电能表一般是接于二次侧的 u、v 间和 w、u 间。这种接线方式缺点，一是不能测量相电压；二是不能接入监视系统绝缘状况的电压表；三是总输出容量仅是两台容量之和的 $\sqrt{3}/2$ 倍。

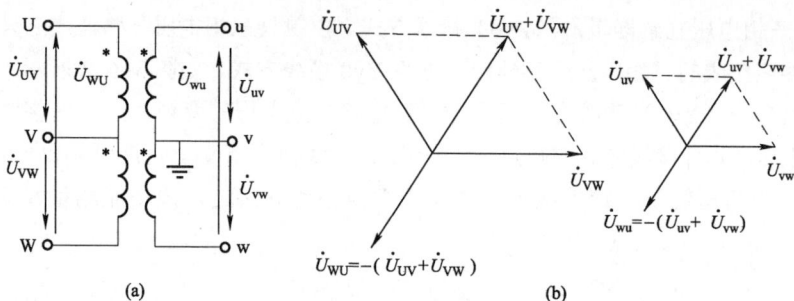

图 3-6-4 两只单相电压互感器 V/v 接线方式

(a) 接线图；(b) 相量图

三、电压互感器的选择

1. 额定电压的选择

电压互感器一次绕组的额定电压按满足式（3-6-1）要求来选择

$$0.9U_X < U_{1N} < 1.1U_X \tag{3-6-1}$$

式中　U_X——被测电压，kV；

U_{1N}——电压互感器一次绕组的额定电压，kV。

电压互感感器的二次绕组的额定电压可按表 3-6-1 选择。

表 3-6-1　　　　　　　　　二次绕组的额定电压

绕组名称	二次绕组	
一次侧接线方式	一次接入线电压	一次接入相电压
二次绕组额定电压（V）	100	$100/\sqrt{3}$

2. 额定容量的选择

电压互感器额定容量应满足式（3-6-2）要求

$$0.25S_N < S < S_N \tag{3-6-2}$$

式中　S_N——电压互感器额定容量，VA；

S——二次总负载视在功率，VA。

应注意：由于电压互感器每相二次负载并不一定相等，因此，各相的额定容量均应按二次负载最大的一相选择。

3. 准确度等级的选择

根据 DL/T 448—2016《电能计量装置技术管理规程》规定，对 I、II 类电能计量装置，应选用 0.2 级的电压互感器；对 III、IV 类电能计量装置，应选用 0.5 级的电压互感器。

4. 接线方式选择

根据 DL/T 448—2016《电能计量装置技术管理规程》规定，三相电压互感器的接线中性点的接地方式应与一次系统相对应。接入中性点绝缘系统的电能计量装置，宜采用三相三线接线方式；接入中性点非绝缘系统的电能计量装置，宜采用三相四线接线方式。

四、电压互感器选用的一般注意事项

（1）变比适当、容量足够。电压互感器一次侧的额定电压与电网电压相对应，二次电压一般为 100V；电压互感器的额定容量应大于二次负荷容量，以保证测量的准确性。

（2）绕组并联、极性正确。电压互感器一次绕组应并接于一次电路中，二次绕组与各仪表的电压绕组并联；极性要正确。

（3）二次侧不能短路。运行中的电压互感器二次侧相当于开路，当突然短路时，由于电流的突然变化，会烧坏互感器，危及人身设备安全。

（4）接地方式。10kV 系统 V/v 接线，二次侧 v 相必须接地。

【思考与练习】

1. 电压互感器的一般注意事项有哪些？

2. 画出电压互感器 V/v 接线原理图。

3. 电压互感器有何作用？

第四章

用 电 检 查

◢ 模块 1　运行中用电设备的检查方法（Z34E4001 Ⅰ）

【**模块描述**】本模块包含用电检查内容、范围、配电变压器、低压断路器、刀开关、熔断器、接触器、热继电器、启动器等七种用电设备的检查方法和异常情况处理。通过原因分析、要点归纳，掌握运行中用电设备的检查方法和异常情况处理方法。

【**模块内容**】

一、用电检查内容

根据《用电检查管理办法》规定：供电企业应按照规定对本供电营业区内的用户进行用电检查，用户应当接受检查并为供电企业的用电检查提供方便。用电检查的内容是：

（1）用户执行国家有关电力供应与使用的法规、方针、政策、标准、规章制度情况；

（2）用户受（送）电装置工程施工质量检验；

（3）用户受（送）电装置中电气设备运行安全状况；

（4）用户保安电源和非电性质的保安措施；

（5）用户反事故措施；

（6）用户进网作业电工的资格、进网作业安全状况及作业安全保护措施；

（7）用户执行计划用电、节约用电情况；

（8）用电计量装置、电力负荷控制装置、继电保护和自动装置、调度通信等安全运行状况；

（9）供用电合同及有关协议履行的情况；

（10）受电端电能质量状况；

（11）违章用电和窃电行为；

（12）并网电源、自备电源并网安全状况。

二、用电检查范围

用电检查的主要范围是用户受电装置，但被检查的用户有下列情况之一者，检查的范围可延伸至相应目标所在处：

（1）有多类电价的；

（2）有自备电源设备（包括自备发电厂）的；

（3）有二次变压设备的；

（4）有违章现象需延伸检查的；

（5）有影响电能质量的用电设备的；

（6）发生影响电力系统事故需做调查的；

（7）用户要求帮助检查的；

（8）法律规定的其他检查。

用户对其设备的安全负责。用电检查人员不承担因被检查设备不安全引起的任何直接损坏或损害的赔偿责任。

三、检查程序

（1）供电企业用电检查人员实施现场检查时，用电检查员的人数不得少于两人。

（2）执行用电检查任务前，用电检查人员应按规定填写《用电检查工作单》，经审核批准后，方能赴用户执行查电任务。查电工作终结后，用电检查人员应将《用电检查工作单》交回存档。

《用电检查工作单》内容应包括：用户单位名称、用电检查人员姓名、检查项目及内容、检查日期、检查结果，以及用户代表签字等栏目。

（3）用电检查人员在执行检查任务时，应向被检查的用户出示《用电检查证》，用户不得拒绝检查，并应派员随同配合检查。

（4）经现场确认用户的设备状况，电工作业行为、运行管理等方面有不符合安全规定的，或者在电力使用上有明显违反国家有关规定的，用电检查人员应开具《用电检查结果通知书》或《违章用电、窃电通知书》一式两份，一份送达用户代表签收，一份存档备查。

（5）现场检查确认有危害供用电安全或扰乱供用电秩序行为的，用电检查人员应按下列规定，在现场予以制止。拒绝接受供电企业按规定处理的，可按国家规定的程序停止供电，并请求电力管理部门依法处理，或向司法机关起诉，依法追究其法律责任。

四、配电变压器检查方法

（1）检查变压器的声音。变压器音响正常。正常运行时，变压器应发出均匀的嗡嗡声。

（2）检查油温。主变本体油温表和远方油温表指示一致，上层油温应在 85℃ 以下。

（3）检查导线、连接线。变压器的导线、连接线等主要检查有无松动情况，有无断股炸股现象，接头处应接触良好，无发热情况。

（4）检查绝缘瓷质部分。绝缘瓷质有套管瓷质，中性点接地部分瓷质等，检查时应无放电痕迹，无污物，特别应注意有无破损裂纹。

（5）检查油位油色。主变油位包括油枕油位、套管油位及有载调压装置的油枕油位。油枕油位对比温度曲线应在正常范围内。油色检查时，油色不应有明显变化，正常一般为浅黄色或黄色。

（6）检查呼吸器。呼吸器中的蓝色硅胶吸收水分后变粉红，应检查其变色程度不超过 2/3，油杯中油量适中，硅胶更换时宜停用瓦斯保护，防止误动。

（7）检查冷却装置。冷却器投入数量充足，冷却装置如风扇转动、潜油泵运行正常，风扇声音正常，无扫膛等异常声音，风向和油流速表流向正确。散热器管阀门全部开启，无渗漏现象和吸附杂物。

（8）检查压力释放阀。压力释放阀是本体的重要保护，巡视中应注意其良好性。防爆管的隔膜是否完好，有无积液情况。

（9）检查接地装置。接地开关是否位置正确。接地点如：本体外壳接地、中性点接地、铁芯接地等其接地扁铁应完整、可靠。

（10）检查气体继电器。正常时气体继电器玻璃窗透明，无油污，内部充满油，无气泡，其保护罩处于打开位置，防雨罩必须紧固，连接油管应无渗漏现象。

（11）检查有载分接开关。有载分接开关操动机构外部清洁，储油柜油位指示正常，分接头位置和远方指示位置一致，电源指示正常。

（12）检查二次部分。各控制箱和二次端子箱应关严，无受潮，各种标志齐全明显。

（13）检查仪表。各种指示仪表指示值在正常范围内，表的外观整齐，无破损。

五、低压断路器检查方法

（1）检查外部有无灰尘、破损、缺件；设备元件有无损坏，各间隙是否安全、正常。

（2）检查所带负荷是否超过额定值。

（3）检查触头连接导线有无过热现象，接线端子处接线是否良好，有无发热、松动等现象。

（4）检查固定螺丝是否拧紧，开关固定是否牢固。

（5）检查、核对脱扣器的整定值是否正确、适合。

（6）检查操动机构的连杆、轴销、弹簧等部件有无变形、锈蚀、损坏，操作是否灵活，有无卡阻现象；断路器在使用中各个传动部分是否灵活、可靠。

（7）检查分、合闸状态时的指示标示是否正确。

（8）监听开关在运行中有无异常响声。

（9）检查灭弧罩有无电弧烧损痕迹或灭弧栅片烧损是否严重，灭弧罩有无破碎、裂。

（10）检查电磁铁表面有无油垢、灰尘，线圈有无过热和烧毁现象，弹簧有无锈蚀痕迹。

（11）检查触头与触座的接触压力是否适当，检查三相触头的同期性。

六、刀熔开关检查方法

（1）检查刀熔开关的外部有无灰尘、破损、缺件。

（2）检查安装是否正确，固定是否牢固、可靠。

（3）检查引接线绝缘是否有烧焦痕迹和焦臭味；接线是否牢固，有无松动、压线螺钉有无锈蚀现象；引线与端子接触是否良好，有无导线接头发红现象。

（4）检查选用的熔丝是否符合要求，熔丝是否熔断。

（5）检查刀闸合闸是否到位，开关是否松动，触刀与触座接触是否良好、紧密、接触压力是否适当。

（6）检查刀熔开关金属外壳有无漏电现象，接地（接零）保护是否可靠。

（7）检查刀熔开关所带负荷电流是否超过其额定值。

（8）检查刀开关的触刀、触座是否有氧化层；触刀有无烧损。

（9）检查绝缘连杆、底座等绝缘部分有无损坏和放电现象。

（10）检查三相闸刀分、合闸的同期性；操动机构是否灵活，有无卡阻现象，销钉、拉杆等有无缺损、断裂。

（11）检查刀熔开关灭弧罩是否完好，有无被电弧烧损的地方。

七、熔断器检查方法

（1）检查熔断指示器，特别是当线路发生过载、短路等故障后。

（2）检查熔断器外部有无破损或闪络放电痕迹。

（3）检查熔断器有无过热现象。

（4）检查熔体有无氧化腐蚀。

（5）检查熔体有无机械损伤。

（6）管式熔断器的熔体熔断后，要检查熔管内壁有无烧焦现象。

（7）检查熔体与触刀之间，触刀与底座之间接触是否良好。

（8）检查熔断器的使用环境温度是否过高。

（9）检查熔断器及熔体的额定值与被保护设备是否相匹配。

（10）检查熔断器的各级之间配合是否适当。

八、热继电器检查方法

（1）检查热继电器安装方向与产品说明书规定的方向误差是否超过 5°。

（2）检查热继电器热元件的额定电流值，或电流调整旋钮的刻度值，与电动机的额定电流值是否相当。

（3）检查热继电器是否有尘埃和污垢，双金属片是否有锈迹。

（4）检查动作机构工作是否正常可靠。

（5）检查热继电器接线螺钉是否拧紧，触头接触是否良好，盖子是否盖好。

九、交流接触器检查方法

（1）检查外部有无灰尘、破损、缺件。

（2）检查引出线的连接端子有无过热现象，压紧螺钉有无松动。

（3）检查所带负荷电流是否超过额定值。

（4）检查接触器固定是否牢固。

（5）监听接触器在运行中有无异常响声、放电声和焦臭味。

（6）检查接触器分、合闸指示标示是否正确。

（7）检查辅助触头有无烧蚀现象，有无损伤。

（8）检查线圈有无过热、变色、绝缘层老化现象。

（9）检查灭弧罩有无松动和破损，灭弧罩内有无电弧烧损痕迹。

（10）检查接触器吸合是否良好，触头有无打火现象及较大振动声。接触器的触头磨损是否严重；触头烧损是否严重。接触器（对于金属外壳等）保护接地（接零）是否良好。

（11）检查绝缘杆有无裂损现象。

（12）检查接触器三相触头的同期性。

十、启动器检查方法

（1）检查衔铁表面是否有锈斑、油垢。

（2）检查接触面是否平整、清洁。

（3）检查可动部分是否灵活。

（4）检查灭弧罩之间是否有间隙、灭弧线圈绕向是否正确。

（5）检查触头的接触是否紧密，固定主触头的触头杆固定是否可靠。

【思考与练习】

1. 简述用电检查的内容和范围。

2. 简述配电变压器的检查方法。

3. 简述低压断路器的检查方法。

◢ 模块 2　用电设备常见故障、分析及处理（Z34E4002Ⅱ）

【模块描述】本模块包含用配电变压器、低压断路器、刀开关、熔断器、接触器、热继电器、启动器等七种用电设备的常见故障和简单的处理方法。通过原因分析、列表对比归纳，掌握用电设备常见故障、分析及处理方法。

【模块内容】

一、配电变压器

配电变压器常见故障、分析及处理见表 4-2-1。

表 4-2-1　　　　　　　　　　配电变压器常见故障、分析及处理

序号	故障现象	原因分析	处理方法
1	声音比平时沉重，但无杂音	变压器过负荷	设法减少一些次要负荷
2	声音尖	一般由变压器电源电压过高引起	及时向有关部门报告处理
3	声音嘈杂、混乱	变压器内部结构可能有松动	及时检修
4	发出噼叭的爆裂声	可能是变压器绕组或铁芯的绝缘有击穿现象	停电检修
5	很大的噪声	可能为系统短路或接地，通过大量短路电流	保护跳闸，注意是否为瞬时的，不消失不跳闸停电检查
6	变压器油温过高	可能是变压器过负荷、散热不好或内部故障造成的	查明原因，减负荷，增强散热
7	油位显著下降	可能是因为变压器出现了漏油、渗油现象，这往往是因为变压器油箱损坏，放油阀门没有拧紧，变压器顶盖没有盖严，油位计损坏等原因造成的	多巡视，多维护，及时添油，如渗、漏油严重，应及时将变压器停止运行并进行检修
8	油色异常，有焦臭味	如油色变暗，说明变压器的绝缘老化；如油色变黑（油中含有炭质）甚至有焦臭味，说明变压器内部有故障（铁芯局部烧毁、绕组相间短路等）	定期取油样进行化验，及时发现处理
9	套管对地放电	套管表面不清洁或有裂纹和破损，造成套管表面存在泄漏电流，发出"吱吱"的闪络声	发现套管对地放电时，应将变压器停止运行更换套管。若套管之间搭接有导电的杂物，可能会造成套管间放电，应注重及时清理
10	变压器着火	铁芯穿心螺栓绝缘损坏，铁芯硅钢片绝缘损坏，高压或低压绕组层间短路，引出线混线或引线碰油箱及过负荷等均可引起着火	变压器着火时，应首先切断电源，然后灭火，若为变压器顶盖上部着火，应立即打开下部放油阀，将油放至着火点以下或全部放出，同时用不导电的灭火器（如四氯化碳、二氧化碳、干粉灭火器等）或干燥的沙子灭火，严禁用水或其他导电的灭火器灭火

二、低压断路器

低压断路器常见故障、分析及处理见表 4-2-2。

表 4-2-2　　　　　　　　　低压断路器常见故障、分析及处理

序号	故障现象	原因分析	处理方法
1	手动操作断路器不能闭合	(1) 欠电压脱扣器无电压或线圈损坏 (2) 储能弹簧变形，导致闭合力减小 (3) 反作用弹簧力过大 (4) 机构不能复位再扣	(1) 检查线路，施加电压或更换线圈 (2) 更换储能弹簧 (3) 重新调整弹簧反力 (4) 调整再扣接触面至规定值
2	电动操作断路器不能闭合	(1) 电源电压不符 (2) 电源容量不够 (3) 电磁铁拉杆行程不够 (4) 电动机操作定位开关变位 (5) 控制器中整流管或电容器损坏	(1) 调换电源 (2) 增大操作电源容量 (3) 重新调整 (4) 重新调整 (5) 更换损坏元件
3	有一相触头不能闭合	(1) 一般型断路器的一相连杆断裂 (2) 限流断路器斥开机构的可折连杆之间的角度变大	(1) 更换连杆 (2) 调整至原技术条件规定值
4	分励脱扣器不能使断路器分断	(1) 线圈短路 (2) 电源电压太低 (3) 再扣接触面太大 (4) 螺钉松动	(1) 更换线圈 (2) 调换电源电压 (3) 重新调整 (4) 拧紧
5	欠电压脱扣器不能使用断路器分断	(1) 反力弹簧变小 (2) 如为储蓄能释放，则储能弹簧变形或断裂 (3) 机构卡死	(1) 调整弹簧 (2) 调整或更换储能弹簧 (3) 消除卡死原因，如生锈等
6	启动电动机时断路器立即分断	(1) 过电流脱扣瞬时整定值太小 (2) 脱扣器某些零件损坏，如半导体橡皮膜等 (3) 脱扣器反力弹簧断裂或落下	(1) 重新调整 (2) 更换 (3) 重新装上或更换
7	断路器闭合后经一定时间自行分断	(1) 过电流脱扣器长延时整定值不对 (2) 热元件或半导体延时电路元件参数变动	(1) 调整触头压力或更换弹簧 (2) 更换触头或清理接触面，不能更换者，只好更换整台断路器
8	断路器温升过高	(1) 触头压力过低 (2) 触头表面过分磨损或接触不良 (3) 两个导电零件连接螺钉松动 (4) 触头表面油污氧化	(1) 拨正或重新装好触桥 (2) 更换转动杆或更换辅助开关 (3) 拧紧 (4) 清除油污或氧化层
9	欠电压脱扣器噪声	(1) 反力弹簧太大 (2) 铁芯工作面有油污 (3) 短路环断裂	(1) 重新调整 (2) 清除油污 (3) 更换衔铁或铁芯

续表

序号	故障现象	原因分析	处理方法
10	辅助开关不通	（1）辅助开关的动触桥卡死或脱落 （2）辅助开关传动杆断裂或滚轮脱落 （3）触头不接触或氧化	（1）拨正或重新装好触桥 （2）更换转动杆或更换辅助开关 （3）调整触头，清理氧化膜
11	带半导体脱扣器的断路器误动作	（1）半导体脱扣器元件损坏 （2）外界电磁干扰	（1）更换损坏元件 （2）清除外界干扰，例如邻近的大型电磁铁的操作，接触的分断、电焊等，予以隔离或更换线路
12	漏电断路器经常自行分断	（1）漏电动作电流变化 （2）线路有漏电	（1）送制造厂重新校正 （2）找出原因，如系导线绝缘损坏，则更换
13	漏电断路器不能闭合	（1）操动机构损坏 （2）线路某处有漏电或接地	（1）送制造厂修理 （2）清除漏电处或接地处故障

三、刀开关

刀开关运行中常见故障、分析及处理见表 4-2-3。

表 4-2-3　　　　　刀开关运行中常见故障、分析及处理

序号	故障现象	原因分析	处理方法
1	接线板及动静触头接触部位发热	过热原因较多，主要是压紧弹簧的弹性减弱，或压紧弹簧的螺栓松动所造成的；其次是接触部分的表面氧化，使电阻增加，温度升高，高温又使氧化加剧，循环下去会造成事故	拧紧、除锈
2	操作失灵	隔离开关分合不灵活。隔离开关的操动机构或开关本身的转动部分生锈，会引起分合不灵的故障。若是冬天，则要考虑冻结。闸刀和静触头严重发热，也会熔接在一起造成失灵	停止操作，检查操动机构、触头情况，处理后恢复
3	绝缘子损坏	操作隔离开关时用力过猛，或隔离开关与母线连接得较差，造成绝缘子断裂	更换
4	机构故障	机构失灵、卡阻、损坏	检查、维修、更换

四、跌落式熔断器

跌落式熔断器常见故障、分析及处理见表 4-2-4。

表 4-2-4　　　　　跌落式熔断器常见故障、分析及处理

序号	故障现象	原因分析	处理方法
1	熔管烧坏	熔丝熔断后不能自动跌落，这时电弧在管子内未被切断形成了连续电弧而将管子烧坏，熔管常因上下转动轴安装不正、被杂物阻塞以及转轴部分粗糙而阻力过大、不灵活等原因，以致当熔丝熔断时，熔管仍短时保持原状态，不能很快跌落，灭弧时间延长而造成烧管	加强跌落式熔断器的运行维护；正常合理操作

续表

序号	故障现象	原因分析	处理方法
2	熔管误跌落故障	有些开关熔管尺寸与熔断器固定接触部分尺寸匹配不合适，极易松动，一旦遇到大风就会被吹落，有时由于操作后未进行检查，稍一振动便自行跌落；熔断器上部触头的弹簧压力过小，且在鸭嘴（熔管上盖）内的直角突出处被碰伤或磨损，不能挡住管子也是造成熔管误跌落的原因；熔断器安装的角度（即熔管轴线与垂直线之间的夹角）不合适时也会影响管子跌落的时间。有时由于熔丝附件太粗，熔管孔太细，即使熔丝熔断，熔丝元件也不易从管中脱出，使管子不能迅速跌落	加强运行维护；合理操作跌落式熔断器
3	熔断器熔丝误断	熔断器额定断开容量小，其下限值小于被保护系统的三相短路容量，熔丝误熔断。如果重复发生，常常是因为熔丝选择得过小或与下一级熔丝容量配合不当，发生越级误熔断。这类事故可能是因为换用大容量的变压器后，未随之更换大容量的熔丝所致。熔丝质量不良，其焊接处受到温度及机械力的作用后脱也会发生误断。另外，锡合金焊接的和带丝弦或弹簧的旧式熔丝因受到温度影响后会改变性能，又易氧化生锈，最易发生误熔断	合理选择跌落式熔断器；熔断器的额定电流与熔体及负荷电流值是否匹配合适，若配合不当，必须进行调整

五、交流接触器

交流接触器是一种电磁式自动开关，主要用于远距离控制功率较大、启动频繁的电动机及其他负载，是电力系统中最常用的控制电器。交流接触器故障时易造成设备与人身事故，须设法排除。

交流接触器常见故障、原因及处理见表 4-2-5。

表 4-2-5　　　　　　　　交流接触器常见故障、原因及处理

序号	故障现象	原因分析	处理方法
1	吸不上或吸力不足（触头已闭合而铁芯不能完全吸合）	（1）电源电压过低或波动太大 （2）操作回路电源容量不足或发生断线、配线错误及控制触头接触不良 （3）线圈技术参数与使用条件不符 （4）产品本身受损（如线圈断线或烧毁，机械可动部分被卡住，转轴生锈或歪斜等） （5）触头弹簧压力与超程过大	（1）调高电源电压 （2）增加电源容量，更换线路修理控制触头 （3）更换线圈 （4）更换线圈，排除卡住故障，修理受损零件 （5）要调整触头参数
2	不释放或释放缓慢	（1）触头弹簧压力过小 （2）触头熔焊 （3）机械可动部分被卡住，转轴生锈或歪斜 （4）反力弹簧损坏 （5）铁芯极面有油污或尘埃黏着 （6）E形铁芯，当寿命终了时，因去磁气隙消失，剩磁增大，使铁芯不释放	（1）调整触头参数 （2）排除熔焊故障，修理或更换触头 （3）排除卡住现象，修理受损零件 （4）更换反力弹簧 （5）清理铁芯极面 （6）更换铁芯

续表

序号	故障现象	原因分析	处理方法
3	线圈过热或烧损	（1）电源电压过高或过低 （2）线圈技术参数（如额定电压、频率、通电持续率及适用工作制等）与实际使用条件不符 （3）操作频率过高 （4）线圈制造不良或由于机械损伤、绝缘损坏等 （5）使用环境条件差，如空气潮湿、含有腐蚀性气体或环境温度过高 （6）运动部分卡住 （7）交流铁芯极面不平或中间气隙过大 （8）交流接触器派生直流操作的双线圈，因动断连锁触头熔焊不释放，而使线圈过热	（1）调整电源电压 （2）调换线圈或接触器 （3）选择其他合适的接触器 （4）更换线圈，排除引起线圈机械损伤的故障 （5）采用特殊设计的线圈 （6）排除卡住现象 （7）清理铁芯极面或更换铁芯 （8）调整连锁触头参数及更换烧坏线圈
4	电磁铁（交流）噪声大	（1）电源电压过低 （2）触头弹簧压力过大 （3）磁系统歪斜或机械上卡住 （4）极面生锈或因异物（如油垢、尘埃）侵入铁芯极面 （5）短路环断裂 （6）铁芯极面磨损过度而不平	（1）提高操作回路电压 （2）调整触头弹簧压力 （3）排除机械卡住故障 （4）清理铁芯极面 （5）调换铁芯或短路环 （6）更换铁芯
5	触头熔焊	（1）操作频率过高或产品过负载使用 （2）负载侧短路 （3）触头弹簧压力过小 （4）触头表面有金属颗粒突起或异物 （5）操作回路电压过低或机械上卡住，致使吸合过程中有停滞现象，触头停顿在刚接触的位置上	（1）调整合适的接触器 （2）排除短路故障、更换触头 （3）调整触头弹簧压力 （4）清理触头表面 （5）调高操作电源电压，排除机械卡住故障，使接触器吸合可靠
6	触头过热或灼伤	（1）触头弹簧压力过小 （2）触头上有油污或表面高低不平，有金属颗粒突起 （3）环境温度过高或使用在密闭的控制箱中 （4）触头用于长期工作制 （5）操作频率过高或工作电流过大，触头的断开容量不够 （6）触头的超程过小	（1）调高触头弹簧压力 （2）清理触头表面 （3）接触器降容使用 （4）调换容量较大的接触器 （5）调整触头超程或更换触头
7	触头过度磨损	（1）接触器选用欠妥，在以下场合，容量不足： 1）反接制动 2）有较多密接操作 3）操作频率过高 （2）三相触头动作不同步 （3）负载侧短路	（1）接触器降容使用或改用适于繁重任务的接触器 （2）调整至同步 （3）排除短路故障，更换触头
8	相间短路	（1）可逆转换的接触器连锁不可靠，由于误动作，致使两台接触器同时投入运行可造成相间短路，或因接触器动作快，转换时间短，在转换过程中发生电弧短路 （2）尘埃堆积或有水气、油垢，使绝缘变坏 （3）接触器零部件损坏（如灭弧室碎裂）	（1）检查电气联锁与机械联锁；在控制电路上加中间环节或调动作时间长的接触器，延长可逆转换时间 （2）经常清理，保持清洁 （3）更换损坏零件

六、热继电器

热继电器常见故障、分析及处理见表 4–2–6。

表 4–2–6　　　　　　　　　热继电器常见故障、分析及处理

序号	故障现象	原因分析	处理方法
1	电动机烧坏，热继电器不动作	（1）热继电器的整定电流设置过大 （2）热继电器的热元件脱焊或烧断 （3）动作机构卡住 （4）上导板脱出	（1）按电动机的额定工作电流来设置整定电流值 （2）退出运行，送专业生产厂家修理 （3）重新放入，并作灵活性检查
2	热继电器动作太快	（1）整定电流设置偏小 （2）电动机启动时间过长 （3）连接导线截面太小 （4）强烈的冲击振动 （5）可逆运转及密接通断	（1）合理设置整定电流值，如热继电器的整定电流范围未包含所需整定值，则更换热继电器规格 （2）改选用其他脱扣器等级的热继电器 （3）改用适当截面的连接导线 （4）采取防振措施 （5）改用其他保护方式
3	动作不稳定	（1）接线螺钉未拧紧 （2）电源电压波动太大，配电电压质量差	（1）拧紧接线螺钉 （2）加装电力稳压器，改善电源电压质量
4	热元件烧断	负载侧短路	在热继电器电源侧加装短路保护电器
5	主电路不通电	（1）接线螺钉未拧紧 （2）热元件烧毁	（1）拧紧接线螺钉 （2）更换热继电器
6	辅助电路不通电	（1）触头表面有油污 （2）辅助电路额定工作电压太低	（1）清除触头表面油污 （2）提高辅助电路额定工作电压

七、启动器

目前应用的电机软硬启动器很多，无法一一述及，此处仅选取电机软启动器和变频器为例作简要介绍。

1. 软启动器常见故障、分析及处理

软启动器常见故障、分析及处理见表 4–2–7。

表 4–2–7　　　　　　　　　软启动器常见故障、分析及处理

序号	故障现象	原因分析	处理方法
1	瞬停	一般是由于外部控制接线有误而导致的，比如接线端子 7 和 10 开路	把接线端子 7 和 10 短接起来
2	启动时间过长	软启动器的限流值设置得太低而使得软启动器的启动时间过长	把软启动内部的功能代码"4"（限制启动电流）的参数设置高些，可设置到 1.5～2.0 倍

续表

序号	故障现象	原因分析	处理方法
3	过热	软启动器在短时间内的启动次数过于频繁	在操作软启动时，启动次数每小时不要超过 12 次
4	输入缺相	（1）检查进线电源与电动机接线是否有松脱 （2）输出是否接上负载，负载与电动机是否匹配 （3）用万用表检测软启动器的模块或晶闸管是否有击穿，及它们的触发门极电阻是否符合正常情况下的要求（一般在 20～30　） （4）内部的接线插座是否松脱	细心检测即可作出正确的判断，予以排除
5	频率出错	软启动器在处理内部电源信号时出现了问题，而引起了电源频率出错	请产品开发软件设计工程师来处理
6	参数出错	程序混乱	重新开机输入一次出厂值
7	启动过电流	负载太重，启动电流超出了 500%而导致的	把软启动内部功能码"0"（起始电压）设置高些，或是再把功能码"1"（上升时间）设置长些，可设为 30～60s
8	运行过流	软启动在运行过程中，由于负载太重而导致模块或晶闸管发热过量	检查负载与软启动器功率大小是否匹配，尽量做到用多大软启动拖多大的电机负载
9	输出缺相	进线和出线电缆有松脱，软启动输出相有断相或是电动机有损坏	停机、检查、维修、更换

2. 变频器使用及故障处理

变频器使用日渐普及。变频器常见故障原因及处理见表4-2-8。

表4-2-8　　　　　　变频器常见故障、分析及处理

序号	故障现象	原因分析	处理方法
1	过电流	变频器的输出电流超过过电流检测值（约为额定电流的200%）	（1）检查输入三相电源是否出现缺相或不平衡 （2）检查电动机接线端子（U、V、W）电路之间有无相间短路或对地短路 （3）检查电动机电缆（包括相序） （4）检查编码器电缆（包括相序） （5）检查电动机功率是否匹配 （6）检查在电动机电缆上是否含有功率因数校正电容或浪涌吸收装置 （7）检查变频器输出侧安装的电磁开关是否误动作 （8）检查变频器的加速时间 （9）检查变频器的参数设定（电动机相关参数）

续表

序号	故障现象	原因分析	处理方法
2	过载	变频器的输出电流超过电动机或变频器的额定负载能力（约为额定值的160%）	（1）检查负载是否过重 （2）检查变频器输出三相是否平衡 （3）检查在电动机电缆上是否含有功率因数校正电容或浪涌吸收装置 （4）检查变频器输出侧安装的电磁开关是否误动作 （5）检查变频器的加速时间 （6）检查变频器的参数设定（电动机相关参数）
3	过电压	变频器的中间电路直流电压高于过电压的极限值	（1）检查电源电压是否在规定范围内 （2）检查变频器的减速时间是否设置过短，如过短，延长减速时间 （3）是否正确使用制动单元 （4）降低负载惯量或放大变频器容量
4	欠电压	变频器的中间电路直流电压低于欠电压的极限值	（1）检查电源是否存在停电、瞬间停电、主电路器件故障、接触不良等 （2）检查电源电压是否在规定范围内 （3）检查供电变压器容量是否合适 （4）检查系统中是否存在大启动电流的负载
5	接地故障	变频器输出侧的接地电流，超出变频器的整定值	检查电动机电缆的对地绝缘
6	输入电源缺相	变频器直流环节电压波动太大，输入电源缺相	（1）检查变频器的供电电压，是否缺相 （2）检查输入三相电源电压不平衡度是否超过4% （3）检查负载波动是否太大 （4）检查变频器的三相输入电流是否平衡，如果三相电压平衡但电流不平衡，则为变频器故障，应与厂家联系
7	输出缺相	变频器检测输出某相无输出电流，而另两相有电流	（1）检查电动机 （2）检查变频器和电动机之间的接线 （3）检查变频器三相输出电压是否平衡
8	过热故障	变频器的散热器温度，超出变频器的整定值	（1）检查环境温度是否超出标准 （2）检查变频器的散热风机工作是否正常，散热风道有无堵塞 （3）检查变频器散热器的温度显示值
9	变频器内部故障	变频器内部自检报电子元器件损坏	断电再上电，看能否复位

【思考与练习】

1. 如何从声音辨别变压器故障？
2. 低压断路器常见故障有哪些？
3. 刀开关常见故障有哪些？

▲ 模块 3 事故的级别（Z34E4003Ⅲ）

【模块描述】本模块介绍《国家电网公司安全事故调查规程》的事故定义和级别等相关内容。通过学习，了解事故级别的划分。

【模块内容】安全事故报告应及时、准确、完整，任何单位和个人对事故不得迟报、漏报、谎报或者瞒报。安全事故调查应坚持实事求是、尊重科学的原则，及时、准确地查清事故经过、原因和损失，查明事故性质，认定事故责任，总结事故教训，提出整改措施，并对事故责任者提出处理意见。做到事故原因不清楚不放过、事故责任者和应受教育者没有受到教育不放过、没有采取防范措施不放过、事故责任者没有受到处罚不放过（简称"四不放过"）。

任何单位和个人对违反《国家电网公司安全事故调查规程》、隐瞒事故或阻碍事故调查的行为有权向国家电网有限公司系统各级单位反映。

一、人身伤亡事故

发生以下情况之一者定为人身伤亡事故。

（1）在国家电网有限公司系统各单位工作场所或承包租赁的工作场所发生的人身伤亡（含生产性急性中毒造成的伤亡，下同）。

（2）被单位派出到用户工程工作发生的人身伤亡。

（3）单位组织的集体外出活动过程中发生的人身伤亡。

（4）乘坐单位组织的交通工具发生的人身伤亡。

（5）员工因公外出发生的人身伤亡。

二、人身伤亡事故等级

（1）特别重大事故（一级人身伤亡事件）。一次事故造成 30 人以上死亡，或者 100 人以上重伤者。

（2）重大事故（二级人身伤亡事件）。一次事故造成 10 人以上 30 人以下死亡，或者 50 人以上 100 人以下重伤者。

（3）较大事故（三级人身伤亡事件）。一次事故造成 3 人以上 10 人以下死亡，或者 10 人以上 50 人以下重伤者。

（4）一般事故（四级人身伤亡事件）。一次事故造成 3 人以下死亡，或者 10 人以下重伤者。

（5）五级人身伤亡事件。无人员死亡和重伤，但造成重大影响的人员群体轻伤事件。

（6）六级人身伤亡事件。无人员死亡和重伤，但造成较大影响的人员群体轻伤事件。

（7）七级人身伤亡事件。无人员死亡和重伤，但造成 3 人以上群体轻伤事件。

（8）八级人身伤亡事件。无人员死亡和重伤，但造成 1～2 人轻伤。

三、电网事故等级

1. 特别重大事故（一级电网事件）

有下列情形之一者，为特别重大事故。

（1）造成区域性电网或者电网负荷 20 000MW 以上的省、自治区电网减供负荷 30%以上者。

（2）造成电网负荷 5000MW 以上 20 000MW 以下的省、自治区电网减供负荷 40%以上者。

（3）造成直辖市电网减供负荷 50%以上，或者 60%以上供电客户停电者。

（4）造成电网负荷 2000MW 以上的省、自治区人民政府所在地城市电网减供负荷 60%以上，或者 70%以上供电用户停电者。

2. 重大事故（二级电网事件）

有下列情形之一者，为重大事故。

（1）造成区域性电网减供负荷 10%以上 30%以下者。

（2）造成电网负荷 20 000MW 以上的省、自治区电网减供负荷 13%以上 30%以下者。

（3）造成电网负荷 5000MW 以上 20 000MW 以下的省、自治区电网减供负荷 16%以上 40%以下者。

（4）造成电网负荷 1000MW 以上 5000MW 以下的省、自治区电网减供负荷 50%以上者。

（5）造成直辖市电网减供负荷 20%以上 50%以下，或者 30%以上 60%以下的供电用户停电者。

（6）造成电网负荷 2000MW 以上的省、自治区人民政府所在地城市电网减供负荷 40%以上 60%以下，或者 50%以上 70%以下供电用户停电者。

（7）造成电网负荷 2000MW 以下的省、自治区人民政府所在地城市电网减供负荷 40%以上，或者 50%以上供电用户停电者。

（8）造成电网负荷 600MW 以上的其他设区的市电网减供负荷 60%以上，或者 70%以上供电用户停电者。

3. 较大事故（三级电网事件）

有下列情形之一者，为较大事故。

（1）造成区域性电网减供负荷 7%以上 10%以下者。

（2）造成电网负荷 20 000MW 以上的省、自治区电网减供负荷 10%以上 13%以下者。

（3）造成电网负荷 5000MW 以上 20 000MW 以下的省、自治区电网减供负荷 12%以上 16%以下者。

（4）造成电网负荷 1000MW 以上 5000MW 以下的省、自治区电网减供负荷 20%以上 50%以下者。

（5）造成电网负荷 1000MW 以下的省、自治区电网减供负荷 40%以上者。

（6）造成直辖市电网减供负荷达到 10%以上 20%以下，或者 15%以上 30%以下供电用户停电者。

（7）造成省、自治区人民政府所在地城市电网减供负荷 20%以上 40%以下，或者 30%以上 50%以下供电用户停电者。

（8）造成电网负荷 600MW 以上的其他设区的市电网减供负荷 40%以上 60%以下，或者 50%以上 70%以下供电用户停电者。

（9）造成电网负荷 600MW 以下的其他设区的市电网减供负荷 40%以上，或者 50%以上供电用户停电者。

（10）造成电网负荷 150MW 以上的县级市电网减供负荷 60%以上，或者 70%以上供电用户停电者。

（11）发电厂或者 220kV 以上变电站因安全故障造成全厂（站）对外停电，导致周边电压监视控制点电压低于调度机构规定的电压曲线值 20%并且持续时间 30min 以上，或者导致周边电压监视控制点电压低于调度机构规定的电压曲线值 10%并且持续时间 1h 以上者。

（12）发电机组因安全故障停止运行超过行业标准规定的大修时间两周，并导致电网减供负荷者。

4. 一般事故（四级电网事件）

有下列情形之一者，为一般事故。

（1）造成区域性电网减供负荷 4%以上 7%以下者。

（2）造成电网负荷 20 000MW 以上的省、自治区电网减供负荷 5%以上 10%以下者。

（3）造成电网负荷 5000MW 以上 20 000MW 以下的省、自治区电网减供负荷 6%以上 12%以下者。

（4）造成电网负荷 1000MW 以上 5000MW 以下的省、自治区电网减供负荷 10%以上 20%以下者。

（5）造成电网负荷 1000MW 以下的省、自治区电网减供负荷 25%以上 40%以下者。

（6）造成直辖市电网减供负荷5%以上10%以下，或者10%以上15%以下供电用户停电者。

（7）造成省、自治区人民政府所在地城市电网减供负荷10%以上20%以下，或者15%以上30%以下供电用户停电者。

（8）造成其他设区的市电网减供负荷20%以上40%以下，或者30%以上50%以下供电用户停电者。

（9）造成电网负荷150MW以上的县级市电网减供负荷40%以上60%以下，或者50%以上70%以下供电用户停电者。

（10）造成电网负荷150MW以下的县级市电网减供负荷40%以上，或者50%以上供电用户停电者。

（11）发电厂或者220kV以上变电站因安全故障造成全厂（站）对外停电，导致周边电压监视控制点电压低于调度机构规定的电压曲线值5%以上10%以下并且持续时间2h以上者。

（12）发电机组因安全故障停止运行超过行业标准规定的小修时间两周，并导致电网减供负荷者。

5. 五级电网事件

未构成四级以上电网事件，符合下列条件之一者定为五级电网事件。

（1）一次事件造成减供负荷100MW以上者。

（2）220kV以上电网非正常解列成三片以上，其中至少有三片每片内事件前供电能力超过100MW。

（3）220kV以上电网失去稳定。

（4）500kV以上变电站全停。

（5）事故前实时运行方式为非单一线路供电的变电站内220kV以上任一电压等级母线全停。

（6）220kV以上系统中，一次事件造成同一输电断面两回线路跳闸（自动重合成功不计）、或同一变电站内两台以上主变或两条以上母线跳闸。

（7）±400kV以上直流输电系统双极闭锁。

（8）220kV以上系统中，开关失灵或继电保护、自动装置不正确动作致使越级跳闸。

（9）电网电能质量降低，造成下列后果之一者。

1）频率偏差超出以下数值：① 装机容量在3000MW以上电网，频率偏差超出50±0.2Hz，延续时间30min以上；② 装机容量在3000MW以下电网，频率偏差超出

50±0.5Hz，延续时间 30min 以上。

2）220kV 以上电压监视控制点电压偏差超出±5%，延续时间超过 2h。

（10）一次事件风电脱网 500MW 以上。

（11）由于供电原因引起重大公共安全事件。

（12）故障造成电网对电气化铁路（高铁）、机场停止供电。

（13）重大活动保电期间，保电场所发生停电。

6. 六级电网事件

未构成五级以上电网事件，符合下列条件之一者定为六级电网事件。

（1）一次事件造成减供负荷 30MW 以上者。

（2）110kV 电网非正常解列。

（3）事故前实时运行方式为单一线路供电的 220kV（含 330kV）变电站，或事故前实时运行方式为非单一线路供电 35kV 变电站全停。

（4）事故前实时运行方式为非单一线路供电的变电站内 110kV（含 66kV）母线全停。

（5）±120kV 以上±400kV 以下直流输电系统双极闭锁。

（6）电网安全水平降低，出现下列情况之一者。

1）区域电网、省（自治区、直辖市）电网实时运行中的备用有功功率不能满足调度规定的备用要求。

2）电网输电断面超稳定限额运行时间超过 1h。

3）实时为联络线运行的 220kV 以上线路、母线主保护非计划停运，造成无主保护运行（包括线路、母线陪停）。

4）切机、切负荷、振荡解列、低频低压解列等安全自动装置非计划停用时间超过 240h。

5）系统中发电机组 AGC 装置非计划停用时间超过 72h。

6）地市供电公司以上调度自动化系统、通信系统失灵延误送电或影响事故处理。

（7）电网电能质量降低，造成下列后果之一者。

1）频率偏差超出以下数值：① 装机容量在 3000MW 以上电网，频率偏差超出 50±0.2Hz；② 装机容量在 3000MW 以下电网，频率偏差超出 50±0.5Hz。

2）220kV 以上电压监视控制点电压偏差超出±5%，延续时间超过 30min。

（8）一次事件风机脱网 200MW 以上。

（9）故障造成电网对双回路以上供电的一类（重要、高危）客户停止供电。

7. 七级电网事件

未构成六级以上电网事件，符合下列条件之一者定为七级电网事件。

（1）35kV 以上输变电设备异常运行或被迫停止运行后造成减供负荷者。

（2）事故前实时运行方式为非单一线路供电的 10kV（含 20kV）配电站全停。

（3）变电站内 35kV 以上任一电压等级母线全停，或 220kV 以上单一母线非计划停运。

（4）直流输电系统单极闭锁。

（5）110kV（含 66kV）线路、变压器等主设备无主保护运行。

8. 八级电网事件

未构成七级以上电网事件，符合下列条件之一者定为八级电网事件。

（1）10kV（含 20、6kV）供电设备（包括母线、直配线）异常运行或被迫停运引起对用户少送电。

（2）直流输电系统被迫降功率、降压运行。

四、设备事故等级

1. 特别重大事故（一级设备事件）

有下列情形之一者，为特别重大事故。

（1）造成 1 亿元以上直接经济损失者。

（2）600MW 以上锅炉爆炸者。

（3）压力容器、压力管道有毒介质泄漏，造成 15 万人以上转移者。

2. 重大事故（二级设备事件）

有下列情形之一者，为重大事故。

（1）造成 5000 万元以上 1 亿元以下直接经济损失者。

（2）600MW 以上锅炉因安全故障中断运行 240h 以上者。

（3）压力容器、压力管道有毒介质泄漏，造成 5 万人以上 15 万人以下转移者。

3. 较大事故（三级设备事件）

有下列情形之一者，为较大事故。

（1）造成 1000 万元以上 5000 万元以下直接经济损失者。

（2）锅炉、压力容器、压力管道爆炸者。

（3）压力容器、压力管道有毒介质泄漏，造成 1 万人以上 5 万人以下转移者。

（4）起重机械整体倾覆者。

（5）供热机组装机容量 200MW 以上的热电厂，在当地人民政府规定的采暖期内同时发生 2 台以上供热机组因安全故障停止运行，造成全厂对外停止供热并且持续时间 48h 以上者。

4. 一般事故（四级设备事件）

有下列情形之一者，为一般事故。

（1）造成 1000 万元以下直接经济损失，或者由于特种设备事件造成 1 万元以上 1000 万元以下直接经济损失者。

（2）压力容器、压力管道有毒介质泄漏，造成 500 人以上 1 万人以下转移者。

（3）电梯轿厢滞留人员 2h 以上者。

（4）起重机械主要受力结构件折断或者起升机构坠落者。

（5）供热机组装机容量 200MW 以上的热电厂，在当地人民政府规定的采暖期内同时发生 2 台以上供热机组因安全故障停止运行，造成全厂对外停止供热并且持续时间 24h 以上者。

5. 五级设备事件

未构成四级以上设备事件，符合下列条件之一者定为五级设备事件。

（1）输变电设备损坏，出现下列情况之一者。

1）220kV 以上主变压器、换流变压器、换流器（换流阀本体及阀控设备，下同）、交（直）流滤波器、直流接地极、平波电抗器、高压电抗器、组合电器（GIS）或断路器发生本体爆炸、本体外壳变形、主绝缘损坏或主部件损坏。

2）500kV 以上电力电缆主绝缘击穿。

3）500kV 以上输电线路倒塔。

4）装机容量 400MW 以上发电厂或 500kV 以上变电站的厂（站）用交流或直流失却。

（2）10kV 以上发供电设备发生下列恶性电气误操作：带负荷误拉（合）隔离开关、带电挂（合）接地线（接地开关）、带接地线（接地开关）合断路器（隔离开关）。

（3）主要发供电设备异常运行已达到规程规定的紧急停运条件而未停止运行。

6. 六级设备事件

未构成五级以上设备事件，符合下列条件之一者定为六级设备事件。

（1）输变电设备损坏，出现下列情况之一者。

1）110kV（含 66kV）主变压器、换流变压器、换流器、交（直）流滤波器、直流接地极、平波电抗器、高压电抗器、组合电器（GIS）或断路器发生本体爆炸、本体外壳变形、绝缘击穿或主部件损坏。

2）220kV 以上主变压器、换流变压器、平波电抗器、高压电抗器等套管爆炸，或分接开关、冷却器等主要附属设备损坏。

3）220kV（含 330kV）输电线路倒塔。

4）220kV（含 330kV）电力电缆主绝缘击穿。

5）装机容量 400MW 以下发电厂、220kV（含 330kV）变电站的厂（站）用交流或直流失却。

（2）3kV 以上发供电设备发生下列恶性电气误操作：带负荷误拉（合）隔离开关、带电挂（合）接地线（接地开关）、带接地线（接地开关）合断路器（隔离开关）。

（3）3kV 以上的发供电设备，发生下列一般电气误操作，使主设备异常运行或被迫停运。

1）误（漏）拉合断路器（开关）、误（漏）投或停继电保护安全自动装置（包括连接片）、误设置继电保护及安全自动装置定值。

2）下达错误调度命令、错误安排运行方式、错误下达继电保护及安全自动装置定值或错误下达其投、停命令。

（4）3kV 以上发供电设备，因以下原因使主设备异常运行或被迫停运。

1）继电保护及安全自动装置人员误动、误碰、误（漏）接线。

2）继电保护及安全自动装置（包括热工保护、自动保护）的定值计算、调试错误。

3）热机误操作：误停机组、误（漏）开（关）阀门（挡板）、误（漏）投（停）辅机等。

4）监控过失：人员未认真监视、控制、调整等。

7. 七级设备事件

未构成六级以上设备事件，符合下列条件之一者定为七级设备事件。

（1）输变电设备损坏，出现下列情况之一者。

1）35kV 主变压器、组合电器（GIS）、断路器发生本体爆炸、本体外壳变形、绝缘击穿或主部件损坏。

2）110kV（含 66kV）主变压器、换流变压器、平波电抗器、高压电抗器等套管爆炸，或分接开关、冷却器等主要附属设备损坏。

3）110kV 以上电压互感器、电流互感器、避雷器、耦合电容器本体爆炸、主部件损坏、绝缘击穿。

4）35kV 以上 220kV 以下输电线路倒塔。

5）110kV（含 66kV）电力电缆主绝缘击穿。

6）110kV（含 66kV）变电站站用交流或直流失却。

7）220kV 以上控制保护盘柜烧损。

（2）地市级单位与下级某一通信站的调度电话、调度数据网、应急通信系统等重要通信业务中断。

（3）发生火灾。

8. 八级设备事件

未构成七级以上设备事件，符合下列条件之一者定为八级设备事件。

（1）10kV 以上输变电设备跳闸（10kV 线路跳闸重合成功不计）、被迫停运、非计划检修或停止备用；或 10kV 以上变压器、换流变因缺陷、故障等降出力。

（2）35kV 变电站站用交流或直流失却。

（3）35kV 以上 220kV 以下控制保护盘柜烧损。

（4）由于供电原因造成用户财产损失并需进行赔偿的。

（5）发生火警。

五、信息系统事件

1. 五级信息系统事件

（1）因信息系统原因导致涉密信息外泄，对公司社会形象、生产经营造成严重影响或重大经济损失；或信息发布和服务网站遭受攻击和破坏，造成一定政治影响或严重损坏公司利益和形象；或通过互联网发布有损公司社会形象和利益的信息，造成重大影响。

（2）信息系统数据遭大面积恶意篡改，对公司生产经营产生重大影响；或营销、财务、电力市场交易、安全生产管理等重要业务应用 7 天及以上数据完全丢失，且不可恢复。

（3）公司各单位本地信息网络完全瘫痪，且影响时间超过 24h。

（4）信息核心网络故障，造成公司总部与网省电力公司、直属公司网络中断或网省电力公司与各下属单位网络中断，影响范围达 80%～100%，且影响时间超过 24h；或影响范围达 40%～80%，且影响时间超过 48h。

（5）营销管理系统业务应用服务完全中断，影响时间超过 24h；或影响范围达 70%，影响时间超过 48h。或电力市场交易系统、招投标系统业务应用服务中断，影响时间超过 24h。

（6）安全生产管理业务应用服务中断，影响时间超过 48h；或财务（资金）管理、门户网站、协同办公、人力资源、物资管理、项目管理、综合管理业务应用服务中断，影响时间超过 3 个工作日；或全部信息系统与总部纵向贯通中断，影响时间超过 24h。

（7）国家电网公司直属单位其他核心业务系统应用服务中断，影响时间超过 3 个工作日。

2. 六级信息系统事件

（1）因信息系统原因导致涉密信息外泄，对公司生产经营、社会形象造成较大影响或较大经济损失；或信息发布和服务网站遭受攻击和破坏，对公司利益和形象造成较大影响；或通过互联网发布有损公司社会形象和利益的信息，造成较大影响。

（2）信息系统数据遭恶意篡改，对公司生产经营产生较大影响；或财务、营销、电力市场交易、安全生产管理等重要业务应用 3 天及以上数据完全丢失，且不可恢复。

（3）公司各单位本地网络完全瘫痪，且影响时间超过 12h 小于 24h。

（4）信息核心网络故障，造成公司总部与网省电力公司、直属公司网络中断或网省电力公司与各下属单位网络中断，影响范围达 80%～100%，且影响时间超过 12h 小于 24h；或影响范围达 40%～80%，且影响时间超过 24h 小于 48h；或影响范围小于40%，且影响时间超过 48h。

（5）营销管理系统业务应用服务中断，影响范围达 100%，且影响时间超过 6h 小于 24h；或影响范围 70%～100%，且影响时间超过 12h 小于 48h；或影响范围 30%～70%，且影响时间超过 24h。或电力市场交易系统、招投标系统业务应用服务中断，影响时间超过 12h。

（6）安全生产管理业务应用服务中断，影响时间超过 24h；或财务（资金）管理、门户网站、协同办公、人力资源、物资管理、项目管理、综合管理业务应用服务中断，影响时间超过 2 个工作日；或全部信息系统与总部纵向贯通中断，影响时间超过 8h。

（7）国家电网公司直属公司其他核心业务系统应用服务中断，影响时间超过 2 个工作日。

（8）信息系统核心设备及信息机房电源、空调等基础设施严重损坏，无法使用。

3. 七级信息系统事件

（1）因信息系统原因导致涉密信息外泄，对公司生产经营、社会形象造成一定影响或经济损失；或信息发布和服务网站遭受攻击和破坏，对公司利益和形象造成一定影响；或通过互联网发布有损公司社会形象和利益的信息，造成一定影响。

（2）信息系统数据遭恶意篡改，对公司生产经营产生一定影响；或财务、营销、电力交易、安全生产管理等重要业务应用 1 天及以上数据丢失，且不可恢复。

（3）公司各单位本地网络完全瘫痪，且影响时间超过 6h。

（4）信息核心网络故障，造成公司总部与网省电力公司、直属公司网络中断或网省电力公司与各下属单位网络中断，影响范围达 80%，且影响时间超过 6h；或影响范围达 20%，且影响时间超过 72h。

（5）营销管理系统业务应用服务中断，影响范围达 100%，且影响时间超过 3h 小于 6h；或影响范围达 70%～100%，且影响时间超过 6h 小于 12h；或影响范围达 30%～70%，且影响时间超过 12h；或单一地区级营销服务完全中断，超过 48h；或电力市场交易系统、招投标系统业务应用服务中断，影响时间超过 6h。

（6）安全生产管理业务应用服务中断，影响时间超过 12h；或财务（资金）管理、门户网站、协同办公、人力资源、物资管理、项目管理、综合管理业务应用服务中断，影响时间超过 1 个工作日；或全部信息系统与总部纵向贯通中断，影响时间超过 4h。

（7）国家电网公司直属公司其他核心业务系统应用服务中断，影响时间超过 1 个工作日。

4. 八级信息系统事件

（1）因信息系统原因导致涉密信息外泄，对公司生产经营、社会形象造成影响或经济损失；或信息发布和服务网站遭受攻击和破坏，对公司利益和形象造成影响；或在公司信息内部网络发布大量敏感信息或不健康的内容，造成严重影响。

（2）信息系统数据遭恶意篡改，对公司生产经营产生影响；或财务、营销、电力交易、安全生产等重要业务应用数据丢失，且不可恢复；或其他业务应用数据完全丢失，对业务应用造成一定影响。

（3）公司各单位本地网络完全瘫痪，且影响时间超过 2h。

（4）信息核心网络故障，造成公司总部与网省电力公司、直属公司网络中断或网省电力公司与各下属单位网络中断，影响时间超过 2h 或影响范围达 10%。

（5）营销管理系统业务应用服务中断，影响时间超过 2h 或影响范围达 30%以上，或单一地区级单位营销服务中断超过 12h；或电力市场交易系统、招投标系统应用服务中断，影响时间超过 2h。

（6）财务（资金）管理、安全生产管理、门户网站、协同办公、人力资源、物资管理、项目管理、综合管理业务应用服务中断，或全部信息系统与公司总部纵向贯通中断，影响时间超过 2h。

（7）国家电网公司直属公司其他核心业务系统应用服务中断，影响时间超过 2h。

（8）公司各单位用户不能使用计算机终端设备，对超过 80%用户影响时间超过 2h；或对超过 50%，小于 80%的用户影响时间超过 4h。

六、事故的责任归类

（1）全部责任，事故发生或扩大全部由一个单位承担责任者。

（2）主要责任，事故发生或扩大主要由一个单位承担责任者。

（3）同等（共同）责任，事故发生或扩大由多个单位共同承担责任者。

（4）次要责任，承担事故发生或扩大次要原因的责任者，包括管理责任、一定责任和连带责任。

【思考与练习】

1. 安全事故按级别划分可分为哪几级？

2. 事故的责任有哪几类？

3. 人身伤亡事故等级如何划分？

第五章

窃电、违约用电的查处

◢ 模块 1 窃电及违约用电（Z34E5001 Ⅰ）

【模块描述】本模块包含窃电及违约用电的定义。通过概念描述、术语说明、案例分析，掌握窃电及违约用电的分类。

【模块内容】

一、窃电

我国有关电力法规如《供电营业规则》《电力供应与使用条例》等对窃电的定义：以非法占用电能，以不交或者少交电费为目的，采用非法手段不计量或者少计量用电的行为。

按《供电营业规则》的规定，任何单位或个人有下列行为之一的，即为窃电。

（1）在供电企业的供电设施上，擅自接线用电。

（2）绕越供电企业的用电计量装置用电。

（3）伪造、开启法定的或者授权的计量检定机构加封的用电计量装置封印用电。

（4）故意损坏供电企业用电计量装置。

（5）故意使供电企业的用电计量装置计量不准或者失效。

（6）采用其他办法窃电。

二、违约用电

根据《供电营业规则》的规定，违约用电定义为：危害供用电安全，扰乱正常供用电秩序，不按照事先约定的供用电合同用电的，属于违约用电行为。

下列危害供用电安全，扰乱正常供用电秩序的行为，属于违约用电行为。

（1）在电价低的供电线路上，擅自接用电价高的用电设备或私自改变用电类别的。

（2）私自超过合同约定的容量用电的。

（3）擅自超过计划分配的用电指标的。

（4）擅自使用已在供电企业办理暂停手续的电力设备或启用供电企业封存的电

力设备的。

（5）私自迁移、更动和擅自操作供电企业的用电计量装置、电力负荷管理装置、供电设施以及约定由供电企业调度的用户受电设备的。

（6）未经供电企业同意，擅自引入（供出）电源或将备用电源和其他电源私自并网的。

三、案例

【例5-1-1】2004年6月，某供电公司在检查用户用电情况时，发现某宾馆计费的三相四线电能表的表尾铅封有伪造痕迹，且打开该电能表表尾盖，发现其一相电压虚接，用电检查人员现场判定该用户窃电，取证后立即向该宾馆下达《违约用电、窃电通知书》，并对其中止供电。该宾馆负责人对供电公司的检查行为不予配合，并拒绝在通知书上签字。

停电两周后，该宾馆负责人向供电公司递交"恢复供电申请"，并补交了电费，承担了违约使用电费，供电公司即对宾馆恢复了供电。但2004年7月，宾馆以供电公司违法停电给宾馆造成了经济损失为由，向当地人民法院提起诉讼，请求判令供电公司承担赔偿责任。

（原告诉称：供电公司在用电检查时以发现电压虚接，即认为原告窃电，证据不足。被告停止供电的行为违法，原告补交电费和承担违约使用电费的理由是为了恢复用电，请求法院判决被告为原告恢复名誉、退还已承担的违约使用电费，赔偿因停电造成的经济损失。）

试分析：

（1）作为用电检查人员，你认为该宾馆是否存有窃电行为？

（2）你将以什么理由向法院进行抗诉？

解：

（1）该案中的"宾馆的计费电能表的表尾铅封有伪造痕迹，电能表表尾盒电压虚接"的现象，分别符合《电力供应与使用条例》第三十一条所规定的禁止窃电行为中的"（三）伪造或者开启法定的或者授权的计量鉴定机构加封的用电计量装置封印用电；（五）故意使供电企业的用电计量装置不准或者失效"的窃电行为。

因此认为该宾馆的窃电行为成立。

（2）抗诉理由如下：

1）供电公司依照《用电检查管理办法》的有关规定，对原告进行用电检查，行为合法有据；

2）被告的"计费电能表的表尾铅封有伪造痕迹，电能表表尾两相电压与电流连接片脱开"的现象，符合《电力供应与使用条例》所规定窃电的表现形式，应认定为窃电行为；

3）供电公司应向法院提交拍摄的原告窃电现场照片、伪造的铅封封印，原告正常月份的用电量电费清单，原告补交电费和违约使用电费单据等证据；

4）《供电营业规则》第一百零二条规定："供电企业对查获的窃电者，应予制止并可当场中止供电。窃电者应按所窃电量补交电费，并承担补交电费三倍的违约使用电费。拒绝承担窃电责任的，供电企业应报请电力管理部门依法处理。窃电数额较大或情节严重的，供电企业应提请司法机关依法追究刑事责任。"

5）虽然原告未在《违约用电、窃电通知书》上签字认可，但原告补交电费和承担违约使用电费的行为，足以表明原告认可了自己的行为，现在又翻供否认，与事实不符，请求法院驳回原告的诉讼请求。

【思考与练习】

1. 窃电定义是什么？

2. 简述窃电的类型。

3. 什么是违约用电？

模块 2 窃电查处规定（Z34E5002Ⅱ）

【模块描述】本模块包含窃电查处规定、查处窃电的组织措施和技术措施。通过概念描述、案例分析，掌握窃电查处规定和程序。

【模块内容】

一、窃电查处规定

1. 窃电电量的计算

《供电营业规则》第一百零三条，窃电量按下列方法确定：

（1）在供电企业的供电设施上，擅自接线用电的，所窃电量按私接设备额定容量（千伏安视同千瓦）乘以实际使用时间计算确定；

（2）以其他行为窃电的，所窃电量按计费电能表标称电流值（对装有限流器的，按限流器整定电流值）所指的容量（千伏安视同千瓦）乘以实际窃用的时间计算确定。窃电时间无法查明时，窃电日数至少以 180 天计算，每日窃电时间：电力用户按 12 小时计算；照明用户按 6 小时计算。

2. 窃电金额的计算

窃电金额按照价格行政主管部门核定的电价乘以窃电量计算。执行分时电价的，窃电时间段无法查明时，居民用户按照平段的电价标准计算，其他用户按照高峰时段的电价标准计算。

3. 窃电处理

《供电营业规则》第一百零二条　供电企业对查获的窃电者，应予制止，并可当场中止供电。窃电者应按所窃电量补交电费，并承担补交电费 3 倍的违约使用电费。拒绝承担窃电责任的，供电企业应报请电力管理部门依法处理。窃电数额较大或情节严重的，供电企业应提请司法机关依法追究刑事责任。构成犯罪的，依照刑法第一百五十二条的规定追究刑事责任。

二、查处窃电的组织措施和技术措施

1. 组织措施

（1）成立由公司领导负责，建立相应的反窃电管理部门，各单位设置反窃电专责的三级管理机制，开展定期检查和不定期检查的方法对供电辖区内的用电客户进行用电检查。

（2）公司主管领导负责全面的反窃电工作。公司反窃电办公室负责全公司预防和查处窃电行为的综合管理，组织开展全公司查处窃电的日常工作，定期检查各分机构的查处情况。各部门负责管辖范围内预防和查处窃电行为的管理，组织开展管辖范围内查处窃电的日常工作。

（3）设立反窃电管理人员岗位设置，确保反窃电工作正常开展。

（4）健全反窃电管理制度（举报制度、保密制度、登记制度、奖惩制度等），制定查处窃电工作计划，做到工作目标、任务明确。

（5）完善有关记录和资料，建立反窃电活动分析制度，并定期召开反窃电活动分析会。

（6）制定反窃电查处流程图，规范处理程序。

（7）用电检查人员在检查中发现客户有窃电的，应当立即向公司有管辖权的部门负责人报告，并由该部门负责查处。查处有困难时，要及时报请公司反窃电办公室协助处理，公司反窃电办公室根据案件情况决定是否提请有关部门调查处理或者向公安机关报案。需要公证部门调查取证或者移送公安机关的，公司反窃电办公室及相关部门要搞好配合。

（8）现场检查确认有窃电行为的，用电检查人员要现场取证并及时采取有效制止措施。同时填写《违章用电、窃电通知书》一式两份，一份由被查客户签字后（拒不签字的，要实施证据保全措施）送达客户，一份存档备查。

（9）在查处窃电现场，如现场无客户或客户代表，可要求有第三方人员（包括：公安、检察、司法等相关人员）在现场共同进行用电检查或现场取证。

（10）用电检查人员要在《违章用电、窃电通知书》上如实填清客户窃电容量、窃电手段、窃电方法及现场相关情况。对查到的窃电户，用电检查人员必须在 24 小时之内上报，不得隐匿不报或私自处理。

（11）用电检查人员对已查的窃电用户，要认真填写处理意见书，写明事实、理由、引用法律、法规、规章和规范性文件名称、文号、条款。做到证据确凿，适用法律、法规正确。

（12）对填写好的《违章用电、窃电处理单》，按照有关处理权限审核批准后，方可执行。

（13）窃电金额确认要按照《供电营业规则》有关规定计算，根据《供电营业规则》有关规定客户应补缴所窃电费及违约使用电费。

（14）切实加强与公、检、法部门的联系，逐渐形成合署办公的反窃电联合机构，建立反窃电工作经常化、规范化的常态运行机制。

2. 技术措施

（1）现场观察检查：采取嘴问、眼看、鼻闻、耳听、手摸等方法，对电能计量装置进行全方位的外观检查，查找出有价值的线索，找出窃电的痕迹。

1）检查电能计量装置内的电能表；

2）检查电能计量装置的接线；

3）检查电能计量装置内的互感器。

检查互感器的铭牌参数是否齐全、完整，并核查校验报告上的数据和信息是否相符；检查外观是否存在裂缝或者放电痕迹；变比、组别、准确度等级选择是否正确；实际接线是否正确等。

（2）客户电量检查。

1）对照客户的设备容量查电量；

2）对照客户的实际负荷查电量。

（3）仪器、仪表检查法：使用普通的电流表（钳型电流表）、电压表、相位表（或相位伏安表）和专用的电能计量装置现场测试仪、变压器容量测试仪对电能计量装置进行现场检查。

（4）经济指标分析检查：从供电企业线路的线损指标着手调查、分析，对线损异常的线路上所带的可疑客户的生产经营情况着手调查分析。

1）线损指标分析；

2）客户产品电量分析；

3）客户功率因数分析；

4）运用营销系统检查客户的电能计量装置；

5）根据考核表计检查异常客户的计量装置。

三、案例

【**例 5–2–1**】2008 年 9 月某日，一社会群众举报沿街某客户窃电。用电稽查人员现场核实，该户装有居民生活照明单相 5（30）A 电能表和一般工商业三相四线 5（20）A 电能表两套计量装置。该户一般工商业电能表现场接待负荷共计 15kW，在居民生活电能表上接用 2kW 的电动机一台，用于对外加工香油用电，且在居民生活电能表前接线，用于生活用电设备，共计 2kW（使用时间无法查明）。该户居民生活照明用电报装容量 6kW，商业用电报装容量 10kW。作为用电稽查人员该如何处理？（居民生活电价 0.54 元/kWh，一般工商业电价 0.71 元/kWh）

解：补交电费和违约使用电费计算如下：

（1）违约用电

私改用电类别 2kW

补交电费=2kW×90 天×12h/天×（0.71 元/kWh–0.54 元/kWh）=367.20（元）

违约使用电费=367.20×2=734.40（元）

现场私自增容=15–10=5（kW）

违约使用电费=5×50=2500（元）

（2）窃电

补交电费=2kW×180 天×6h/天×0.54 元/kWh=1166.40（元）

违约使用电费=1166.4×3=3499.20（元）

以上金额合计=367.20+734.40+2500+1166.40+3499.20=8267.20（元）

如该户拒绝承担违约用电、窃电责任，供电企业应报请电力管理部门依法处理，或直至提请司法机关依法追究刑事责任。

【**思考与练习**】

1. 窃电量、窃电时间的认定方法是什么？

2. 用电检查人员在执行用电检查任务时应注意什么？

3. 查处窃电的技术措施有哪些？

◢ 模块 3 违约用电处理规定（Z34E5003Ⅱ）

【**模块描述**】本模块包含违约用电处理规定、防止违约用电的组织措施和技术措施。通过概念描述、案例分析，掌握违约用电处理方法。

【模块内容】

一、违约用电处理规定

供电企业对查获的违约用电行为应及时制止。有下列违约用电行为者，应承担相应的违约责任。

（1）在电价低的供电线路上，擅自接用电价高的用电设备或私自改变用电类别的，应按实际使用日期补交其差额电费，并承担二倍差额电费的违约使用电费。使用起讫日期难以确定的，实际使用时间按三个月计算。

（2）私自超过合同约定的容量用电的，除应拆除私增容设备外，属于两部制电价的用户，应补交私增设备容量使用月数的基本电费，并承担三倍私增容量基本电费的违约使用电费；其他用户应承担私增容量每千伏安（千瓦）50元的违约使用电费。如用户要求继续使用者，按新装增容办理手续。

（3）擅自超过计划分配的用电指标的，应承担高峰超用电力每次每千瓦1元和超用电量与现行电价电费五倍的违约使用电费。

（4）擅自使用已在供电企业办理暂停手续的电力设备或启用供电企业封存的电力设备的，应停用违约使用的设备。属于两部制电价的用户，应补交擅自使用或启用封存设备容量和使用月数的基本电费，并承担二倍补交基本电费的违约使用电费；其他用户应承担擅自使用或启用封存设备容量每次每千伏安（千瓦）30元的违约使用电费。启用属于私增容被封存的设备的，违约使用者还应承担本条第2项规定的违约责任。

（5）私自迁移、更动和擅自操作供电企业的用电计量装置、电力负荷管理装置、供电设施，以及约定由供电企业调度的用户受电设备者，属于居民用户的，应承担每次500元的违约使用电费；属于其他用户的，应承担每次5000元的违约使用电费。

（6）未经供电企业同意，擅自引入（供出）电源或将备用电源和其他电源私自并网的，除当即拆除接线外，应承担其引入（供出）或并网电源容量每千伏安（千瓦）500元的违约使用电费。

二、防违约用电的组织措施和技术措施

（一）组织措施

（1）建立用电稽查制度，从客户申请、设计、验收、装表、投运，到正常用电检查、抄表、校表、定期轮换计量装置和工作票的传递完善相应的监督机制。

（2）建立抄见电量的审核制度。

（3）加强营销基础管理工作，定期开展营业普查工作。

（4）规范业扩报装流程。

（5）建立一支专业的用电稽查队伍。

（二）技术措施

（1）加大对客户的监控力度。利用信息采集系统进行监控。

（2）加大对客户容量的监视力度。广泛使用智能表，对所有无法核定其容量的专变客户的变压器容量进行现场检测，无误后在变压器上封盖螺丝上加铅封。

（3）健全完善客户的基础资料管理。对报停客户准备启运时时，工作人员要认真核对计量装置、变压器容量等是否完好、准确。

（4）对办理暂停（减容）手续的变压器，加强用电检查力度，对客户办理暂停（减容）手续的变压器进行现场加封，并由客户确认后，现场签字，防止客户私自启用变压器进行窃电。

三、案例

【例5-3-1】某一冶炼铸造公司，10kV供电，原报装变压器容量为800kVA。2008年7月，供电公司用电检查人员到该户进行用电检查，发现变压器铭牌有明显变动的痕迹，即对变压器容量进行现场检测，经检测变压器容量实际为1000kVA。至发现之日止，其1000kVA变压器已使用9个月，作为用电稽查人员试分析该户的用电行为，应如何处理？[基本电费按20元/（kVA·月）]

解：该用户以上"私自更换变压器铭牌，将原报装变压器容量由800kVA更换为1000kVA"的行为违反了《电力供应与使用条例》所禁止的"用户不得有下列危害供电、用电安全，扰乱正常供电、用电秩序的行为"[第三十条第（二）项"擅自超过合同约定的容量用电"]，符合《供电营业规则》第一百条规定"危害供用电安全、扰乱正常用电秩序的行为，属于违约用电行为"，应属于违约用电行为。

《供电营业规则》第一百条第二项规定："私自超过合同约定的容量用电的，除应拆除私增容设备外，属于两部制电价的用户，应补交私增设备容量使用月数的基本电费，并承担三倍私增容量基本电费的违约使用电费；其他用户应承担私增容量每千伏安（千瓦）50元的违约使用电费。如用户要求继续使用者，按新装增容办理手续。"

补交私增设备容量使用月数的基本电费 200×20×9=36 000（元）

并承担三倍私增容量基本电费的违约使用电费 36 000×3=108 000（元）

拆除1000kVA变压器，更换为原报装800kVA变压器。若用户要求继续使用1000kVA变压器，则应到供电公司按新装增容办理手续。

【思考与练习】

1. 何谓违约用电？

2. 在电价低的供电线路上，擅自接用电价高的用电设备或私自更改用电类别的违约用电行为，应如何处理？

3. 私自迁移、更动和擅自操作供电企业的用电计量装置的违约用电行为，应如何处理？

◢ 模块4　防止窃电的技术措施（Z34E5004Ⅱ）

【模块描述】本模块包含窃电分析、防窃电常用技术措施等内容。通过概念描述、公式推导、要点归纳，掌握防止窃电的常用技术措施。

【模块内容】

一、窃电分析

窃电是一直存在的问题，长期困扰着供电部门。一些个人或企业，将盗窃电能作为获利手段，采取各种方法不计或者少计电量，以达到不交或者少交电费的目的，造成电能的大量流失，损失惊人。窃电严重损害了供电企业的合法权益，扰乱了正常的供用电秩序，而且给安全用电带来隐患。

对窃电方法分析如下：

电能与功率成正比，与用电时间成正比，即

$$W = Pt \tag{5-4-1}$$

式中　P——有功功率，kW；

　　　t——用电时间，h。

单相有功功率为

$$P = U_{ph} I_{ph} \cos\varphi \tag{5-4-2}$$

式中　U_{ph}、I_{ph}——相电压、相电流；

　　　$\cos\varphi$——功率因数。

三相四线制三表法有功功率测量为三个单相功率之和。其表达式为

$$P = U_A I_A \cos\varphi_A + U_B I_B \cos\varphi_B + U_C I_C \cos\varphi_C \tag{5-4-3}$$

三相三线二表法有功功率为

$$P = U_{ab} I_a \cos(30° + \varphi_a) + U_{cb} I_c \cos(30° - \varphi_c) \tag{5-4-4}$$

可见，要使计量装置正确计量，电压、电流和电能表这三个因素不能忽视。

二、防窃电的组织措施和技术措施

（一）组织措施

（1）建立完善的内部稽查制度，从客户申请、方案制定、设计、验收、装表、投运，到正常用电检查、抄表、校表、定期轮换计量装置和工作票的传递完善相应的监督机制，从内部堵住漏洞，减少或杜绝窃电的可能性。

（2）建立警电联动常态运行机制。

（3）开展反窃电专项活动。

（4）开展营业抄核收管理效能监察活动。

（5）开展用电稽查活动。

（6）严格执行绩效考核和奖惩制度。

（7）加强计量装置的基础管理工作。

（8）完善电能计量装置新装、轮换制度。

（9）加强对电能计量装置的开启管理。

（10）加强对电能计量装置轮换、定期校验工作的监督。

（11）规范客户用电变更作业流程。

（12）建立一套完整的反窃电工作体系和反窃电专业队伍。

（二）技术措施

（1）推广使用防窃电专用电能计量装置。

（2）加强对专变客户的电能计量装置改造与更新。

1）针对变压器容量在 315kVA 及以上客户，采用专用计量柜（屏）的，互感器、电能表全部安装于计量柜（屏）内，并对该户的进线柜、计量柜、出线柜进行封闭。

2）针对变压器容量在 315kVA 以下客户采用防窃电封闭计量箱，将互感器、电能表全部密封在计量箱内，使计量箱与变压器融为一体。

（3）增加科技含量改进铅封设计。使用数码防伪图案一次性防伪铅封、一次性锁具和封条。

（4）加强线损考核工作，实现线损在线监测。

（5）按照工艺要求规范电能计量装置的安装接线。

（6）因地制宜采用合理的电能计量装置的接线方式。

（7）广泛使用智能表。

（8）开发应用实时监测防窃电系统（如负荷监控、电能量采集、远方抄表、远方校表）。

三、案例

【例 5-4-1】诸城市供电公司密州供电所一条 10kV 线路电能损耗一直居高不下。经分析，发现一家热处理厂实际生产情况与用电量不符，怀疑其窃电。密州供电所多次派人前往检查，但由于窃电痕迹不明显，没有足够有效的证据来证明该厂的窃电行为。随后，诸城市供电公司电能计量中心、用电稽查大队联合公安部门对该企业进行了突击检查。检查发现计量箱的封铅锁并没有异常，封印编号也与记录吻合，但该厂用电计量表走数异常，这一反常现象引起了检查人员的注意。检查人员打开计量箱后发现，该用户计量装置封印无明显异常，电能表外接电流、电压回路正常，带负荷测试，电能表三相电流显示值与实际负荷明显不符，经现场检验电能表误差为-49.7%。

打开故障电能表进行表内检查，发现二次电流回路三相分别加入二极管（如图 5-4-1 的圆圈部分所示）。该用户利用整流二极管单向导电的特性，使二次电流中的正半波导通，负半波截止，电能表采样的电流量只有正常值的一半，致使电能表少计电能，属于窃电行为。随即对该单位另一组计量装置进行检查，现场检验误差为-35.18%，在用电现场打开电能表进行内部检查，发现二次电流回路 B、C 两相分别串入二极管。发现问题后，检查人员立即将计量箱拆除，停止供电。公安人员也将该企业老板带走做进一步调查。在窃电事实面前，该企业老板承认窃电，愿意接受 35.7 万元追补电费及违约使用电费的处罚。

【思考与练习】

1. 写出三相三线测量有功功率的公式。

2. 防窃电技术措施有哪些？

3. 防窃电组织措施有哪些？

第二部分

抄 表 收 费

第六章

抄表机的使用和维护

▲ 模块 1 抄表机的使用（Z34F1001Ⅰ）

【模块描述】本模块包括抄表器的构成、抄表器的功能、抄表器键盘功能、抄表器菜单功能和使用抄表器抄表等内容。通过术语说明、流程介绍、要点归纳，掌握抄表器使用方法。

【模块内容】

一、抄表机简介

抄表机（又称抄表器、掌上电脑、手持终端、数据采集器等）是用于移动数据采集的掌上型设备，是用于抄表的掌上数据采集器，带有键盘、显示屏、内存及多种通信接口，可输入并存贮大量的数据，并可与其他设备进行数据交换。适用于在各种流动性强的工作领域中进行数据采集和现场数据分析处理的工作。我国自 1986 年开始自行研制并推广抄表机的应用。在此后的七八年中，由于抄表机与纸卡抄表相比具有明显的优势，国内对抄表机的需求大幅度增加。准确的计量用电关系到用电客户和供电公司双方的利益，因而越来越受到重视。特别是在城乡电网改造实现一户一表后，抄表的数量和工作量爆炸性增长，电力信息系统的建设和完善愈显重要，这一切都为电力掌上电脑的发展提供了有利的外部环境。我国各地供电公司营销管理部门用抄表机来解决因用户数量迅速增加及电价日益复杂引起的抄表、计算机管理人手严重不足的矛盾，抄表机获得了迅速地推广使用。

二、抄表机的功能

使用抄表机能加强抄表管理，提高抄表质量和提高工作效率，它除替代抄表册外，还能存储大量用户信息，同时在现场可对简单客户进行电费测算，判断客户用电有无异常。抄表工作结束后，可通过接口与计算机连接将抄表数据传入计算机，减少大量的人力。以电力营销管理信息系统为基础的抄表机的应用，在电表定位查询、电量数据的采集、传输、处理方面发挥着巨大的作用。

1. 定位查询

以往的抄表人员到达抄表现场，抄表人员在厚厚的抄表卡中不停地翻找相应表号、用户号、设备码等信息，投入了大量的时间和精力。抄表机大大缩短了此环节，通过键盘敲入表号或序号，用户号、上月电量、当前电量、已抄未抄等当前电表的相关信息就会显示出来。通过定位查询方式，减少了抄表人员对卡式信息的搜寻、确认的过程，大大减轻了抄表人员的工作强度，提高了查询速度。

2. 现场检查

查询定位之后，进行现场状况检查，包括对电能表、客户用电情况的检查。当存在异常状况的时候，如"表坏""违约用电"等情况发生，可在抄表中录入相应的异常码，当信息传输到用电管理系统端时，可在 PC 机的屏幕上清楚地显示出来。

3. 抄表功能

抄表人员打开抄表机中的抄表系统，便可手工抄读或通过红外采集和有线传输的方式录入当月用户电量，同时进行数据异常判断。柔和的显示屏背光及键盘背景光可以满足在昏暗的环境中轻松操作。抄表机能够对当前抄表状态（如时间）进行记录，为判断是否存在估抄、漏抄提供了证据。抄表人员可随时关机以节省功耗；下次开机后，可以直接进入本次关机时候的应用界面，即在关机现场连续运行，从而大大提高了应用效率和操作的便利性。

4. 纠错功能

抄表机一般具有纠错功能。实现方法是在抄表机中设一个抄表数据变化的允许值，抄表员输入抄表数据后，有计算机自动与上月数据进行对比，如超出变化的允许值，抄表机会自动报警提醒抄表员确认输入的抄表数据，确认无误后，按确定键可将数据输入到抄表机中，若输入数据确实有错误，重新输入正确数据即可。

5. 数据传输

当抄表员抄录数据完毕，将抄表机中的数据通过数据线发送到服务器数据库中后，可进行电量审核、计算、统计、分析等工作。

三、现场抄表

目前抄表机虽然生产厂家、型号较多，但使用方法基本相同。操作步骤如下：

1. 开机操作

打开电源开关，密码验证正确，抄表机自动进入主菜单功能界面。

按菜单项前的数字或以高亮条定位后按确定键选中操作项；用【取消】退出菜单操作。

主菜单
1. 抄表
2. 补抄
3. 上下装
4. 设置参数
5. 密码管理
6. 退出

按【确定】继续。

选择操作项，按【确定】继续。

2. 选择抄表段

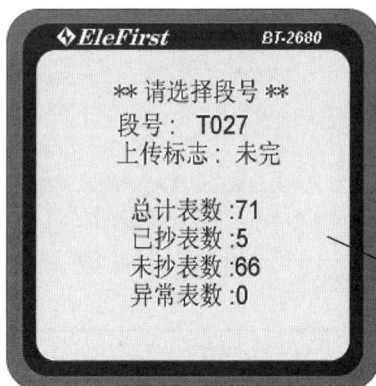

** 请选择段号 **
段号：T027
上传标志：未完

总计表数:71
已抄表数:5
未抄表数:66
异常表数:0

首先出现统计信息。抄表员可据此核对抄表段信息。

未完：表示有未抄的户表，该段必须继续抄表。

按【取消】可退回主功能菜单。

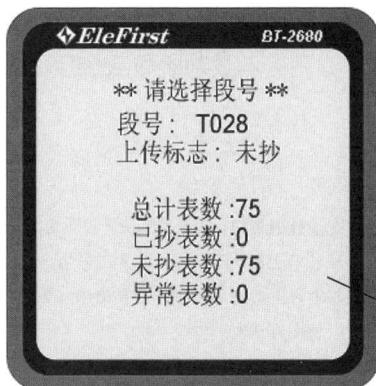

** 请选择段号 **
段号：T028
上传标志：未抄

总计表数:75
已抄表数:0
未抄表数:75
异常表数:0

如果有多个段，可通过【▲】【▼】变动选择察看，并确定首先要抄表的段。

未抄：表示该段未进行过抄表，按【取消】退回到抄表主菜单。

选择抄表段，按【确定】继续。

3. 进入抄表流程

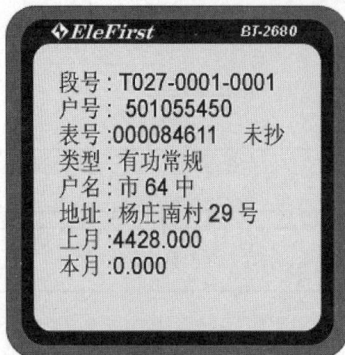

```
◆EleFirst          BT-2680

段号：T027-0001-0001
户号：501055450
表号：000084611    未抄
类型：有功常规
户名：市 64 中
地址：杨庄南村 29 号
上月：4428.000
本月：0.000
```

选定 T027 段，按【确定】，进入抄表功能后，定位到第一个未抄户。如果该户记录有提示信息，首先显示提示信息。在表号显示行的行未显示抄表标志。

在抄表信息显示界面上，可执行各种热键和功能菜单操作。

按【确定】进入录入窗口。

4. 录入示数

```
◆EleFirst          BT-2680

段号：T027-0001-0001
户号：501055450

┌────────────────────────┐
│ 表号：000084611    未抄 │
│ 类型：有功常规         │
│ 上月：4428.000         │
│ 本月：4500             │
└────────────────────────┘
                    123
```

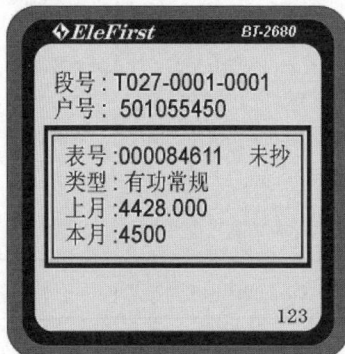

如果本月示数已经输入，则在录入窗口中显示已经录入的本月示数，以做输入对比。

输入本月示数，按【确定】。

特别提示：

（1）示数录入后，如果本月示数小于上月示数，则提示输入错误，输入数据无效。

（2）有效示数录入后，如果本月示数太大太小，则有示数判断提示信息。抄表员应根据提示信息，认真核对抄收的数据。

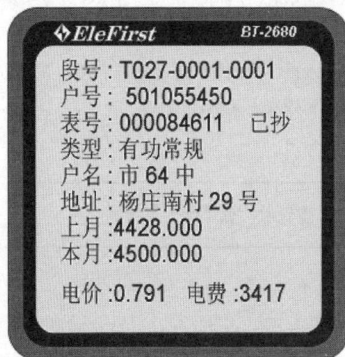

```
◆EleFirst          BT-2680

段号：T027-0001-0001
户号：501055450
表号：000084611    已抄
类型：有功常规
户名：市 64 中
地址：杨庄南村 29 号
上月：4428.000
本月：4500.000

电价：0.791  电费：3417
```

对于抄表系统，如果"电费计算"功能开启，此时表状态已改为"已抄"，并在最后一行出现电价和本月电费提示，供抄表员参考（见"设置参数"使用方法）。

按【▼】继续，定位到下一户。

特别提示：

（1）如果开启"电费计算"功能，"自动下移"功能不起作用。

（2）在抄表系统中，输入的数字受表的字车位长度的限制。但在抄表过程中，如果表的实际字车位长度与主台系统库该表的字车位长度不一致，抄表程序允许抄表员在抄表界面，现场通过快捷键"3"修改。

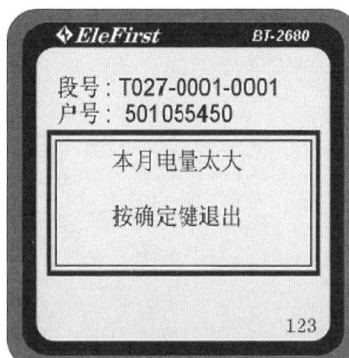

```
◆EleFirst          BT-2680
段号：T027-0001-0001
户号：501055450
┌─────────────────────┐
│    本月电量太大       │
│                     │
│   按确定键退出        │
└─────────────────────┘
                      123
```

如果电费计算功能没有开启，在输入完成后若没有电量太大、太小等提示则自动进入到下一户。如果有提示则要抄表员确认无误后按【▼】键到下一户。

```
◆EleFirst          BT-2680
段号：T027-0001-0002
户号：501055450
表号：050011602  未抄
┌─────────────────────┐
│    提示信息           │
│ 上月有欠费，请催缴    │
│   按确定键退出        │
└─────────────────────┘
```

进入下一户，如该抄表户有提示信息，提请抄表员及时处理。

> 按【确定】继续。

5. 居民分时表抄读

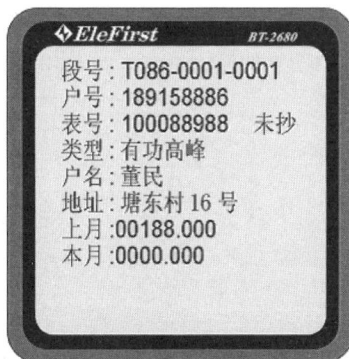

```
◆EleFirst          BT-2680
段号：T086-0001-0001
户号：189158886
表号：100088988  未抄
类型：有功高峰
户名：董民
地址：塘东村16号
上月：00188.000
本月：0000.000
```

进入分时表抄收界面，方法同普通表相同。类型分为：有功高峰、有功低谷和有功常规，其中有功常规是总电量。

> 按【快捷】键进行红外分时抄收。

抄表时抄表机的红外口和电表的红外口的抄收距离以 4m 之内为佳，角度小于 15°。抄收时间视电表类型而定，一般在 8 秒钟。抄收完成后自动入库。如果无"总与峰谷之和不等"的提示，自动定位到下一户。

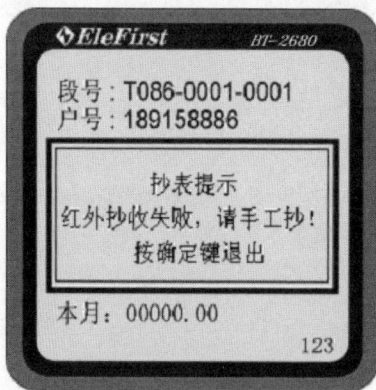

如果通信失败，机器将会给出提示。检查表号地址是否和现场抄收的表号地址一致。

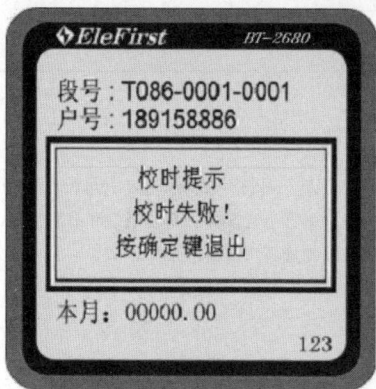

调整角度和距离重新抄收，如果再次失败，手工输入。

6. 录入异常状态码

如该抄表户有异常情况，可按下面介绍的步骤输入异常状态码。

EleFirst　BT-2680

段号：T027-0001-0001
户号：501055450
表号：000084611　已抄
类型：有功常规
户名：市64中
地址：杨庄南村29号
上月：4428.000
本月：4500.000

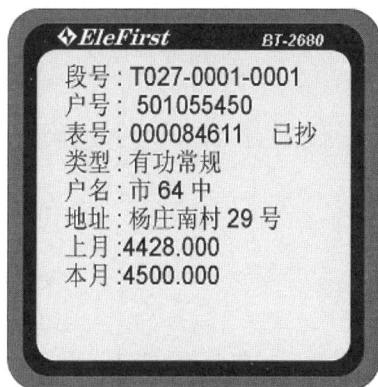

在当前抄表户抄表信息界面，也可通过按【▲】【▼】定位到要输入异常状态码的抄表户后，按【删除】可输入异常状态码。

异常状态码可以重复录入，以最后一次为有效。

按【删除】。

EleFirst　BT-2680

段号：T027-000
户号：5010554
表号：000084611
类型：无功常规
户名：市64中
地址：杨庄南村
上月：4555.000
本月：4700.000

正常
闭门
翻转
停走
私启
被盗
表坏
倒转
窃电
估抄

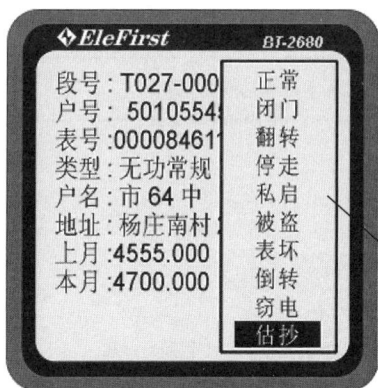

屏幕出现异常状态码提示信息框，可通过【▲】【▼】变动选择察看。以"估抄"为例。

选定要输入的异常状态码"估抄"按【确认】。

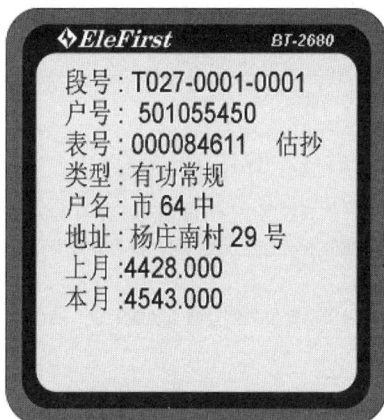

EleFirst　BT-2680

段号：T027-0001-0001
户号：501055450
表号：000084611　估抄
类型：有功常规
户名：市64中
地址：杨庄南村29号
上月：4428.000
本月：4543.000

表状态已变为"估抄"。"估抄"时，系统自动将该抄表户上月电量估作为本月电量，已被"估抄"的抄表户，抄表员可以重新录入示效。

"估抄"还有一种更为简便快速的方法，参见本节的特别提示说明及示例。

按【▼】继续下一户或同下一个未抄量的抄收。

特别提示：

（1）定义的异常状态码如下：1. 正常，2. 闭门，3. 翻转，4. 停走，5. 私启，6. 被盗，7. 表坏，8. 倒转，9. 窃电，10. 估抄，11. 违约，12. 换表，13. 快走，14. 空走，

15. 过估，16. 慢走，17. 时差，18. 误装，19. 加减，20. 条坏，21. 段错。

（2）对于"估抄，换表"两种异常状态码的输入而言，本机分别提供了相对应的快捷热健，方便抄表员的操作。

以下以"估抄"为例，其他两种异常状态码的录入方法类似，与"估抄"的区别在于"换表"处理后无电费计算功能。

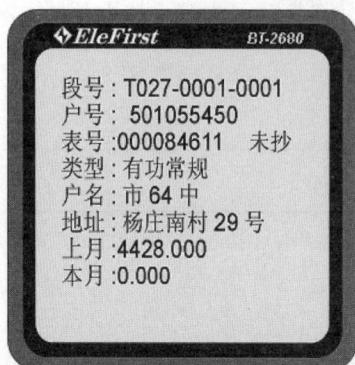

段号：T027-0001-0001
户号：501055450
表号：000084611　未抄
类型：有功常规
户名：市 64 中
地址：杨庄南村 29 号
上月：4428.000
本月：0.000

进入到需要进行"估抄"的抄表户，如图所示。

按【·】启动估抄过程。

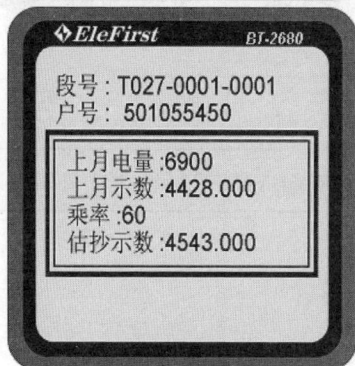

段号：T027-0001-0001
户号：501055450

上月电量：6900
上月示数：4428.000
乘率：60
估抄示数：4543.000

可用快捷热健启动"估抄"过程。

按【确定】即可。

7. 抄表户定位（条件定位）

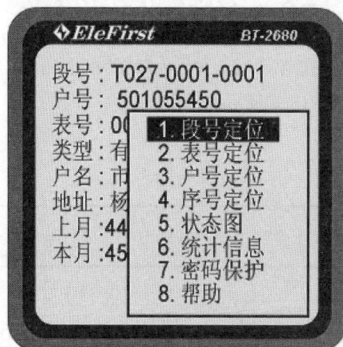

段号：T027-0001-0001
户号：501055450
表号：00
类型：有
户名：市
地址：杨
上月：44
本月：45

1. 段号定位
2. 表号定位
3. 户号定位
4. 序号定位
5. 状态图
6. 统计信息
7. 密码保护
8. 帮助

在抄表过程中，可根据需要定位到新的抄表户，或浏览当前段抄表信息，并可得到操作的帮助提示。

以段号定位为例。按【功能】进入功能菜单。

以高亮条反显"1. 段号定位"，按【确认】。

EleFirst　　　BT-2680

段号：T027-0001-0001
户号：501055450

┌─────────────────────┐
│　　　　　段号：　　　　│
│ 28　　　　　　　　　　│
│　　　　　　　　　　　　│
└─────────────────────┘

根据提示输入段号，本机支持模糊查找。
按【取消】退出功能菜单。

┌────────────────────────────┐
│ 输入数字"28"按【确认】。│
└────────────────────────────┘

EleFirst　　　BT-2680

段号：T028-0001-0001
户号：51143091
表号：00106353　未抄
类型：无功常规
户名：大厂区土特产品公
　　　司
地址：新华路520号
上月：3002.000
本月：0.000

系统自动定位到T028段的第一个抄表户，
抄表员即可继续抄表过程。

┌────────────────────────────┐
│ 按【确认】即进入抄表界面。│
└────────────────────────────┘

　　本机提供 4 种抄表户定位方式，其中"表号定位""户号定位""序号定位"的操作方式同"段号定位"。

　　对于抄表户进行定位操作时，本机支持模糊查找，例如在进行表号定位时，只要输入表号的后几位就可以了。

　　8. 查询状态图

EleFirst　　　BT-2680

√√√ X X X o o o o o o √√√ o
o o o o o o o o o o o o o o o
o o o o o o o o o o o o o o o
o o o o o o o o o o o o o o o
o o o o o o o o o o o o o o o
o

[估抄]扬庄南村 29 号

该功能为抄表员提供了一种极好地了解抄表
段信息的方法，抄表员也可据此方便的实现抄表
定位。

　　可通过【▲】【▼】等 4 个环形方向键定位。

"√"：正常抄表

"×"：异常状态

"○"：未抄

"□"：当前定位的抄表户

◆*EleFirst* BT-2680

✓✓✓ X X X 0 0 0 0 0 0 ✓✓✓ 0
0 0 0 0 0 0 0 0 0 0 0 0 0 0 0
0 0 0 0 [0] 0 0 0 0 0 0 0 0 0 0
0 0 0 0 0 0 0 0 0 0 0 0 0 0 0
0 0 0 0 0 0 0 0 0 0 0 0 0 0 0
0

大厂区柯洼

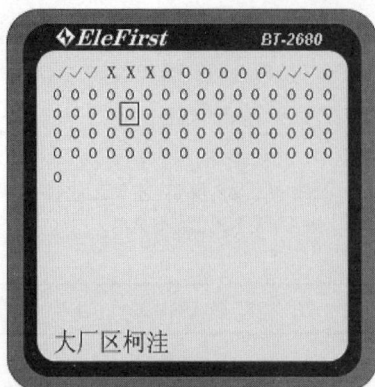

如需要定位到第三行第五列的未抄表户，可按【▲】【▼】移动到该位置。

按【确认】进入该抄表户。

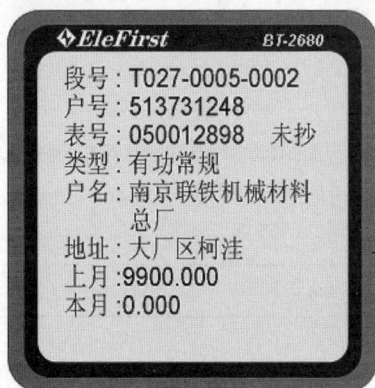

◆*EleFirst* BT-2680

段号：T027-0005-0002
户号：513731248
表号：050012898　未抄
类型：有功常规
户名：南京联铁机械材料
　　　总厂
地址：大厂区柯洼
上月：9900.000
本月：0.000

已定位到第 3 行第 5 列的未抄表户。

按【确认】执行抄表过程。

9. 统计信息

◆*EleFirst* BT-2680

统计信息

段号：↑T027↓
上传标志：未上装
总计表数：71
已抄表数：6
未抄表数：65
异常表数：1

ENT←返回

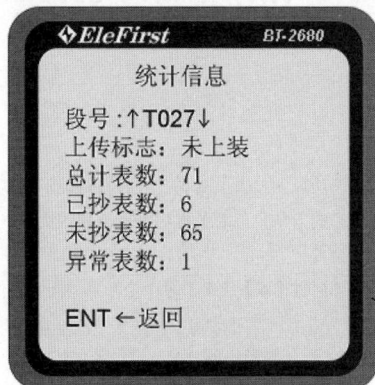

抄表员还可通过"统计信息"功能了解当前抄表段的抄收汇总信息，并据此判断是否可以上装。

也可通过【▲】【▼】翻屏查看其他段信息。

按【确定】返回。

10. 补抄

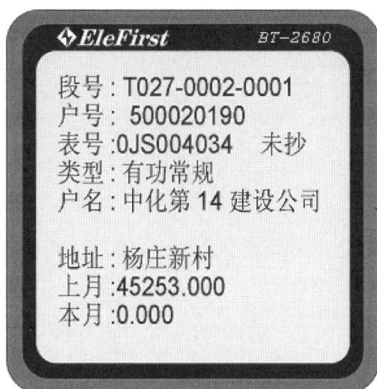

如果当前段还有未抄表，并且需抄表，可进行补抄。

选择"补抄"后，自动定位到第一个未抄完段（或未抄段）的第一个未抄表户，而且在抄完一个未抄户后，系统自动定位到下一个未抄户。或者通过移动【←】【→】来查找。

具体操作过程与"抄表"相同。

四、抄表数据的发送和接收

1. 下装

从营销信息系统中生成抄表数据文件，并以 RS232、高速红外等通信方式传送到抄表机中的过程。在主台上，操作员选择所要抄收的抄表本，从电费台账中取出抄表数据，下装到抄表机，同时记录下有关的下装抄表机信息。抄表主台程序下装数据在计算机内部产生"抄表机下装文件"，下装到抄表机。单次下装的最大用户数，视抄表机容量而定。

2. 上装

从抄表机中将抄收的各种电表状态数据、电费数据以 RS232、红外通信等方式发送到营销信息系统，并在营销信息系统中进行数据处理的过程。

抄表机上装抄表数据，为电费计算提供表示数。抄表机抄录的表示数上装到主机后，填入电费台账，同时记录下有关的抄表过程信息。主台读取抄表机中的"抄表机上装文件"，分析抄表过程记录数据，将每个表号的本月示数和异常码填写到电费台账中。

【思考与练习】

1. 抄表机上装和下装的含义？
2. 简述抄表机的抄表过程。
3. 抄表机有哪些功能？

◢ 模块 2　抄表机的维护（Z34F1002Ⅱ）

【模块描述】 本模块包括抄表机的正确使用、维护、保养异常情况及处理等内容。通过流程介绍、要点归纳，掌握抄表机维护方法。

【模块内容】

一、抄表机使用前的检查

（1）检查抄表机能否正常开关。

（2）检查电池是否正常，电量是否充足。

（3）检查机内下装数据是否正确、齐全。

二、抄表机的正确使用

（1）抄表机应避免接近高温、高湿和腐蚀的环境。

（2）禁止按压抄表微机的液晶屏。

（3）禁止摔打、碰撞抄表微机。

（4）使用抄表机时，要避免用力按键。

（5）雨天中使用抄表机时，要采取防雨措施。

（6）抄表机应定期进行充放电工作，定期更换电池。

（7）禁止使用抄表机玩游戏。

（8）注意抄表机密码的使用和保管。

三、抄表机的维护和保养

（1）要保持抄表机干燥。雨水、湿气和水分都可能含有矿物质而腐蚀电子线路。

（2）不要在特别肮脏和灰尘很大的地方使用或存放抄表机。这样有可能损坏本机的可拆卸部分，并影响抄表机的正常使用。

（3）不要将抄表机存放在过热的地方，高温会缩短电子器件和电池的使用寿命，并造成塑料部件的变形。

（4）不要将抄表机存放在过冷的地方，否则当温度升高时，本机内会形成潮气，毁坏电子线路。

（5）抄表机如出现故障，不要随意试图拆卸本机。

（6）不要扔放、敲打和振动抄表机，粗暴对待本机，有可能损坏内部元件或电路。

（7）不要用烈性化学制品、清洗剂或强洗涤剂清洗抄表机。

（8）不要用颜料涂抹抄表机。涂抹会在可拆卸部件中阻塞杂物从而影响本机的正常使用。

四、抄表机异常情况以及处理

1. 抄表机无法开机的处理

检查抄表机的电池电量是否充足，如果电池没有电，应及时充电或换装新电池。在抄表时应携带备用电池防止抄表过程中电池缺电而无法抄表。

2. 抄表机数据通信异常的处理

当抄表机与计算机进行上（下）装数据出现异常时，首先检查抄表微机与计算机连接线与连接接口，确定其连接是否可靠。同时，检查抄表微机电源是否打开，检查抄表微机的传输速率与计算机设置是否一致，然后重新运行抄表微机上装或下装程序。若仍不成功，则可以尝试更换抄表微机连接线或与另一台计算机连接后，再进行上装或下装。

3. 抄表机抄表程序版本未更新及处理

抄表机的抄表程序应该适时地进行更新，程序的更新要有专人进行管理和操作，保证抄表机内抄表版本的一致性。

4. 抄表机电池电量消耗太快的处理

对充电电池的充电，应采取正确的方法，保证电池容量不至于衰减太快。若即使充满电使用还是消耗太快满足不了抄表的要求，应及时更换电池。

在不抄表的情况下，应将抄表机关机并应将电池取出，减少电池电量的消耗。

5. 提示"示数输入错误"的处理

在手工输入示数时，提示"示数输入错误"时，首先检查示数输入是否正确，如果正确再检查机器内的字车位数和现场的是否一致。如果不一致则修改字车位数，然后再输入示数。

6. 提示红外抄收失败的处理

首先检查表号及地址是否和现场一致。如果一致就调整抄收角度和距离重试，如果不一致回到公司后修改。

【思考与练习】

1. 抄表机使用前如何检查？

2. 抄表机数据通信异常如何处理处理？

3. 如何维护和保养抄表机？

第七章

电能表电量抄读

◢ 模块 1　各种电能表的技术参数（Z34F2001Ⅰ）

【模块描述】本模块包括电能表的分类、型号、铭牌和技术参数等内容。通过概念描述、术语说明、图解示意，掌握电能表基本知识。

【模块内容】电能的生产和使用是通过发电、供电、用电等几个主要环节完成的。为了计量电能，在生产、传输和使用各个环节中装设了大量的电能计量装置，有人把电能计量装置比作电力工业销售产品的一杆秤，这杆秤的准确度，不仅关系到电力部门的经济效益，同时也直接关系到每个电力用户的经济利益。因此，掌握电能计量技术具有十分重要的现实意义。

一、电能表的分类

（1）按工作原理的不同分为：感应式（机械式）、静止式（电子式）和机电一体式（混合式）电能表。

（2）按其接入电源的性质可分为：交流电能表和直流电能表。

（3）按表计的安装接线方式可分为：直接接入式和间接接入式（经互感器接入式）电能表；其中，又有单相、三相三线、三相四线电能表之分。

（4）根据计量对象的不同又分为：有功电能表、无功电能表、最大需量表、多费率电能表、多功能电能表、智能表。

二、电能表的型号含义

我国电能表型号的表示方法一般按下列规定编排：类别代号+组别代号+设计序号+派生号。

（1）类别代号。D——电能表。

（2）组别代号。

第一字母：D——单相；S——三相三线有功；T——三相四线有功；X——无功；B——标准；Z——最大需量；J——直流。

第二（或第三）字母：D——多功能；F——复费率；L——长寿命；M——脉冲；

S——全电子式；Y——预付费（智能表的表示费控）；Z——智能。

（3）设计序号。用阿拉伯数字表示，如 862、864、95、98、331、5、71 等

（4）派生号。有以下几种表示方法：T——湿热、干燥两用；TH——湿热带用；TA——干热带用；G——高原用；H——船用；F——化工防腐用。

例如：

DDZ 表示单相智能表；

DDZY 表示单相费控智能表；

DSSD 表示三相三线全电子式多功能电能表，如 DSSD331 型、DSSD71 型等；

DTF 表示三相四线复费率电能表，如 DTF99A 型等。

三、电能表的技术参数

1. 基本电流和额定最大电流

电能表的基本电流 I_b 指作为计算负荷基数的电流。电能表的额定最大电流 I_{max} 是指电能表能长期工作，而且满足误差要求的最大电流。例如，电能表铭牌标注为 10（40）A 电能表，即基本电流为 10A，额定最大电流为 40A。当 $I_{max} \leqslant 1.5 I_b$ 时，一般只标明 I_b 的值。对于三相电能表还应该在前面乘以相数，如 3×5（20）A。

2. 参比电压

它是确定电能表有关特性的电压值，以 U_n 表示。直接接入式三相三线电能表以相数乘以线电压表示，如 3×380V，额定线电压为 380V，直接接入式三相四线电能表则以相数乘以相电压/线电压表示，如 3×220/380V，额定线电压为 380V，额定相电压为 220V；对于单相电能表则以电压线路接线端上的电压表示。

3. 参比频率

它是确定电能表的正常工作频率值，以 Hz 为单位。

4. 电能表常数

是指电能表记录的电能和相应的转数或脉冲数之间关系的常数。有功电能表以 r（imp）/kWh 表示；无功电能表以 r（imp）/kvarh 表示。

5. 准确度等级

电能表的准确度等级数以相对误差来表示的，以圆圈中的等级数字表示，如②等；或以 "C1·0.5" "C1·1" 表示。

6. 相数、线数的标示

通常有单相有功、三相三线有功、三相四线有功、三相四线无功、三相三线无功等。

四、智能表的特点

智能电能表是指由测量单元、数据处理单元、通信单元等组成，具有电能量计量、信息存储及处理、实时监测、自动控制、信息交互等功能的电能表。其特点如下：

（1）统一规格尺寸，方便自动检表、安装和更换；

（2）减少电流的规格等级，去掉了 3、15、30A 这样的规格；

（3）单相表全为费控表，费控分负荷开关内置与外置；

（4）脉冲常数参考 $I_{\max}$，而不是参考 I_b；

（5）所有表都有电压、电流、功率、功率因数等监测参数；

（6）通信模块采用可插拔方式，不影响计量，方便升级更换，为技术改进提供了方便之路；

（7）统一的通信协议、通信接口，各厂家的掌机程序或通信软件可通用；

（8）增加了阶梯电价功能。

五、单相智能表种类

用户单相用电设备总容量不足 10kW 的可采用低压 220V 供电。单相费控智能电表有以下四种，适用于公变下用户。

（1）2 级单相本地费控电能表：DDZY****C、DDZY****S（C：CPU 卡、S：射频卡）。

（2）2 级单相本地费控电能表（载波）：DDZY****C–Z、DDZY****S–Z。

（3）2 级单相远程费控电能表：DDZY****。

（4）2 级单相远程费控电能表（载波）：DDZY****–Z。

六、智能表术语

（1）需量：规定时间内的平均功率。

（2）需量周期：测量平均功率的连续相等的时间间隔。

（3）最大需量：在规定的时间段内记录的需量的最大值。

（4）滑差时间：依次递推用来测量最大需量的小于需量周期的时间间隔。

（5）时段、费率：将一天中的 24 小时划分成的若干时间区段称之为时段（一般分为尖、峰、平、谷时段）；与电能消耗时段相对应的计算电费的价格体系称为费率。

时段和费率是相关的，一个时段内对应一个费率，最小时段间隔不应小于 15 分钟，一天的最多划分不应超过 14 个时段。

（6）介质：用于在售电系统与电能表之间以某种方法传递信息的媒体。根据使用不同，可以将介质分为固态介质和虚拟介质两类。

1）固态介质：具备合理的电气接口，具有特定的封装形式的介质，如接触式 IC 卡、非接触式 IC 卡（又称射频卡）等。

2）虚拟介质：采用非固态介质传输信息的介质，可以为电力线载波、无线电、电话或线缆等。

（7）CPU 卡：配置有存储器和逻辑控制电路及微处理（MCU）电路，能多次重复使用的接触式 IC 卡。

（8）射频卡：一种以无线方式传送数据的具有数据存储、逻辑控制和数据处理等功能的非接触式 IC 卡。

（9）ESAM 模块：嵌入在设备内，实现安全存储、数据加/解密、双向身份认证、存取权限控制、线路加密传输等安全控制功能。

（10）剩余金额：在电能表中记录的可供用户使用的电费金额，该金额应大于等于零。

（11）透支金额：用户已使用但未缴纳电费的金额值，该值小于零。

（12）报警金额：剩余金额的报警值，当剩余金额小于等于报警值时，电表给出光报警。

（13）负荷开关：用于切断和恢复用户负载的电气开断设备。

（14）低压电力线载波：将低压电力线作为数据/信息传输载体的一种通信方式。

（15）公网通信：采用无线公网信道，如 GSM/GPRS、CDMA 等实现数据传输的通信。

（16）临界电压：电能表能够启动工作的最低电压，此值为参比电压下限的 60%（对宽量程的电能表此值为参比电压下限）。

（17）失压：在三相（或单相）供电系统中，某相负荷电流大于启动电流，但电压线路的电压低于电能表参比电压的 78%，且持续时间大于 60s 时，此种工况称为失压。失压参数如下：

1）失压事件电压触发上限，$78\% U_n$；

2）失压事件电压恢复下限，$85\% U_n$；

3）失压事件电流触发下限，对应此处"启动电流"，$0.5\% I_b$；

4）失压事件判定延时时间，60s。

（18）全失压：若三相电压（单相表为单相电压）均低于电能表的临界电压，且负荷电流大于 5%额定（基本）电流的工况，称为全失压。

（19）断相：在三相供电系统中，某相出现电压低于电能表的临界电压，同时负荷电流小于启动电流的工况。

（20）失流：在三相供电系统中，三相电压大于电能表的临界电压，三相电流中任一相或两相小于启动电流，且其他相线负荷电流大于 5%额定（基本）电流的工况。

【思考与练习】

1. 智能表的定义？

2. 智能表有何特点？

3. 时段、费率的定义？

▲ 模块 2 电能表电量数抄读方法（Z34F2002Ⅰ）

【模块描述】本模块包括电能表抄表管理要求、抄表周期、抄表例日规定、抄表作业规范等内容。通过术语说明、要点归纳，掌握电能表电量抄读方法。

【模块内容】

一、抄表管理要求

（1）严格执行抄表制度。按规定的抄表周期和抄表例日准确抄录客户用电计量装置记录的数据。严禁违章抄表作业，不得估抄、漏抄、代抄。确因特殊情况不能按期抄表的，应及时采取补抄措施。

（2）对 10kV 及以上电压等级客户和采集覆盖区域内的 0.4kV 以下电压等级客户，全部采用远程自动抄表方式。

二、抄表周期执行规定

（1）抄表周期为每月一次。确需对居民客户实行双月抄表的，应考虑单、双月电量平衡并报省公司营销部批准后执行。

（2）对用电量较大的客户、临时用电客户、租赁经营客户以及交纳电费信用等级较低的客户，应根据电费回收风险程度，实行每月多次抄表，并按国家有关规定或合同约定实行预收或分次结算电费。

（3）对高压新装客户应在接电后的当月进行抄表。对在新装接电后当月抄表确有困难的其他客户，应在下一个抄表周期内完成抄表。

（4）抄表周期变更时，应履行审批手续，并事前告知相关客户。因抄表周期变更对居民阶梯电费计算等带来影响的，应按相关要求处理。

（5）对实行远程自动抄表方式的客户，应定期安排现场核抄，核抄周期由各单位根据实际需要确定。10kV 及以上客户现场核抄周期应不超过 6 个月，0.4kV 及以下客户现场核抄周期应不超过 12 个月。

三、抄表例日执行规定

（1）35kV 及以上电压等级客户抄表时间应安排在月末 24 点，其他高压客户抄表时间应安排在每月 25 日以后。

（2）对同一台区的客户、同一供电线路的专变客户、同一户号有多个计量点的客户、存在转供关系的客户，每一类客户抄表例日应安排在同一天。

（3）对每月多次抄表的客户，应"供用电合同"或"电费结算协议"有关条款约定的日期安排抄表。约定的各次抄表日期应在一个日历月内。

（4）抄表例日不得随意变更。确需变更的，应履行审批手续并告知线损相关部门。

抄表例日变更时，应事前告知相关客户。应抄表例日变更对阶梯电费计算等带来影响的，应按相关要求处理。

四、抄表作业规范

（1）抄表段设置应遵循抄表效率最高的原则，综合考虑客户类型、抄表周期、抄表例日、地理分布、便于线损管理等因素。

1）同一抄表段内的电力客户的抄表周期、抄表例日应相同。

2）抄表段一经设置，应相对固定。调整抄表段应不影响相关客户正常的电费计算。新建、调整、注销抄表段，须履行审批手续。

3）新装客户应在归档后 3 个工作日内编入抄表段，注销客户应在下一抄表计划发起前撤出抄表段。

（2）制订抄表计划应综合考虑抄表段的抄表周期、抄表例日、抄表人员、抄表工作量及抄表区域的计划停电等情况。抄表计划全部制定完成后，应检查抄表段或客户是否有遗漏。抄表员应定期轮换抄表区域，除远程自动抄表方式外，同一抄表员对同一抄表段的抄表时间最长不得超过二年。

（3）采用现场抄表方式的，抄表员应到达现场，使用抄表卡或抄表机逐户对客户端用电计量装置记录的有关用电计费数据进行抄录。现场抄表工作必须遵循电力安全生产工作的相关规定，严禁违章作业。需要到客户门内抄录的，应出示工作证件，遵守客户的出入制度。

1）抄表数据包括抄表客户信息、变更信息、新装客户档案信息等，下装准备工作，抄表机与服务器的对时工作，应在抄表前一个工作日或当日出发前完成，并确保数据完整正确。出发前，应认真检查抄表工作包内必备的抄表工器具是否完好、齐全。

2）抄表时，认真核对客户电能表箱位、表位、表号、倍率等信息，检查电能计量装置运行是否正常，封印是否完好。对新装及用电变更客户，应核对并确认用电容量、最大需量、电能表参数、互感器参数等信息，做好核对记录。

3）发现客户电量异常、违约用电、窃电嫌疑、表计故障、有信息（卡）无表、有表无信息（卡）等异常情况，做好现场记录，提出异常报告并及时上报处理。

4）采用抄表机红外抄表方式的，应在现场完成电能表显示数据与红外抄见数的核对工作。当红外抄见数据与现场不符时，以现场抄见数为准。

5）抄表计划不得擅自变更。因特殊情况不能按抄表例日对高压客户抄表的，应事先告知客户。

6）因客户原因未能如期抄表时，应通知客户待期补抄并按合同约定或有关规定计收电费。抄表员应设法在下一抄表日到来前完成补抄。

7）抄表后应于当日完成抄表数据的上装，上装前应确认该抄表段所有客户的抄表数据均已录入。因特殊情况当日不能完成上装的，须履行审批手续并于次日完成。

8）对新装客户应做好抄表例日、电价政策、缴费方式、缴费期限及欠费停电等相关规定的提示告知工作。

9）抄表机应由专人负责管理。发放（返还）抄表机时应记录抄表机编码、发放人、领用（返还）人、领用（返还）时间等信息，办理领用（返还）手续。抄表机发生故障应及时报修，并记录故障信息及修理结果。抄表机损坏无法修复按规定办理报废手续。

（4）采用远程自动抄表方式的，应将原抄表流程中抄表计划制订、抄表数据准备、远程抄表等环节优化为系统自动实现。

1）远程抄表前，应监控远程自动抄表流程状况、数据获取情况，对远程自动抄表失败、抄表数据异常的，应立即进行消缺处理。

2）在采用远程自动抄表方式后的三个抄表周期内，应每个周期进行现场核对抄表。发现数据异常，立即处理。

3）正常运行后，对连续三个抄表周期出现抄表数据为零的客户，应抽取一定比例进行现场核实，其中，10kV 及以上客户应全部进行现场核实，0.4kV 非居民客户应抽取不少于 80% 的客户，居民客户应抽取不少于 20% 的客户。

4）当抄表例日无法正确抄录数据时，应在抄表当日进行现场补抄，并立即进行消缺处理。

（5）对远程自动抄表异常客户现场核抄时，如现场抄见读数与远程获取读数不一致，以现场抄见读数为准。

（6）抄表数据应及时进行复核。发现电量突变或分时段数据不平衡等异常情况，应立即进行现场核实，缺有异常时，应提出异常报告并及时处理。

【思考与练习】

1. 简述电能表抄读的管理要求。

2. 简述电能表现场抄表工作流程。

3. 抄表例日执行有哪些规定？

◢ 模块 3 经互感器接入电能计量装置的抄读（Z34F2003Ⅰ）

【模块描述】本模块包括抄表前准备、抄表器初次使用的操作方法、抄表数据的初始化、抄表人员标准要求、抄表工作危险点分析、抄表工作的安全措施、抄表、抄表异常情况标记的处理、抄表器上装、完工总结等内容。通过术语说明、流程介绍、计算举例、要点归纳，掌握经互感器接入电能计量装置的抄读。

【模块内容】带互感器的电能表抄读与一般客户的电能表的抄读流程基本是一样的，但是这类客户一般用电量比较大。电能表通常采用计量用互感器，接线比较复杂，在抄表过程中要密切注意客户互感器的使用情况，注意电能表铭牌所注互感器变比与实际使用的互感器实际变比是否一致，电能表运转情况是否有变化，客户用电量有无突然的变化。对该类电力客户抄表的抄表人员必须会正确计算客户计量装置的倍率，正确计算客户的实际用电量。能正确分析简单的电能表错误接线，并能计算错误电量情况下电能计量装置的更正系数。

一、抄表前准备

1. 基础资料的准备

依据抄表工作的要求，准备好工作证件、抄表册、抄表卡、抄表器、《电费缴费通知单》、《抄表联系单》、《计量装置故障处理单》等。

2. 工器具的准备

抄表工作是电力营销的基础性工作，抄录的信息必须是真实有效的，在抄表过程中应预先对本次抄表区域的工作情况有预想，为保证抄表工作的顺利进行，一般应准备笔记本、碳素笔、手电筒、计算器、户务资料、磁卡（IC）、低压验电笔、抄表仪器、个人工具、梯子等工器具，以备工作需要。

3. 倍率计算

负荷比较大的电力客户，需用高电压、大电流供电，对这类电力客户的电能计量需通过安装计量用互感器接入电路。所以抄表员从电能表计度器窗上读得的示数，应乘以电流互感器的变比才是负载消耗的电量，这一点在抄读电量时必须注意。

（1）只接用电流互感器。对计量大电流的电能表，不是直接与电源相连的，而是通过电流互感器连接的，它将电流缩小了若干倍。这种电能表本月抄得的读数与上月所抄的读数相减后的差数，还须乘以电流互感器的变比，才是客户当月的实用电量。例如，一只 5A 的单相电能表，配用电流互感器为 50/5A，本月和上月所抄得的电能表读数相减后的差额为 30，其实际用电量的计算应为

$$W = k_L \Delta A = k_L (A_2 - A_1) = 50/5 \times 30 = 300 \, (\text{kWh}) \qquad (7-3-1)$$

式中　W ——计费期内客户实际用电量；

　　ΔA ——电能表抄表期内数值；

　　A_1 ——电能表抄表上次示数；

　　A_2 ——电能表抄表本次示数；

　　k_L ——电能表所连用的电流互感器的变比。

（2）接用电压、电流互感器。当高压客户采用高供高计时，电能表可采用电压互

感器和电流互感器联合接线的方式进行计量；三相电能表倍率的计算为电压互感器变比和电流互感器变比乘积。

【例 7–3–1】 某 10kV 高压供电电力客户，采用高供高计方式，装有 $\frac{50}{5}$A 的电流互感器，$\frac{10\,000}{100}$V 的电压互感器，其电能表的倍率为多少？

解： 电压比 $k_V = \dfrac{10\,000}{100} = 100$

电流比 $k_L = \dfrac{50}{5} = 10$

电能表倍率 $B = k_L k_V = 10 \times 100 = 1000$

（3）抄见电量的计算。抄表员在抄读接用计量用互感器的电能表的时候，其抄录的仅是电能表的示数，其电量数要进行计算后才是客户的电量数。

$$W = (A_2 - A_1)B \quad (A_2 > A_1) \tag{7-3-2}$$

式中　A_1——上月电能表示数；

A_2——本月电能表示数；

B——电能表的实用倍率。

【例 7–3–2】 某电力客户采用一只 3×5A、3×100V 三相三线电能表，经 200/5A 的电流互感器和 10 000/100V 的电压互感器高压侧计量。上月抄得示数 100，现抄得的示数为 300，该客户本月用电量是多少？

解：
$$B = k_L k_V = \frac{200}{5} \times \frac{10\,000}{100} = 4000$$

$$W = (A_2 - A_1)B = (300 - 100) \times 4000 = 800\,000(\text{kWh})$$

答：本月客户用 800 000kWh。

二、抄表管理要求和工作规范

抄表管理要求和工作规范见本章模块 2 电能表电量数抄读方法（Z34F2002Ⅰ）。

【思考与练习】

1. 抄表前应做好哪些准备工作？

2. 简述互感器的作用。

3. 某 10kV 高压供电电力客户，采用高供高计方式，装有 $\frac{75}{5}$A 的电流互感器、$\frac{10\,000}{100}$V 的电压互感器，其电能表的倍率为多少？

模块 4 照明抄表卡、电费通知单的填写（Z34F2004 I）

【模块描述】本模块包括照明抄表卡、电费通知单等内容。通过术语说明、要点归纳，掌握照明抄表卡和电费通知单的填写。

【模块内容】

一、照明抄表卡

1. 抄表卡的作用

抄表卡片是活页式的，便于增加或移动，专门记录各类客户从装表接电开始的各项内容，包括：登记号、登记术语、接电时间、电能表内容（制造厂、容量、表号、表示数、表本身倍率、附有互感器的实用倍率）、装接容量、用电地址、客户名称及每月使用电量的记录等。对"以卡代账"的客户还有电费款额的记载。对建账的客户，它还是每月核算电费的原始凭证。

抄表卡片制成以后（包括使用期满重新更换的新卡片），所有内容的变动，必须以用电登记书为依据方可变动，无论任何个人都无权口头通知改变抄表卡片的任何内容。因此，抄表工与抄表整理人员必须对抄表卡片认真填写，注意保管，按规定的抄表例日发放、回收审核、传递与保管。

2. 抄表卡的制作

虽然各单位制作的抄表卡的形式有所区别，但是抄表卡片登记的各项内容是基本一致的，主要包括：户名（应和银行所立户名一致）、客户地址、电费账号、电价、抄见示数、有功电能表（本公司编号、制造厂、表号、电压、电流、装换日期、表位信息等）信息。

在制作电费（抄表）卡片时，不但要注意内容齐全，而且要排列紧凑、整齐、美观。对于电能表栏要注意多留几行空格，以备更改数据；对于抄算栏一般以 12 行用于抄算 12 个月由下至上排列为佳；卡片可正、反两面铅封，即一年用一面，印时正、反两面最好反向，以便抄表员使用方便；卡片大小要便于抄表员携带，并采用活页方式装订成册。

3. 抄表卡的填写要求

现场抄表为防止人为造成不必要的差错，书写字迹一定要端正清晰，上岗抄表工作人员必要时可作短期书法培训和数字大、小写规范练习，目的主要是为了减少差错发生。不得在账卡上随意涂改更正，写错须按财务规定红笔在原数据上划双线，再用黑蓝墨水笔书写更正，高标准、严要求，主要是为确保电费基础资料的完整与正确性，提高抄计工作质量。

二、电费通知单

1. 电费通知单的作用

电费通知单是供电企业保证电费及时回收的一种催缴电费手段，该通知单首先告知用电客户应缴电费的数量、期限、缴费渠道、缴费手段等。另外，通知单也提醒用电客户逾期缴纳电费的后果和应负的责任。

月份电量电费通知单，用于除托收结算以外的各类客户（包括居民客户、农村直供客户和部分单位客户）每月电能表的指示读数，使用电量和应交电费额，同时注明收费日期，对指定地址送费的客户应注明送费日期与地址。

2. 电费通知单打印

电费通知单是通知客户应交电费的书面凭证，主要是须交电费的金额和日期，内容涉及客户用电情况的基本信息，在某一册已经发行电费后，就可以打印该册中的电费通知单，并作为催费的书面依据。

【思考与练习】

1. 抄表卡有何作用？

2. 抄表卡填写有何要求？

3. 电费通知单有何作用？

▲ 模块5 动力抄表卡的填写（Z34F2006Ⅱ）

【模块描述】本模块包括动力抄表卡、抄表卡的内容和动力抄表卡的管理等内容。通过术语说明、要点归纳，掌握动力抄表卡的填写。

【模块内容】

一、动力抄表卡

动力抄表卡可用于各类电力客户。因现行电价制度不同，既有单一电价，又有两部制电价，还有功率因数调整电费峰谷电价，电力抄表卡也需要加以改进，首先按受电电压划分为低压电力抄表卡与高压电力抄表卡，而低压电力抄表卡又应分为执行与不执行功率因数调整电费两种。执行峰谷电价的应分别计算峰、谷、平段电量。

二、动力抄表卡的内容

1. 抄表卡的分类

抄表卡是根据客户电价分类而设置的，大致分为居民用电抄表卡，非居民用电抄表卡，大工业、普通工业用电抄表卡，峰谷分时计量用电抄表卡等，并以不同的颜色以示区别。

2. 抄表卡的内容

虽然各单位制作的抄表卡的形式有所区别，但是抄表卡登记的各项内容是基本一致的，主要包括户名（应和银行所立户名一致）、客户地址、电费账号、变压器容量和型号（高耗或低损）、用电性质（类别）、有功电能表（本局编号、制造厂、表号、电压、电流、峰平谷指示数、总指标数、最大需量指示数）、无功电能表（本局编号、制造厂、表号、电压、电流、峰平谷指示数、总指标数、最大需量指示数）、互感器（电压互感器和电流互感器的本公司编号、制造厂号、变比）、倍率、执行功率因数标准、用电类别、电价等。

三、动力抄表卡的填写要求

动力抄表卡可根据需要由各单位的电力营销技术支持系统（MIS）生成和打印，打印过程可选择整册打印或者单户打印，然后由抄表员领取使用。

（1）各类抄表卡的格式，内容由省级电力公司统一制定，实施规范化、标准化，各市、县局不得自行改动或取消。

（2）抄表卡是供电部门每月向客户抄录用电示度、计算电费、开具单据等的重要基础资料，填写各项数据时，必须做到字迹清晰，不任意涂改，内容正确，记录齐全。抄表卡的填写，须用蓝黑墨水或用黑色圆珠笔。

（3）抄表卡的年月日必须填写清楚，不得随意省略，以便于今后存档保管。

（4）客户的户名、地址须按全称填写，段户号和计算机编号不能写错。如有变动按业务工作单正确更改，不得随意涂画。

（5）对电费结算涉及的原始参数，例如供电电压、容量、需求量、限额、电流和电压互感器倍率、变压器铜铁损耗、计量方式、功率因数考核标准值、电价、灯力表关系和照明定比定量数据等，若有变动，必须按营业工作传票逐项处理并签章以示负责。

（6）电能计量的各种表计和互感器装换日期、产权、安培数、型号、产地、局编号等均应写清楚，不可空缺。如遇换表则应在该栏目的下一行中填写更换新的内容，并应把原先填写的内容用红笔划双横线表示原表已拆除。

（7）计费电能表的示度数必须按位数全部填写，前面有"0"也不能简化少写，例如0018.8不应写成18.8，以防计费差错。

（8）结算电费发生差错需要更正时，不得在账卡上随意涂改，涉及电能示度、电量和金额时，须用红墨水笔在原数据上划双线，用蓝黑墨水在原始数据上方填写正确的数据，加盖经办人私章，以示账卡使用的严肃性。

（9）大工业客户容量变更时，内勤经办人员应及时在抄表卡记事栏内注清变动容量、时间、传票编号等，以确保当月基本电费计算的准确无误。

（10）暂停用电的期限严格按规定办理，关系到基本电费的征收，抄表卡要注明，不要多收或少收。

【思考与练习】

1. 抄表卡的分类有哪些？

2. 动力抄表卡填写有何要求？

3. 简述动力抄表卡的内容。

▲ 模块6 信息采集装置表计抄读（Z34F2007Ⅲ）

【模块描述】本模块包括电力负荷控制相关知识、利用电力负荷控制系统抄读客户用电量、电力负荷控制表计手工抄读的注意事项等内容。通过术语说明、流程介绍、截图示意、要点归纳，掌握利用电力负荷控制系统抄读客户用电量的方法。

【模块内容】

一、电力负荷控制相关知识

1. 基本概念

电力负荷管理系统是以计算机应用技术、现代通信技术、电力自动控制技术为基础的信息采集、处理和实施监测系统。由有系统主站、客户端负荷管理终端，以及主站和终端间的数据通信信道组成。电力负荷管理系统是电力营销技术支持系统的组成部分，是采集客户端实时用电信息的基础平台。电力负荷管理系统可以支持多种信道，如无线、有线、微波、光缆、电话拨号等。无线专用通信是该系统的主要通信手段，其他方式作为无线专用通信覆盖盲点的补充，或者作为主站和中继站之间的通道。

电力负荷控制系统抄表是利用安装在客户端的负荷管理终端读取电能计量表计中的数据，通过负控系统的无线电通道将数据传送到负控主台，并直接传送到营销管理系统供电费结算、发行使用。

2. 建立电力负荷控制管理系统的意义

电力负荷控制管理系统的建立无论是在缺电情况下的技术限电还是对用电负荷的经济管理，都是十分有效的技术手段，也是移峰填谷的先进手段，同时与电力营销技术支持系统的有效结合，可以方便地进行远程负控抄表。电力负荷控制管理系统与配电调度自动化系统相结合，促进了电网管理向现代化方向发展，提高了电力调度自动化、办公自动化和电力营销管理现代化的实用水平。

3. 远程负荷控制系统抄表的特点

（1）远程负荷控制系统抄表（简称远程负控抄表）真正实现了对客户负荷实时、在线的监控。

（2）减少人员现场抄表的工作量。提高工作效率和工作质量。

（3）及时发现计量装置发生的故障。减少与客户的计量纠纷。

二、利用电力负荷控制系统抄读客户用电量

1. 远程抄表的具体要求

（1）所有安装负荷管理终端的客户都应实现远程抄表，实现远程抄表的客户不再人工到现场进行抄表（终端故障除外），抄表内容和时间应满足电费结算（发行）的需要。

（2）负荷管理系统远程抄表是对电能计量表数据的远程传输，其数据应作为电量计费的数据源。传输的数据应与电能计量表数据一致。如发现传输数据与电能计量表数据不一致，则以电能计量表显示数据为准。

（3）如客户分表不是电子表，应安排计划逐步更换为电子式分表，以满足远程负控抄表的要求。对分表不具备远程抄表条件或暂未完成电子表更换的客户，月度计费可采用定比定量或由供电公司与客户协商解决，但分表电量应定期核查并按实际计量结算。

（4）负控抄表应做到安装一户使用一户的原则，终端安装后，经远程抄核无误，即可进行远程抄表。根据《国网公司营业抄核收工作管理规定》实行远程抄表 3 个月内至少校核一次。

（5）建立远程负控抄表数据库，抄表数据存入远程抄表数据库或中间数据库，电费部门通过营销系统调用远程抄表数据，直接用于电费结算。

（6）终端应根据远程抄表具体需要执行相应通信规约。终端能按设置的月抄表日自动抄表，并将数据存储，等待主站召测上报。

（7）电费核算员对抄表客户的信息，包括户名、地址、表计编号、报装容量、电流互感器、电压互感器、变比和乘率、电价标准、行业分类、计量方式、停启用日期、变压器损耗、计费容量、表计的串并接方式，力调标准、定比定扣、抄表数据进行核对，如对负控传输的数据有疑问，应填写工作传票，交电费班（组）长，安排抄表人员现场核对。现场核算工作必须在一个工作日内完成。

（8）负控抄表数据（有关电表日期、时间、电压、电量等）可通过负荷管理网站进行查询，为相关部门人员提供信息资源。

（9）各单位负荷管理中心应制定相应的远程抄表维护管理办法、运行管理制度、相应的故障处理流程，并严格执行。

（10）维护检修人员在接到远程抄表装置发生异常的通知后，应及时到现场查明原因，如为计量表计故障，应通知计量部门处理，并将处理记录归档备查。

（11）在用电管理系统中运用负控抄表—负控数据上装实现抄表。负控、集抄抄表数据上装界面如图 7-6-1 所示。

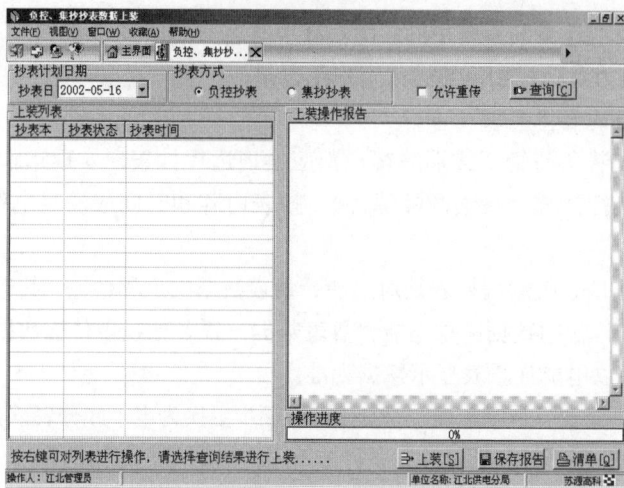

图 7-6-1 负控、集抄抄表数据上装界面

2. 远程负控抄表的步骤

（1）远程抄表。负控中心每月按时巡测并召测终端电能表数据，将抄表数据存入负控系统数据库，对抄回的数据进行初步的分析、甄别。甄别内容包括电能表局编号、冻结时间、冻结数据、客户户号、电源号、营业号等。

（2）分析上传。负控中心对经过上述分析、甄别后的电费类数据，与负控抄表当日传至电费中间库供使用。同时负控中心应在负控抄表当日将人工补测数据和自动补测数据经分析、甄别后传至电费中间库。

（3）数据上装。在用电管理系统中"负控、集抄抄表数据上装"模块将中间库中的数据上传实现电费结算，从而完成负荷控制表计抄读。

三、集中器、采集器简介

1. 集中器

集中器是指收集各采集终端或电能表的数据，并进行处理储存，同时能和主站或手持设备进行数据交换的设备，以下简称为集中器。集中器为集抄系统的核心设备。集中器和采集器统称采集终端或集抄终端。安装在公变计量箱内或公变箱体内，具备下行通信信道电力线载波方式，上行通道信道支持 GPRS 无线公网，同时具备交采功能，采集公变计量考核点电量信息。

集中器与采集器之间的本地通信采用低压电力线载波方式。采集设备应具备必要的抗干扰能力，以确保在不同环境下的正常通信。

集中器和采集器应具备自动中继和组网的能力。

集中器按功能分为集中器Ⅰ型和集中器Ⅱ型两种型式。

集中器 I 型外观示意图如图 7-6-2 所示。

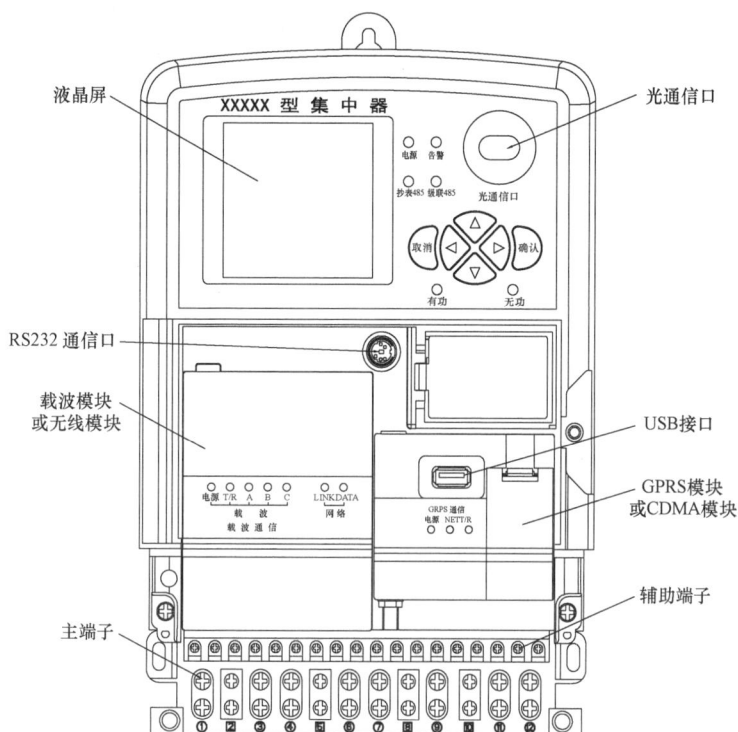

图 7-6-2　集中器 I 型外观示意图

集中器 I 型外形实物图如图 7-6-3 所示。

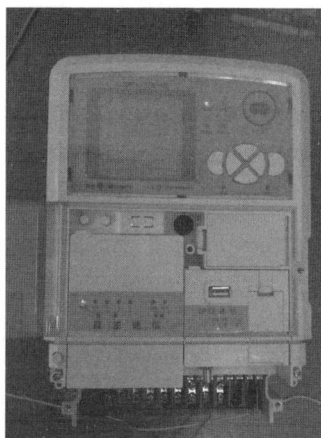

图 7-6-3　集中器 I 型外形实物图

2. 采集器

采集器是用于采集多个电能表电能信息，并可与集中器交换数据的设备，以下简称为采集器。采集器依据功能可分为基本型采集器和简易型采集器。基本型采集器抄收和暂存电能表数据，并根据集中器的命令将储存的数据上传给集中器。简易型采集器直接转发低压集中器与电能表间的命令和数据。下行通信信道支持 RS485 方式满足采集 12 只电能表负载能力，上行通信信道支持电力线载波通信方式。

采集器用于采集多个或单个电能表的电能信息，并可与集中器交换数据的设备。

采集器按外型结构和 I/O 配置分为 I 型、II 型两种型式，II 型采集器外观示意图如图 7-6-4 所示。

II 型采集器外形实物图如图 7-6-5 所示。

图 7-6-4 II 型采集器外观示意图

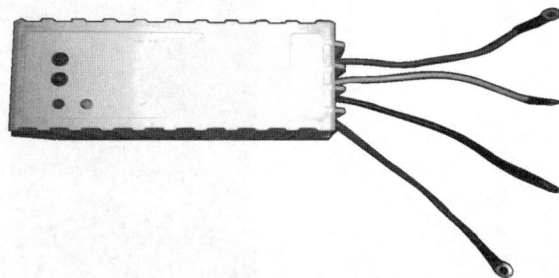

图 7-6-5 II 型采集器外形实物图

【思考与练习】

1. 建立电力负荷控制管理系统的意义是什么？

2. 远程负荷控制系统抄表的特点有哪些？

3. 简述采集器和集中器的作用。

第八章

电量异常处理

◢ 模块 1　电能表电量异常现象（Z34F3001Ⅰ）

【模块描述】本模块包括感应式电能表和电子式电能表的电量异常现象。通过概念描述、要点归纳，掌握电能表电量异常现象种类。

【模块内容】电能表真实地记载了客户使用电能的数量，在正常情况下，客户使用电能均有一定的规律性。用电营业部门在实际工作中，如发现客户的用电量发生不规则波动时，应引起高度重视。对于电力客户电量异常波动标准，目前国家电网尚无明确的规定，一般可根据各供电公司客户实际特点确定，通常供电企业把客户电量变化超过 30%视为异常突变。

抄表工作人员在抄表过程中，应及时核对客户的电量情况，当发现客户电量异常时，应仔细检查客户电能计量装置的安装情况，检查核对抄录的电能表数据是否正确。在确认全部正常后，再根据抄录的电量变化情况，确认变化的原因。现将电能表可能造成电量异常的现象表述如下。

一、感应式电能表的电量异常现象

（1）电能表潜动。电能表潜动是指电能表负荷为零时电能表仍然记录电量的现象。电能表潜动的原因有很多，但主要是负载的补偿力矩过大或电磁元件不对称引起的。

（2）电能表卡盘卡字、电压线圈断、电压互感器二次侧熔断器断开等。上述故障主要为电能表内部元件损坏，与电能表生产质量，电能表的检修、校验质量等有关。电压线圈损坏或断线造成电压元件不通，会造成单相表不走，三相表走得慢，少计电量。电流线圈短路或断线时，前者使表走得快慢不均，后者使表不走。

（3）电能表字轮跳字。电能表跳字是计度器故障产生的，在现场可发现。计度器"鼓轮"进位卡字，一般在字数"9"进位时发生较多；计度器鼓轮跳字，可轻拍外壳，观察字轮跳动及数字变动情况。

（4）电能表异常响声。电能表在运行中产生音响主要原因：一是感应式电能表的圆盘的机械振动；二是感应式电能表电磁元件本身的响声。

（5）电能表反向计量。电能表反转或出现反向电量时，应认真分析。一是电流方向的改变，从而引起电能表反向计量；二是电能表出现接线错误，此时应认真检查电能表接线，找出电能表错误接线的原因并加以改正；三是采用 3 只单相电能表代替三相四线电能表，例如计量 380V 电焊机负荷时，在电焊机空载且电力负荷不大时有一只表会反转；四是无功电能表反转，主要是电力客户过补偿出现进相运行、相序不正确或者是接线错误等；五是电力客户采取窃电措施。

（6）电能表不计量。电能表不计量的主要原因有以下几方面：一是电能表内部出现故障，如圆盘变形出现卡盘、计度器齿轮卡住等；二是电能表出现接线错误；三是电能表本身烧坏；四是电能表失压或失流；五是电力客户采取窃电措施。

（7）电能表少计电量。电能表少计电量时，必须认真分析，找出根本原因，并进行电量的追补。其主要原因有：一是电能表摩擦力矩过大或永久磁铁间隙有杂物而造成明显变慢，此时应加强电能表的定期轮换和定期检定，并确保电能表检修和检定的质量；二是某相电压回路（包括电能表电压元件及电压互感器回路）断线、开路、局部短路、二次回路接触不良；三是某相电流回路（包括电能表电流元件及电流互感器回路）短路、匝间短路、开路或烧坏；四是某相电流互感器一次绕组匝间短路；五是电压互感器高压熔丝某一相熔断；六是电能计量装置本身接线错误；七是电力客户采取窃电措施。以上故障必须定期进行电量核对，定期进行现场电能表检定及互感器检验，并判断是否有错误接线，才能发现故障并及时处理。

（8）电能表多计电量。电能表多计电量时，应对电能计量装置的质量及接线进行具体分析，找出具体原因，并把多收的电量电费退还给电力客户。其主要原因有：一是电能表本身质量出现问题，例如电能表制动退磁时，可造成电能表明显加快；二是电能计量装置接线错误。

（9）计量倍率错误。电能表计量倍率错误的原因主要有以下几方面：一是计度器齿轮比错误，通常在安装电能表之前，经过室内误差检定后必须校核常数；二是互感器实际变比与电能表铭牌不符或安装错误，因此，在安装电能表之前，必须仔细核对倍率；三是倍率计算错误，必须按规定的公式计算倍率，并加强审核。

二、电子式电能表的电量异常现象

1. 电能表死机

电能表死机一般指电能表通电后没有任何反应，其主要原因如下。

（1）电流电压取样线虚焊或断开。

（2）电压分压电阻断裂。

（3）脉冲线碰到强电而损坏光耦。

（4）PCB 板上元件虚焊。

（5）电能表元件烧毁。

2. 电子式电能表字轮卡字

电能表的灯闪，但计度器不走，主要原因如下。

（1）倒拨卡字。电子表一般采用脉冲计度器，而计度器和步进电动机之间采用齿轮啮合方式，所以禁止快速拨动转轮。但由于计度器不能倒转，当校验走字过头后往往不得不倒拨，一般只允许拨最后一位齿轮（不允许拨任何鼓轮），否则容易出现卡字现象。

（2）计度器的生产、设计有问题。

（3）长期运行中老化或电能表密封不严，致使灰尘过多等。

3. 电子式电能表无脉冲

电能表计度器正常，但无脉冲输出，可能原因有：

（1）脉冲线脱焊、断线。

（2）脉冲线碰到强电引起三极管损坏及 PCB 板线路烧断。

4. 电子式电能表计度器字轮不进字

电子式电能表计度器字轮不进字的主要原因有：

（1）PCB 板虚焊、连焊造成所需供电电流偏大。

（2）降压电容的质量问题，造成容量减少而提供不出足够电流。

（3）过电压致使降压电容击穿，造成容量减少而提供足够电流。

5. 电子式电能表误差大幅度超差

电能表过快或过慢，可能有以下几个原因：

（1）锰铜连接片之间的焊接发生变化，导致电流采样值偏离，一般属于人为错误。

（2）电压调整回路的焊接出现虚焊、短路。

（3）电子元件的晶振损坏，出现时序混乱。

【思考与练习】

1. 常见的电子式电能表电量异常现象有哪些？

2. 电子式电能表计度器字轮不进字的原因有哪些？

3. 电子式电能表误差超差的原因有哪些？

◢ 模块 2　电量异常分析处理（Z34F3002Ⅱ）

【模块描述】本模块包括客户电量数据异常的原因分析、计量装置异常的分析处理、发现用电异常情况的处理、退补电量计算等内容。通过原因分析、要点归纳、公式解析、计算举例，掌握电量异常分析和处理方法。

【模块内容】

一、客户电量数据异常现象的原因分析

对于电力客户抄见电量数据突变可能发生在以下几个方面：

1. 正常突变

客户用电量的大小，在一定程度上能反映客户的发展状况。当发现该类客户的用电量剧变时，首先应设法询问、了解客户的实际生产、经营状况，查阅客户的值班记录等，从正面分析客户电量变化的原因。

2. 电能计量装置运行异常

客户的电能计量装置遭受人为的变动；计量电能表、互感器烧毁，出现卡字、跳字等异常迹象，计量回路压变熔丝熔断或计量二次回路故障等。

3. 电力部门营业工作差错

对本抄表周期内存在计量装置变更记录的客户，应设法检查计量接线是否正确及计量装置的倍率是否与电费档案记录相符等。对无法直观确认的，应通知电能计量管理部门的专业人员，对客户计量装置进行现场校验。

4. 工作传票未及时到位

客户现场的电能计量装置已更新，而抄表基本档案中未记载更新记录，造成"误抄"电能计量表计，或"误乘"倍率。

5. 非生产型客户的数据突变

抄表人员在发现客户电量异变时，应重点了解客户用电设施的变动及是否存在转供用电现象等。

6. 居民客户的数据突变

对居民客户应设法了解客户的实际居住环境、居住人员、人员结构的变动情况，进行综合分析。对于集中式装表的居民客户，批量换表后，表后线接线错误（张冠李戴），也是造成客户电量异常的原因之一。

7. 安装无功电能表客户的数据突变

外部原因造成电能表的逆相序运行、功率因素补偿装置故障或不合理的使用，最终都将会使客户的无功电量异常。

现场抄表人员在查找客户电量突变原因时，如果发现客户有生产经营状况恶化、搬迁倒闭、资产转移等迹象时，应及时与电费回收部门联系，使其能迅速介入，确保电费的回收。

二、计量装置异常的分析处理

计量装置的正常运行，是保证正确结算电费的基础。抄表人员在抄表的同时，一定要检查计量装置的运行情况。计量装置的正常运行，应包括计量设备（含电能表、互感器、专用接线盒、二次回路及其他相关设备）运行无异常、接线方式正确无误、全部计量封印完好无损等内容。

（一）电能计量装置异常的处理方法

（1）当抄表人员在现场抄表时发现电能计量装置故障时，应根据企业内部权限设置进行分类处理。

1）对属于自己处理权限范围的故障，应保持计量装置原有状态，做好相关记录，并通知客户代表到现场核准状况，商定电量退补方案等。只有待双方意见达成一致，客户代表在《电能计量故障记录单》上签章后，方可对故障设备进行处理。

2）对不属于自己处理权限的故障，在保持计量装置原有状态，通知客户代表到现场的同时，应设法通知权限部门的工作人员到现场处理故障及商定电量退补方案等。当无法及时通知权限部门的工作人员到现场时，应对现场状况做好详细记录，请客户代表或现场其他旁证人员签章后，保持计量装置原有状态，在事后将故障记录单移送权限部门进行处理。

（2）抄表人员在抄表时发现计量接线有误，或怀疑电能表运行异常（非正常原因造成客户电量突变）时，应先按正常程序完成抄表工作，然后以书面的形式，与电能计量专业部门联系，请他们在规定的时间内完成对客户电能计量装置的现场校验工作。为不影响电费流程的正常进行，电费管理部门应考虑先按异常电量计收电费，然后再根据计量部门的鉴定结论（意见），参照《供电营业规则》第七十九条、第八十条的相关规定，对客户进行电量电费的退补。

（3）抄表人员在现场抄表时，发现计量装置封印不全，应根据现场情况、电量记录及封印损坏可能对计量装置正常运行的影响程度等分别进行处理。

1）对一般性部位（如计量箱柜门等）计量封印被启动，并无电量波动异常的情况时，可根据《供电营业规则》第一百条第五款私自迁移、更动和擅自操作供电企业的用电计量装置、电力负荷管理装置、供电设置，以及约定由供电企业调度的客户设备者，属于居民客户的，应承担每次 500 元的违约使用电费；属于其他客户的应承担每次 5000 元的违约使用电费。

2）对有明显窃电迹象或重要部位（如接线盒、计量回路电压压片、需量表需量复位按钮盖板等）的封印不全时，除根据上述规定进行处罚外，还应以窃电行为论处，并根据《供电营业规则》的相关规定进行处罚。

（二）客户对计量装置运行有异议的处理方法

抄表人员在现场工作过程中，如遇客户反映对运行的电能计量装置的准确性表示怀疑时，抄表人员在完成正常抄表工作的同时，应认真做好相关政策的宣传解释工作。包括《供电营业规则》第七十九条规定"……客户认为供电企业装设的计量电能表不准时，有权向供电企业提出校验申请，在用户交付验表费后，供电企业应在七天内校验，并将校验结果通知客户。如计费电能表的误差在允许范围内，验表费不退；如计费电能表的误差超出允许范围时，除退还验表费外，并应按规则第八十条规定退补电费。客户对检验结果有异议时，可向供电企业上级计量检定机构申请检定。客户在申请验表期间，其电费仍应按期缴纳，验表结果确认后，再行退补电费。"

《供电营业规则》第八十条规定"由于计费计量的互感器、电能表的误差及其连接线电压降超出允许范围或其他非人为原因致使计量记录不准时，供电企业应按下列规定退补相应电量的电费。

（1）互感器或电能表误差超出允许范围时，以"0"误差为基准，按验证后的误差值退补电量。退补时间从上次校验或换装后之日起至误差更正之日止的二分之一时间计算。

（2）连接线的电压降超出允许范围时，以允许电压降为基准，按验证后实际值与允许值之差补收电量。补收时间从连接线投入或负荷增加之日起至电压降更正之日止。

（3）其他非人为原因致使计量记录不准时，以客户正常月份的用电量为基准，退补电量，退补时间按抄表记录确定。

退补期间，客户先按抄见电量如期缴纳电费，误差确定后，再行退补。"

（三）采用瓦秒法分析现场电能表的误差

（1）测量电能表计量的功率。用秒表（用手表秒针亦可）测量电能表的转速或脉冲输出的速度。为了减小测量的误差，测量时圈数或脉冲数要多数一些，一般大于 5 次。

$$P' = \frac{3600 \times 1000n}{ct} \qquad (8-2-1)$$

式中　c——电能表常数，r/kWh；

　　t——测量的时间，s；

　　n——测量的圈数或脉冲数，个。

　P'——电能表计量的有功功率，W。

（2）计算电能表的误差

$$r = \frac{P' - P}{P} \times 100\% \qquad (8-2-2)$$

式中　r——电能表误差，%；

　　P——通过电能表的实际有功功率，W。

（3）根据表计的精度，判断电能表误差是否合格。

三、发现用电异常情况的处理

1. 窃电及违约用电行为

窃电及违约用电行为,不但直接使供电企业蒙受经济损失,而且严重地破坏了正常的供用电秩序。抄表人员在现场抄表过程中,如发现客户存在窃电或违约用电时,应坚决予以查处。考虑处理窃电及违约用电的程序性要求较高,事实界定又有一定的难度,一般抄表人员如在工作中发现客户有窃电及违约用电的事实时,应首先考虑保护现场,抄表员现场不得自行处理,不要惊动客户,应保护现场,及时与公司用电检查人员或班组联系,等公司有关人员到达现场取证后,方可离开。现场抄表,发现封印脱落、表位移动、高价低接、用电性质变化等违约用电现象时,应在抄表微机中键入异常代码,抄表员现场不得自行处理,且不惊动客户,应及时与用电检查人员联系或回公司后填写《违约用电工作传票》交相关班组或人员处理。

2. 表号不符

现场抄表,发现表号不符时,应核对是否为供电公司的电能表,如果客户私自换表,应立即通知公司派员到现场进行处理;若是供电公司的电能表,应在抄表微机中键入异常代码,录入电能表的示数,并做好表号等记录,回公司后填写工作传票,交相关班组处理。

3. 失表

现场抄表,发现失表时,应在抄表微机中键入异常代码,录入上一个抄表周期的电量,并做好相应的记录,回公司后填写工作传票,交相关班组处理。

4. 客户私自移动计费电能表

抄表时发现客户表计(即电能表)移位后,先向客户查询是否办理有关手续,并做好记录。抄表员回公司后,应核对客户移表有关手续。如是私自移表,应填写工作传票,交相关班组处理。

5. 客户故意阻碍抄表工作

客户有堆放物品、占用表位、阻塞抄表路径等影响正常抄表工作的行为,应立即向客户指出,并要求其立即进行整改,恢复原样。如客户拒不整改,应及时向公司反映,由公司派专人进行处理。

四、退补电量计算

(一)高压电能表停电校验少计电量计算

$$少计量电量=\frac{3600nT}{tN}\times乘率 \tag{8-2-3}$$

式中 n ——测试电能表的转速,r/kWh;

N ——被校电能表的每 kWh 转数,r/kWh;

T——短路 TA 的总时间，h；

t——被测电能表 n 转时的秒数，s。

（二）电流互感器差错时电量退补计算

1. 穿错匝数

$$\Delta W = W_{\mathrm{x}}\left(\frac{n}{n_1}-1\right) \tag{8-2-4}$$

式中　ΔW——退补电量，kWh；

　　　W_{x}——抄见电量，kWh；

　　　n——正确穿心匝数；

　　　n_1——错穿的匝数。

计算结果为正值，应为补电量；为负值，应为退电量。

【例 8-2-1】一组穿心式电流互感器的变比为 75/5，本应穿心 2 匝，错穿成了 3 匝，抄表电量为 1000kWh。试计算应退补电量是多少？

解：应退补电量

$$\Delta W = W_{\mathrm{x}}\left(\frac{n}{n_1}-1\right)=1000\times\left(\frac{2}{3}-1\right)=-333.3\,(\mathrm{kWh})$$

答：应退电量 333.3kWh。

2. 电流互感器不配套（倍率错误）

$$G = W_0 / W_{\mathrm{x}} \tag{8-2-5}$$

式中　G——更正系数；

　　　W_0——正确电量；

　　　W_{x}——互感器错误所造成的计算错误电量。

由于电能表计量的电能与它反映的功率成正比，因此更正系数还可以用下式求取。

$$G = W_0 / W_{\mathrm{x}} = P_0 / P_{\mathrm{x}} \tag{8-2-6}$$

式中　P_0——正确有功功率，W；

　　　P_{x}——互感器错误所造成的计算错误有功功率，W。

退补电量

$$\Delta W = W_0 - W_{\mathrm{x}} = G\times W_{\mathrm{x}} - W_{\mathrm{x}} = (G-1)\times W_{\mathrm{x}} \tag{8-2-7}$$

式中　ΔW——退补电量；

　　　W_0——正确电量；

　　　W_{x}——互感器错误所造成的计算错误电量；

G ——更正系数。

【例 8-2-2】三相四线回路一组互感器，其中一只 150/5，两只 50/5，按照 10 倍的倍率收费，抄见电量为 1000kWh。试计算应退补电量。

设三相电流平衡

解：
$$P_0 = 1$$

$$P_x = \frac{1}{3} + \frac{1}{3} + \frac{1}{3} \times \frac{50/5}{150/5} = \frac{7}{9}$$

$$G = \frac{P_0}{P_x} = \frac{1}{7/9} = \frac{9}{7}$$

$$\Delta W = (G-1) \times P_x = \left(\frac{9}{7} - 1\right) \times 1000 = 286 (\text{kWh})$$

答：应补电量 286kWh。

（三）电能表故障的电量退补

（1）电能表超差时，可按下列公式计算应退（补）电量

$$应退（补）电量 = \frac{抄见电量 \times (\pm 实际误差\%)}{1 \pm 实际误差\%} \times 倍率 \qquad (8-2-8)$$

实际误差是正数时，为应退电量；实际误差是负数时，为应补电量。

【例 8-2-3】某居民客户 2007 年 3 月 5 日换表，4 月 3 日抄见电量为 688kWh，5 月 3 日抄见电量为 713kWh，11 月 3 日抄见电量为 728kWh，客户仅反映表快，要求换表，拆回表校验误差+2.54%，应如何补退电量？

解：
$$应补退电量 = \frac{728 \times 2.54\%}{1 + 2.54\%} = 18 (\text{kWh})$$

按《供电营业规则》第八十条规定：互感器或电能表误差超出允许范围时，以"0"误差基准，按验证后的误差值退补电量，退补时间从上次校验或换表后投入之日起至误差更正之日止的 1/2 时间计算。

该户 3 月 5 日换表，起讫时间清楚，跨度为 8 个月，按上述规定

$$应退电量 = 18 \times 8 \div 2 = 72 (\text{kWh})$$

（2）电能表空转。当电能表在无负荷时，其圆盘仍然连续不断地微微转动，此时可见负荷侧隔离开关断开，圆盘仍然继续转动，这种现象是电能表潜动。退补电量按下列公式计算：

$$应退电量 = \frac{空转天数 \times 每日停电时间 \times 3600(\text{s}) \times 倍率}{表盘空转一周时间（\text{s}） \times 电能表常数} \qquad (8-2-9)$$

式中　每日停电时间——电力客户按实际情况计，照明一般取 16h。

【例 8-2-4】某居民客户抄见电量为 240kWh，已发现空转 48 天。经测试空转一周为 120s，电能表常数为 2500r/kWh，试计算应退电量。

解：

$$应退电量 = \frac{48 \times 16 \times 3600}{120 \times 2500} = 9（kWh）$$

（3）单相或三相电能表卡字、卡盘、电压线圈不通和熔断器熔断等情况时

$$应补电量 = \frac{\left(\dfrac{原表正常时月用电量}{用电天数} + \dfrac{换表到抄表日的电量}{用电天数}\right) \times 故障天数}{2} \quad (8-2-10)$$

【例 8-2-5】某客户 4 月 1 日抄表，月用电量为 320kWh，5 月 1 日抄表发现表计停走，经检查为电能表电压线圈不通。5 月 2 日换表，5 月 10 日复抄，抄见电量为 90kWh。试计算应补电量。

解：

$$应补电量 = \frac{\left(\dfrac{320}{31} + \dfrac{90}{9}\right) \times 30}{2} = 305（kWh）$$

（4）电能表跳字。即个位数应走一个字，却出现跳走两个字或十位数与个位数同时走字，这种现象为电能表跳字。发现跳字，可轻拍电能表外壳，观察计度器齿轮及数字变动情况。对跳字情况应退电量应该按下列公式计算

$$应退电量 = 已收电量 - \frac{原正常月份电量 + \dfrac{换表到抄表日的电量}{用电天数} \times 30 天}{2} \quad (8-2-11)$$

【例 8-2-6】某客户原正常时月用电量为 57kWh，2001 年 3 月抄见电量为 1140kWh，2001 年 3 月 18 日换表至 2001 年 4 月 12 日抄表，抄见电量为 51kWh，经校验结果为跳字故障，问应退多少电量？

解：　应退电量=1140-[57+(51/26)×30]/2=1082（kWh）

答：应退电量为 1082kWh。

【思考与练习】

1. 抄表人员在抄表时发现计量接线有误，或怀疑电能表运行异常（非正常原因造成客户电量突变）时应如何处理？

2. 如何处理电能表跳字问题？

3. 某电力用户 4 月装表用电，电能表准确等级为 2.0，到 9 月时经计量检定机构检验发现该用户电能表的误差为 5%。假设该用户 4~9 月用电量为 19 000kWh，电价为 0.45 元/kWh，试问应向该用户追补多少电量？实际用电量是多少？合计应缴纳电费是多少？

◢ 模块3 台区线损分析（Z34F3003Ⅱ）

【**模块描述**】本模块包含线损、线损率的基本概念，台区线损分析及解决措施。通过介绍，掌握线损及线损率的基本概念、台区线损分类及计算方法、台区线损分析及解决措施。

【**模块内容**】

一、线损的基本概念

线损是电网电能损耗的简称，是电能从发电厂传输到电力用户过程中，在输电、变电、配电和营销各环节中所产生的电能损耗和损失。电能在传输过程中产生线损的原因有以下几方面。

（1）电阻作用。线路的导线，变压器，电动机的绕组，都是铜或者铝材料的导体。当电流通过时，对电流呈现一种阻力，此阻力称为导体的电阻。电能在电力网传输中，必须克服导体的电阻，从而产生了电能损耗，这一损耗见之于导体发热。由于这种损耗是由导体的电阻引起的，所以称为电阻损耗，它与电流的平方成正比。

（2）磁场作用。变压器需要建立并维持交变磁场，才能升压或降压。电动机需要建立并维持旋转磁场，才能运转而带动生产机械做功。电流在电气设备中建立磁场的过程，也就是电磁转换过程。在这一过程中，由于交变磁场的作用，在电气设备的铁芯中产生了磁滞和涡流，使铁芯发热，从而产生了电能损耗。由于这种损耗是在电磁转换过程中产生的，所以称之为励磁损耗，它造成铁芯发热。

（3）管理方面的原因。由于供用电管理部门和有关人员管理不够严格，出现漏洞，造成用户违章用电和窃电，电网元件漏电，电能计量装置误差以及抄表人员漏抄、错抄等而引起的电能损失。由于这种损耗无一定规律，又不易测算，故称为不明损耗。不明损耗是供电企业营业过程中产生的，所以又称为管理线损。

二、线损率的基本概念

损失电量占供电量的百分比称为线路损失率，简称线损率。

$$线损率=(线损电量/供电量)×100\%=(供电量–售电量)/供电量×100\%$$
$$=1–(售电量/供电量)×100\%$$

三、线损的构成和分类

1. 由损耗不同特性进行分类

（1）不变损耗。不变损耗即固定损耗，其损耗的大小与电压大小有关，与流过负荷电流无关，而由于配电网系统电压相对稳定的，所以其产生的损耗也相对稳定。

（2）可变损耗。可变损耗是指当电流流经配电网系统时，配电网系统内的所有电力设备的电阻所产生的损耗，此类损耗与电流平方成正比。

（3）不明损耗。不明损耗大是实际线损和理论线损之差，也叫管理损耗。产生此类损耗的原因为对线损管理工作没有达到与所定损耗目标值相对应的水平，不能通过理论计算得出。

2. 按损耗性质进行分类

（1）技术线损。技术线损即为理论线损，它是电网系统中必然存在的，其数值可通过各种计算方法算出的。技术线损包含线路损耗、爬电比距变小导致的绝缘子电量损耗、配变绕组损耗、高次谐波损耗、灰尘过多污闪而导致漏电的电量损耗等。

（2）管理线损。管理线损包含计量管理线损、营业线损及其他原因管理线损。其他管理线损包括有：TV 保险丝熔断或 TV 投切不作记录、不计负荷、不计时间造成的电量损耗；因为电网系统运方不合理造成的电量损耗；电压质量及无功补偿过度引起的电量损耗；变电所自用电量过大引起的电量损耗；电力设备老化、选型不当造成的电量损失等。

配电网线损的构成与分类情况以及它们之间的关系如图 8-3-1 所示。

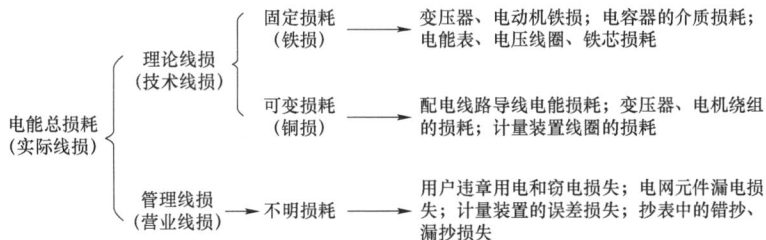

图 8-3-1　配电网线损的构成与分类

四、线损计算方法

理论线损的计算常用方法有平均电流法（形状系数法）、均方根电流法、最大电流法（损失系数法）、最大负荷损失小时法、电压损失法、分散系数法和等值电阻法等。计算 10kV 配电网线损，一般采用等值电阻法。

五、降损措施分析

降低台区线损的措施可分为技术措施和管理措施两大类。

1. 降低配电网线损的技术措施

降低线损的技术措施由建设措施和运维措施两部分组成。电网企业所采取的建设措施主要是指需要一定的投资，对供电系统的某些部分进行技术改造，采取建设措施是以提高供配电网系统的电能输送能力及改善电能质量为目的。而运行措施是指不需要投资或对电网实施检修，通过确定供电系统符合经济技术要求的运行方式，达到降低线损的目的。

电力网电力设备（线损或变压器）中功率损耗关系式如式（8-3-1）所示。

$$\Delta P = 3I^2 R \times 10^{-3} = \frac{P^2 + Q^2}{U^2} \times R \times 10^{-3} \qquad (8\text{-}3\text{-}1)$$

式中 I——流过各电力设备的电流，A；

　　R——电力设备的电阻，Ω；

　　Q——通过各电力设备的有功功率，kW 及无功功率，kvar；

　　U——加在原件上的电力网的电压，kV。

由此可见，降低电力网的线损仅有减小流过电力设备中的电流和减少电力设备的电阻两种途径。而在向用电设备供电时，在供电的负荷相对固定的情况下，可采取以下措施。

（1）要减小流过电力设备中的电流，可采取提高供电的电压及负载的功率因数等措施。供电电压的提高可将高电压引入负荷密集区域，避免了低压线路供电半径过大的不利情况。负载的功率因数的提高需减少配电网中流过的无功电流，可采取将流过的无功电流就地平衡的措施。

（2）要减小电力设备的电阻，可采取的途径有：加大导线的截面；采用性能更优的配变和电能计量装置。因此，要降低配电网的技术损耗，必须对配电网络进行升级改造。

（3）降低线损的运维措施有以下几个方面。

1）确定最经济的电网接线方式。

2）提高电力网的运行电压，特别是配变低压出口电压。

3）合理安排配电网运行方式，确保电网可靠经济运行。

4）合理分配用电负荷，提高配变负荷率。

5）治理三相不平衡。

6）对配电网合理配置电力电容器，降低无功功率的影响。

7）科学安排设备运维检修工作。

（4）降低线损的建设措施。

1）对配电网进行科学规划增强配电网结构的合理性。主要是指"按照密布点、短半径"原则，合理确定变压器安装位置，减少电网升降压环节，以 10kV 电力线路为主网架，并引入负荷密集区域。

2）对电网进行升压改造。

3）增加并列线路运行。

4）采用绝缘导线提高线路绝缘水平，并适当增大线路的导线截面。

5）改进不正确的接线方式如：迂回供电、线路线径不一、配变不在负荷中心，实施低压台区的升级改造。

6）增设无功补偿装置。

7）采用节能配变，逐步淘汰高能耗变压器。

2. 降低配电网线损的管理措施

管理线损是由计量设备误差、管理不善及电力网元件漏电引起的电能损失。就低压线损管理而言，如疏于管理，用户有违章用电和窃电；社会风气差，存在权力电、关系电、恶霸电等现象；电工舞弊，临时用电不上报，计量表记有误差，抄表及核算有差错等，导致线损电量中的不合理成份增大，给企业造成了损失。由于这种损失无规律可循，又不易测算，通常又称之为不明损耗。在供电所的线损管理中，管理线损是影响统计线损的一个重要因素。因管理不到位，形成的电能损失在整个统计线损中占有较大的比重，某些地方甚至在部分环节上还相当严重。有些供电所由于管理不够严格，造成一些 10kV 线路高压线损率和低压线损率长期居高不下，严重影响着企业的效益和电力市场的开拓。

降低线损的管理措施有建立健全组织、指标管理体系，定期开展线损分析工作，加强营销管理和设备运行管理等方面。

（1）建立健全组织、指标管理体系。建立健全供电所线损管理的组织、指标管理体系是统筹协调全所电力网管理工作，实行分线路、分台区进行考核的基础。要积极落实按线按台区承包管理办法，对各岗位人员应当明确职责、明确指标、明确任务，将各项指标落实到位，考核到位，只有通过层层落实责任制，严格考核兑现，才能使供电所的管理有章可循。

（2）开展好线损分析工作。电力网中电能的损失与线路的结构、负载和管理有关。通过开展线损分析，可以找出影响损失的主要因素，从中找出相应的改进措施以确保取得最佳的降耗目标和经济效益。开展线损分析要针对线损管理的有关内容做好 6 个对比分析。

1）统计线损率与理论线损率的对比。开展线损理论计算工作，通过对比，如果统计线损率比理论线损率过高，说明电力网漏电严重、结构和布局不合理、电力网运行不经济或管理方面存在的问题较多，或许几个方面都存在问题。

2）固定损耗和可变损耗的对比。如果固定损耗所占比重较大，这说明线路处于轻负荷运行状态，配电变压器负荷率低或者电力网长期在高于额定电压下运行。对于固定损失是电压越高损失越大，可变损失是电压越低损失越小。

3）现实与历史问题的对比。由于同期的气象条件和客观现实比较一致，与历史同期的数值比较有很大的可比性，通过比较能够发现很多问题。

4）当前水平与年平均水平的对比。一个持续较长时间的线损率平均水平能够消除因负载、时间、抄表时差等变化形成的线损波动现象。这个线损水平能反映线损的实际状况，与这个水平相比较，可以发现当时的线损是否正常。

5）计量总表与分表电量的对比。搞好电能的平衡分析，监督电能计量设备的运行情况，可以发现其中的矛盾现象。是否是表记故障或者是存在窃电行为，可以有助于分析比较。

6）线路或设备之间、季度和年度之间、班组之间的线损综合对比。

依据上述 6 个对比分析达到线损管理的五个目的：一是找出当前线损工作中的不足和缺点，指明降损方向；二是找出电力网结构的薄弱环节，确定今后电力网结构改善的工作重点；三是找出电力网运行中存在的问题，制定最佳运行方案；四是找出降损措施在实施中存在的问题，确保新的降损措施更具有针对性和科学性；五是查找出线损升、降的原因，确定今后降损的主攻方向。

3. 加强营销管理，堵塞各种漏洞

（1）建立健全营销管理制度，使营销管理制度化、规范化、标准化、系统化。

（2）营销人员要及时掌握每个台区的损失率的波动情况，及时查清问题。

（3）确保电量在抄、核环节正确无误，严谨估、漏抄表。定期和不定期地分线路同步查抄计量总表和分表，严防偷、漏、差、错等问题的发生。

（4）加强计量管理和用电检查工作，保障计量装置正确计量。管理线损中的损失大部分来自营销管理环节。因此加强营销管理，堵塞各种漏洞对减少管理线损具有重要的意义。

【思考与练习】

1. 什么叫线损率？

2. 电力网电力设备（线损或变压器）中功率损耗关系式是什么？

3. 降低线损的管理措施有哪些？

第九章

电 费 回 收

◢ 模块 1　电费收取的主要方式（Z34F4001 Ⅰ）

【**模块描述**】本模块包括电费回收的重要性，电费收取的工作内容、流程、方式和电费的结算方式等内容。通过概念描述、流程介绍、要点归纳，掌握收费的方式和电费的结算方式。

【**模块内容**】

一、电费回收的重要性

1. 电费回收的重要性

电费回收是供电企业一项重要的经营工作，在各级人民政府的大力支持和有关主管部门的积极配合下，认真贯彻中华人民共和国国务院"关于售电价款必须按照规定逐月收回，不许拖欠"的规定，各大电网、电力局和供电企业做了大量工作，既要遵循商品经济的原则，想方设法及时足额回收国家电费，又要贯彻"人民电业为人民"的服务宗旨，以高度的责任感，从维护社会安定、维护国家和人民利益出发，积极细致地做好电费回收工作。

但近几年以来各地客户欠交电费增幅较大，拖欠电费形势十分严峻，影响国家电费的及时上缴，巨额欠费给电力企业的正常生产增加了困难，各级领导必须充分予以重视，加大电费回收力度，做好电费催交工作，确保电费回收。

2. 电费回收的目的和意义

供电企业的最终销售收入是依靠回收电费来实现的。企业的再生产过程需要消耗生产资料，企业的持续发展需要的资金积累，企业还需要上缴国家税收、获取必要的利润等。电力企业所有的这些资金，都必须依靠回收电费来获得。按期回收电费，不但能保证国家财政收入，也为供电企业自身的再生产过程及扩大再生产提供资金保障。

电力企业如不能及时、足额地回收电费，将会引起电力企业流动资金周转缓慢或停滞，最终使得电力企业的正常生产受阻。电力企业要维持正常的生产，将被迫通过借贷等方法来获取再生产过程必须要的货币支出，最终导致供电企业的生产经营成本的增加，减少了企业收益。因此，及时足额回收电费，加速资金周转，已成为衡量各级供电企业的经营水平的一个重要考核指标。

3. 保证电费回收的措施

欠费是指客户应交而未交的电费。客户欠交电费，实际上是占用电力企业的货币资金，同时也挤占了国家的财政收入，因此，各供电所应把电费回收当作主要工作来抓，对欠费户应抓紧催交，加强管理，并采取一些必要的措施，以保证电费的及时、足额回收。

（1）加强宣传《中华人民共和国电力法》《电力供应与使用条例》《供电营业规则》等法律、法规的力度。

（2）加强对客户电力商品意识的宣传。

（3）及时向地方政府、经济管理部门汇报，取得政府的理解和支持。

（4）与用电计划、负控相结合。

（5）与业扩报装相结合。

（6）电力企业应完善制度、严格管理，加强对电费回收工作的领导，层层落实电费催缴责任制，认真兑现奖惩制度，建立催缴电费的组织体系。加强对电费回收的动态统计分析，逐步做到电费回收统计在线分析、分类分析。建立大户欠费台账，建立对重点行业、欠费大户的催收网络，及时了解掌握本地区破产企业、关停并转企业的动态，落实到人，实时跟踪。

（7）严格执行电费滞纳违约金制度。将电费滞纳违约金编入电费结算程序，在电费欠缴情况下，先结清电费滞纳违约金，后结清电费。

（8）在电费回收的同时，注意与客户的沟通和交流，指导客户根据分时电价时段调整生产班次，降低电费支出。对濒临破产的企业，采取月份分次划拨电费的办法。在与客户签订《供用电合同》时，明确电费分次结算的方式，保证电费及时、足额到账。

（9）为防止破产企业陈欠电费的损失，可采取以下办法：定期与客户对债权债务进行清理核对，由客户对欠费债务认定；对客户欠费债权进行财产抵押，特别是用电气设备和土地使用权的抵押；依法对陈欠电费的债权进行保全诉讼和申请执行；进行民事诉讼，请法院帮助清理债权。

（10）采取停、限电措施。采取该项措施时一定要慎重，做到有利、有据、有度，不能因停电给客户造成重大损失。《供电营业规则》第67条规定：给客户停电，应在停电前7天将"停电通知书"送达客户，在停电前30min，再通知客户一次，所以，停电必须按法律规定的程序办理。

（11）建立电费预警机制，及时防止欠费形成，解决拖欠电费问题。

二、电费回收的管理要求

（1）严格执行电费收缴制度。做到准确、全额、按期收缴电费，开具电费发票及相应收费凭证。任何单位和个人不得减免应收电费。

（2）加强电费回收风险控制和管理，及时对电费账龄进行分析排查。在收取电费时，首先确保不发生当期欠费，然后按照发生欠费的先后时间排序，先追缴早期的欠费，最大程度防范电费回收风险。追缴欠费工作中，要采取切实措施避免超过诉讼时效。

（3）严格执行电费账务管理制度。按照财务制度规定设置电费科目，建立客户电费明细账，电费明细账应能提供客户名称、结算年月、欠费金额、预售金额、电度电费及各项代征基金金额等信息。做到电费应收、实收、预收、未收电费台账及银行电费对账台账（辅助账）等电费账目完整清晰、准确无误，确保电费明细账及总账与财务账目一致。

（4）确保电费资金安全。电费核算与收费岗位应分别设置，不得兼岗。抄表及收费人员不得以任何借口挪用、借用电费资金。收费网点应安装监控和报警系统，将收费作业全过程纳入监控范围。

（5）电费发行后，电量电费信息应及时以通知单、账单、短信或其他与客户约定的方式告诉客户，并提供电话或网络等查询服务。通知单内容包括本期电量电费信息、缴费方式、缴费时间、缴费地点、服务电话及网站等。鼓励以电子方式将电量电费信息告诉客户，实施前应征得客户同意。

三、电费收取作业规范

（1）电费收取应做到日清日结。收费人员每日将现金交款单、银行进账单、当日电费汇总表交电费财务人员。

1）每日收取的现金及支票应当日解交银行。由专人负责每日解款工作并落实保安措施，确保解款安全。当日解款后收取的现金及支票按财务制度存入专用保险箱，于次日解交银行。

2）收取现金时，应当面点清并验明真伪。收取支票时，应仔细检查票面金额、日期及印鉴等是否清晰正确。

3）客户实缴电费金额大于客户应缴电费时，作预收电费处理。

（2）采用远程费控业务方式的，应根据平等自愿原则，与客户协商签订协议，条款中应包括电费测算规则、测算频度、预警阀值、停电阀值，预警、取消预警及通知方式，停电、复电及通知方式，通知方式变更，有关责任及免责条款等内容。

（3）采用（预）购电缴费方式的，应与客户签订（预）购电协议，明确双方权利和义务。协议内容应包括购电方式、预警方式、跳闸方式、联系方式、违约责任等。

（4）实行分次划拨电费的，每月电费划拨次数一般不少于三次，月末统一抄表后结算。实行分次结算电费的，每月应按结算次数和结算时间，按时抄表后进行电费结算。

（5）采用柜台收费（坐收）方式时，应在营销信息系统核对户号、户名、地址等信息，告知客户电费金额及收费明细，避免错收。客户同时采用现金、支票与汇票支付一笔应收电费的，应分别进行账务处理。

（6）确因地区偏远等原因造成客户缴费困难的，可采用现场收费（走收）方式。收费应确定客户清单，领取电费票据，备足找零现金。到达现场收费时，收费人员应出示工作证件，注意做好人身、资金的安全工作。收费时，应仔细核对客户信息与电费发票是否一致，告知客户电费金额及收费明细，避免发生错收。严格按电费发票金额收费，不得打白条收费。

（7）采用代扣、代收与特约委托方式收取电费的，供电企业、用电客户、银行应签订协议，明确各方的权利义务。

1）采用代扣、代收方式收取电费的，供电企业应与代扣、代收单位签订协议，明确双方权利义务。协议内容应包括缴费信息传送内容、方式、时间，缴费数据核对要求、错账处理、资金清算、客户服务条款及违约责任等。

2）采用特约委托方式收取电费的，供电企业、用电客户、银行应签订协议，明确三方的权利义务。协议内容应包括客户编号、客户名称、托收单位名称、地址、托收银行账号、托收协议号、收款银行、扣款时间、客户服务条款及违约责任等。采用分次划拨或分次结算方式的，协议内容应增加分次划拨或分次结算次数及时间等内容。

3）应严格按约定时间与银行发送、接收并处理缴费信息，及时做好对账和销账工作，发现异常情况及时按约定程序处理。因客户银行账户资金不足以实现电费扣款时，应及时通知客户。

（8）采用代收、代扣收费方式时，代收、代扣单位应在下个工作日下班前将当日代收、代扣电费资金转至供电企业账户。客户可持代收、代扣单位打印的有效收款凭证或有效身份证明到供电企业营业网点打印发票，在确认客户电费结清且未打印过发票后，给予出具发票。

（9）采用特约委托收费方式时，电费管理中心应按时生成托收单数据，提供给相应特约委托银行。特约委托成功后，应及时将电费发票送达客户。允许以一个银行账号并账托收多个客户的电费。发生托收退票的，应重新托收或转为其他收费方式。

（10）采用（预）购电收费方式时，每日收费结束后，应进行收费整理，清点现金和票据，保证与购电数据核对一致。

（11）采用自助终端收费方式时，应每日对自助缴费终端收取的现金进行日终解款。每日对充值卡和银行卡在自助终端缴费的数据进行对账并及时处理单边账。客户在自助终端缴费成功后应向其提供缴费凭证。

（12）采用充值卡收费方式时，应每日对当日销售的电费充值卡数量、充值记录、充值金额、充值账户抵交电费情况进行核对，并编制日报表。销售充值卡与充值卡缴费不能重复开具发票。

（13）实施多元化缴费。统筹考虑本地区特点和客户群体差异，巩固和发展自有网点坐收、银行代扣代收等行之有效的缴费方式，利用网络信息技术、先进支付手段，拓展95598网站、第三方支付、手机客户端、微信、有线电视等新型缴费渠道，加大电子化及社会化缴费推广力度，实现城市"十分钟缴费圈"，农村"村村有缴费点"。

（14）推进账务实时化。在对公收费中推行电子化托收，直接将客户电费划转到公司电费账户，促进电费快速归集，采用电子信息销账及对账方式，建立无纸化账单传递机制，提高电费账务处理效率。

（15）电费账务应准确清晰。按财务制度建立电费明细账，编制实收电费日报表、日累计报表、月报表，严格审核，稽查到位。

1）每日应审查各类日报表，确保实收电费明细与银行进账单数据一致、实收电费与进账金额一致、实收电费与财务账目一致、各类发票及凭证与报表数据一致。不得将未收到或预计收到的电费计入电费实收。

2）当日解款前发现错收电费的，可由当日原收费人员进行全额冲正处理，并记录冲正原因，收回并作废原发票。当日解款后发现错收电费的，按退费流程处理，退费应准确、及时，避免产生纠纷。

（16）电费资金实行专户管理，不得存入其他银行账户，应加强电费账户的日常管理，确保营销业务系统中电费账户信息准确。

【思考与练习】

1. 电费回收的目的和意义是什么？
2. 电费回收的管理要求是什么？
3. 简述电费收取工作规范内容。

模块2 电费回收率的统计相关规定（Z34F4002Ⅰ）

【模块描述】本模块包括电费回收率计算、统计、分析方法，电费回收率考核标准、电费坏账考核、案例分析等内容。通过概念描述、公式解析、要点归纳，掌握电费回收率的统计方法和相关规定。

【模块内容】

一、电费回收率计算

电费是指各级供电营业机构电力销售的总收入，包括电价电费，以及国家或各省规定随电价加收的费用。

及时、准确、全面做好电费回收工作是保证国家经济收入和电力企业正常生产的基础，为了确保完成电费回收任务，应及时把握电费回收情况，考核和评价电费回收工作，可以用指标计算来客观显示电费回收情况。

（1）当月电费回收率是指当期实收电费（不含收回的旧欠电费）与该期应收电费之百分比。

（2）当年电费回收率是指考核期内财务达账电费（不含收回的历年旧欠电费及预收电费）与当年度应收电费之百分比。

（3）陈欠电费回收率是指当年收回的历年陈欠电费与年初电费余额之百分比。

（4）年末应收电费余额是指财务结算年度内当年度及历年应收而未收回的电费总额。

（5）平均应收电费余额是指全年应收电费余额算术平均值［（1 月末应收电费余额+2 月末应收电费余额+…+12 月末应收电费余额）÷12］。

二、质量考核要求

（1）加强电费抄核收工作质量管理与考核。建立抄表质量评价及监督考核制度，对实抄率、抄表正确率、月末抄表比例、抄表信息完整率进行考核；建立电费收取内部稽查和差错考核制度，对电量电费差错、电费收取差错率、报表差错率等进行考核。各网省公司要建立健全电费安全管理与差错责任追究制度，定期组织开展电费抄核收工作的专项稽查和监督，确保不发生重大电费安全责任事故。

（2）全面落实电费回收工作责任制。建立各级电费回收工作质量考核和激励制度，采用"日实时监控、月跟踪分析、季监督通报、年考核兑现"等方式，对电费回收率、应收电费余额等指标进行考核，确保电费按时全额回收。

【思考与练习】

1. 什么是月电费回收率？

2. 什么是年电费回收率？

3. 什么是年末应收电费余额？

▶ 模块 3 实收日报的填写要求（Z34F4003Ⅰ）

【模块描述】本模块包括电费实收日报表基本内容、项目数据计算、电力营销技术支持系统生成电费实收日报表的操作、审核与分析等内容。通过概念描述、公式解析、样例示意、要点归纳，掌握手工填制与计算机生成电费实收日报表的要求。

【模块内容】

一、电费实收日报表基本内容和手工填写要求

1. 电费实收日报表基本内容

实收电费总日报表填写的主要内容有电费、代收资金、加价和地方附加费的金额，电费发票的份数，以及银行进账的回单份数。此表是在上门走收、定点坐收、银行代收和营业厅台收的日报审核无误后，每日汇总填制的。

2. 手工填写电费实收日报表的要求

手工填写电费实收日报应制定严格的管理制度、办法，确保其数据的正确性，应有专人负责，报表格式科学、内容翔实、字迹清楚、书写规范，手工填写电费实收日报，要逐笔填好。

二、电费实收日报表项目数据计算

其报表一般应包含以下内容：电费区码、页码、地址、客户户号、名称、执行电价类别、应收金额和份数、实收金额和份数、违约金金额和份数、票据种类、未收电费金额和份数、缴费方式等。

1. 客户实收电费

收费员每日实际收取客户电费金额。收费员应逐项分类严格按表格要求填写。

2. 客户实收电费汇总

实收电费汇总是收费员每日实际收取客户电费金额的累计汇总。

3. 客户应收电费汇总

应收电费汇总是收费员对客户应收电费金额的累计汇总。该内容与实收汇总相对应。

4. 本月欠费

本月欠费是截止到本月末收费日客户欠缴电费金额累计，是本月应收电费与实收电费的差值。

5. 本月电费回收率

$$本月电费回收率 = \frac{本月实收电费额（元）}{本月应收电费总额（元）} \times 100\% \qquad (9-3-1)$$

6. 累计欠费

累计欠费是截止到本月收费日客户累计欠缴电费金额，可反映历史上各类客户欠费情况。

7. 累计电费回收率

该指标可以客观反映统计单位电费历年来的回收情况，是一项综合性很强的指标，即

$$累计电费回收率 = \frac{截止到统计日实收电费总额（元）}{截止到统计日应收电费总额（元）} \times 100\% \qquad (9\text{--}3\text{--}2)$$

8. 溢出电费处理

溢出电费是指实收电费金额超过应收电费金额的多收电费，对于溢出电费可做其他应付电费或者做预付进行调平处理。

三、电力营销技术支持系统电费实收日报表生成

目前，电力营销系统普遍应用，电量电费管理工作更加实用化，通过计算机能够正确进行电量电费各种报表的生成、计算和管理，报表简洁实用。

四、电费实收日报表审核和分析

（1）审核实收电费存根和银行进账单（回单），以及收费日志记载的全部金额是否相符。

（2）复核实收电费发票上各项电费金额与实收日报的内容是否相符。

（3）复核违约电费的应收计算、实收金额、发票份数及与实收日志是否相符。

（4）复核未收电费发票份数和金额与实收日志上反映的份数和金额的总和是否与发行数一致。

电费账务管理人员对复核中发现的疑问，应当面向收费人员提出；对完成复核的收费日志，应按规定进行签收。

【思考与练习】

1. 电费实收日报表审核的内容有哪些？

2. 电费实收日报表有哪些基本内容？

3. 什么是累计欠费？

◢ 模块 4　居民客户拖欠电费情况的处理方法与相关规定 （Z34F4004Ⅰ）

【模块描述】本模块包括欠费管理、处理欠费的办法、停止供电的手续和程序等内容。通过概念描述、流程介绍、框图示意、要点归纳，掌握处理客户拖欠电费的办法。

【模块内容】

一、电费催交管理

1. 对电费欠费客户，应建立明细档案，按规定的程序催交电费

（1）电费催交通知书、停电通知书应由专人审核、专档管理。电费催交通知书应包括催交电费年月、欠费金额及违约金、缴费时限、缴费方式及地点等。停电通知书

内容应包括催交电费次数、欠费金额及违约金、停电原因。

（2）严格按照国家规定的程序对欠费客户实施停电措施。停电通知书须按规定履行审批程序，在停电前三至七天内送达客户，可采用客户签收或公证等方式送达。对重要客户的停电，应将停电通知书报送同级电力管理部门。在停电前30分钟，将停电时间再通知客户一次，方可在通知规定时间实施停电。

2. 严格执行电费违约金制度

不得随意减免电费违约金，不得用电费违约金冲抵电费实收。有下列原因引起的电费违约金，可经审批同意后实施电费违约金免收。

（1）供电营业人员抄表差错或电费计算出现错误影响客户按时缴纳电费。

（2）银行代扣电费出现错误或超时影响客户按时缴纳电费。

（3）因营销业务应用系统客户档案资料不完整，影响客户按时缴纳电费。

（4）因营销业务应用系统或网络发生故障时影响客户按时缴纳电费。

二、电费违约金

《供电营业规则》规定：客户不在供电企业规定的期限内交清电费时，应承担电费滞纳的违约责任；电费违约金从逾期之日起计算至交清日止。每日电费违约金按下列规定计算：居民用每日按欠费总额的千分之一计算，总额不足1元者按1元收取。

【思考与练习】

1. 居民客户违约用电严重需停电，应如何处理？

2. 居民客户每日电费违约金如何确定？

3. 简述什么情况下可以免收电费违约金。

◢ 模块 5　电费票据管理（Z34F4005 Ⅰ）

【模块描述】本模块包括电费发票、开票要求、购领使用、保管、手工填写标准和要求，计算机打印发票的标准和要求等内容。通过概念描述、流程介绍、要点归纳，掌握电费发票管理。

【模块内容】

一、电费票据的管理

电费票据应严格管理。经当地税务部门批准后方可印制，并应加印监制章和专用章。电费票据的领取、核对、作废及保管应有完备的登记和签收手续。未经税务机关批准，电费票据不得超越范围使用。严禁转接、转让、代开或重复出具电费票据。票据管理和使用人员变更时，应办理票据交接登记手续。

（1）建立电费发票管理台账。每月编制电费发票使用报表，内容包括电费发票入库数和起讫号码、领取数和起讫号码、已用数和起讫号码、作废数和发票号码、未用数和起讫号码。

（2）电费发票应使用当地税务部门监制的专用发票，加盖"发票专用章"和监制人签章后有效。不得使用白条、收据或其他替代发票向客户开具电费发票。

（3）电费发票应通过营销信息系统计算机打印，并在营销信息系统中如实登记开票时间、开票人、票据类型和票据编号等信息。严禁手工填写开具电费发票。

（4）客户申请开具电费增值税发票的，经审核其提供的税务登记证副本及复印件、银行开户名称、开户银行和账号等资料无误后，从申请当月起给予开具电费增值税发票，申请日期之前的电费发票不予调换或补开增值税发票。

（5）对作废发票，须各联齐全，每联均应加盖"作废"印章，并与发票存根一起保存完好，不得丢失或私自销毁。

（6）票据使用部门应设专人妥善保管空白票据、电费专用印章和票据登记簿。一旦发现票据、印章丢失，应于发现当日立即向上级报告。

二、电费票据发生差错的处理

电费票据发生差错时，当月票据差错，必须收回原发票并作废。同时，开具正确的票据。往月票据差错，必须收回原发票联，开具相同内容的红字发票，并将收回的发票联粘贴在红字存根联后面以备核查。同时开具正确的票据。需要开具红字增值税发票的，必须按照税务有关规定执行。

【思考与练习】

1. 电费票据发生差错如何处理？
2. 如何建立电费发票管理台账？
3. 作废电费发票如何处理？

◢ 模块 6 客户的缴费方式和缴费时间（Z34F4006Ⅱ）

【模块描述】本模块包括客户的缴费方式和客户缴费时间的规定等内容。通过概念描述、要点归纳，掌握客户缴费时间要求。

【模块内容】

一、客户的缴费方式

随着电力使用的普及金融事业的发展，当今客户缴费的方式方法有很多种，客户可依据本身的特点确定缴费方式。

（1）现金缴费。现金缴费是指用现金来缴纳应缴电费，主要用于居民客户缴纳的电费。客户可以去供电营业厅或者银行缴费。

（2）票据结算。票据结算是指客户用各类票据（支票、银行汇票、银行本票）来缴纳电费，是目前常见的一种支付电费的方式。

（3）电子支付。所谓电子支付，是指从事电子商务交易的当事人，包括消费者、厂商和金融机构，通过信息网络，使用安全的信息传输手段，采用数字化方式进行的货币支付或资金流转。与传统的支付方式相比，电子支付具有以下特征：电子支付是采用先进的技术通过数字流转来完成信息传输的，其各种支付方式都是采用数字化的方式进行款项支付的；而传统的支付方式则是通过现金的流转、票据的转让及银行的汇兑等物理实体是流转来完成款项支付的。

电子支付的工作环境是基于一个开放的系统平台（即因特网）之中；而传统支付则是在较为封闭的系统中运作。电子支付使用的是最先进的通信手段，如因特网、Extranet；而传统支付使用的则是传统的通信媒介。电子支付对软、硬件设施的要求很高，一般要求有联网的微机、相关的软件及其他一些配套设施；而传统支付则没有这么高的要求。电子支付具有方便、快捷、高效、经济的优势。用户只要拥有一台上网的 PC 机或一台手机，便可足不出户，在很短的时间内完成整个支付过程。支付费用仅相当于传统支付的几十分之一，甚至几百分之一。电费缴纳主要电子支付渠道见表 9-6-1。

表 9-6-1　　　　　　　　　　　电费缴纳电子支付渠道

银行平台	网上银行缴费	通过电力公司合作银行的网上银行缴费
	银行自助终端缴费	通过电力公司合作的银行自助终端缴费
	银行代扣	由银行从客户的账户上进行扣款
	银联 POS 刷卡缴费	合作的银行发行的 POS 终端刷卡缴费
	银行代收	客户去电力公司合作的银行交电费
	网点代收	通过社会化合作网点交电费
	手持 POS 刷卡缴费	通过电力公司的手持 POS 机刷卡缴费
	特约委托	根据客户、银行签定的电费结算协议扣除电费的方式
	电话银行缴费	通过电力公司合作银行的服务电话缴费
供电公司平台	负控购电	客户在营业网点购电，供电单位计算出电量或电费，通过电能量采集控制业务传送给电能采集系统，控制客户用电
	卡表购电	指使用卡表的用电客户持卡在营业网点或具备购电条件的银行网点购电，通过读写器将客户购买的电量或电费等信息写入电卡的缴费方式
	95598 网站缴费	通过登录 95598 网站进行缴费
	95598 电话缴费	通过 95598 电话交电费

续表

供电公司平台	电力自助终端缴费	通过电力公司的自助终端进行电费缴纳
	充值卡缴费	指用电客户购买一定面值的充值卡后，通过电话、短信、网站、柜台等渠道，凭用电客户编号、充值卡卡号、密码，缴纳电费的一种收费方式
其他平台	掌上电力	通过手机登陆网站进行缴费
	电e宝	通过电e宝缴费平台进行缴费
	微信缴费	通过微信平台进行缴费
	支付宝	通过支付宝平台进行缴费

二、客户的缴费时间

缴费期限按合同约定执行，未签订缴费合同的，按照通知缴费日期执行，逾期不交或未交清者应该按有关规定加收电费违约金。同时，对于自逾期之日起计算超过 30 日，经催交仍未交付电费的客户供电企业可以依法按照有关规定停止供电，客户欠费需依法采取停电措施的，提前 7 天送达停电通知书。

客户电费缴纳期限如下（以××供电公司为例）。

（1）按规定每月一次向供电企业交清电费的客户，自抄表之日或规定缴费日次日起 10 日内为缴费时间，超过 10 日为逾期。

（2）按规定每月分次向供电企业交清电费的客户，自抄表之日或规定缴费日次日起 5 日内为缴费时间，超过 5 日为逾期。

（3）大工业客户：实行计划结算划拨电费，每月分三次划拨。第一次划拨当月 30% 的计划电费，于 10 日前进入供电企业账户；第二次划拨当月 40% 的计划电费，于 20 日前进入供电企业账户；第三次划拨当月抄表后结算的全部电费，于月末最后一天进入供电企业账户。对月末最后一天抄表的特大客户，自抄表之日起 5 日内为缴费时间，超过 5 日为逾期。

（4）农村客户：村民客户交付电费的期限参照城镇居民客户执行。乡（镇）企业客户交付电费的期限参照同类型工业客户执行，对于实行电费回收承包的乡（镇），应将当月 50% 的电费于 15 日前进入供电企业账户，其余电费应抄表结算后当月结清。

【思考与练习】

1. 电费回收重要性体现在哪些方面？

2. 客户的缴费方式有哪些？

3. 按规定每月一次向供电企业交清电费的客户，缴费日期是怎样规定的？

▲ 模块 7　托收电费的方法与规定（Z34F4007Ⅱ）

【模块描述】本模块包括银行托收电费的方式、托收承付的含义、托收客户的管理、办理托收电费的方法步骤、托收电费异常情况处理等内容。通过概念描述、流程介绍、要点归纳，掌握托收客户管理的内容、托收电费的方法。

【模块内容】

一、银行托收电费的方式

银行托收电费的方式主要有托收无承付和托收承付两种。这两种方式在以前经常用到，但随着经济体制改革，国家不提倡用此方法收取电费，现在仅个别地区和单位在使用此方式，而且这两种方式比较常用的是托收无承付。

1. 托收无承付

托收无承付亦称"专用托收"。银行根据收付双方签订的合同，收款单位委托银行收款时，不需经过付款单位承付，即可主动将款项划转收款单位的一种同城结算方式。现在部分城市和单位还在用这种缴费方式。

2. 托收承付

托收承付亦称异地托收承付，是指根据购销合同由收款人发货后委托银行向异地付款人收取款项，由付款人向银行承认付款的结算方式。根据《支付结算办法》的规定，托收承付结算每笔的金额起点为 1 万元，托收电费是供电企业通过银行拨付电费，它适用于机关、企业、商店、军队等单位，手续简便、资金周转快、账务清楚。

二、托收客户的管理

（1）凡实行由银行托收电费的客户均应签订结算协议书。

（2）凡结算户均按单位统一编号，建立托收电费客户户数增删目录表。

（3）统一付费的结算单位，若其经管的客户有所增减或开户行有所变动时，可根据客户通知及时订正，防止错划或银行退划电费。

（4）结算单位变动时，应根据双方的来函，注明新单位的名称及开户银行账号等再变更。

三、办理电费托收的方法步骤

1. 电费托收的办理

办理托收电费可到供电公司营业厅或电费结算中心领取委托银行收款的协议书，根据协议书上的要求，填写有关内容后盖上付款单位印章。本协议有四联，即供电公司、收款银行、付款单位、付款银行各执一份。客户将供电公司、收款银行存根联交回供电公司营业窗口或电费结算中心即可。

2. 托收电费的结算程序

（1）结算员对电费审核员转来的结算电费卡片按核算的金额进行验收，经检查无误后，再根据结算编号，将结算电费卡片顺序整理；等待所有结算户汇齐后，再进行电费结算工作。

（2）按单位填写"托收无承付"结算电费收据。

（3）电费卡、收据和托收凭证上的金额，在送银行前必须核对是否相符。然后，在卡片上加盖收讫戳，根据托收的金额填写银行送款簿及电费划拨单（一式两份）交有关人员下账。

四、托收电费异常情况处理

（1）托收客户发生银行存款不足或其他原因退票时，应及时与客户联系，在最短期限内再行划出或设法催收。

（2）结算单位如改回现地付费时，必须了解情况，由原单位找出现地付费负责人，方可停止结算工作。

（3）当地银行有起点金额规定者，凡电费不足起点金额的，应与客户联系缴纳现金。

五、委托收款与托收承付结算方式的区别

（1）适用范围不同。委托收款适用范围更广泛，无论同城还是异地均可使用，且不受金额起点限制。凡在银行或其他金融机构开立账户的单位，各种款项结算都可采用。而托收承付如前所述只适用于异地企业之间有协议的商品交易，且金额起点为10万元。

（2）在两种结算方式中，银行的作用也不一样。采用委托收款方式的，银行只起结算中介作用，付款方无款支付，只要退回单证即可；拒付的，银行不审查理由。而采用托收承付的，银行还行使行政仲裁职能，要审查拒付方的拒付理由。

【思考与练习】

1. 什么是银行托收无承付？

2. 什么是银行托收承付？

3. 银行托收电费是如何结算的？

◢ 模块 8　银行转账电费的处理（Z34F4008Ⅲ）

【模块描述】本模块包括银行代收协议、银电联网电费业务、电费结算合同、银电联网电费流程及业务规定、转账处理等内容。通过概念描述、流程介绍、要点归纳，掌握银行转账的处理方法。

【模块内容】

一、银行代收协议

电力企业与银行（或信用社）签订委托代收电费协议（电力企业按月应付给银行代收电费手续费）。电力企业依据协议规定，由抄表人员对所有以现金或支票交付电费的客户送交《电费缴费通知单》，以便客户持通知单到银行交付电费。

《电费缴费通知单》有两种形式。一种是到指定代收银行交纳电费的通知单。每天电费收据由营业部门审核无误后，交给银行，由银行代收电费。银行每天所收的电费，直接进入电力企业电费存款账户。在每个区段交纳电费的限期到期后，银行应将已收电费收据的存根及银行存款进账单，连同未收的电费收据一并交给营业部门。营业部门对银行代收电费审核无误后，应分类编制实收电费表，把银行未收的电费收据交给坐收人员代收，并派人向客户催缴电费。另一种是抄表员将填写好的"电费收据"三联单交给客户，要求客户在规定期限内执三联单到银行交款。如过期银行将拒收，客户须到电力企业营业部门办理迟交电费手续并交纳电费违约金。银行凭三联单所列金额收款，三联单的第一联加盖收讫图章后即为收据，交与客户留存，第二联银行留存，第三联汇总后，填写代收电费送款簿送交供电营业部门，所收到的全部电费存入供电部门账户内。电费管理人员根据银行转来的电费付款单办理收账手续，次日开具付款委托书，将银行辅助账户的电费存款全部上缴入库。供电企业与银行（或信用社）签订委托代收电费协议后即可采用此方式。其优点是减少了中间环节，资金周转快。

二、银电联网电费业务

1. 银行实时联网

银电联网实时收费，实时销应收账，同时实时记银行存款账。

2. 卡表充值

客户持卡到银行提供户号进行卡表充值。银行只能针对正常的卡表进行售电，其他业务如故障户、卡异常只能到供电部门处理。客户使用支票充值，由银行负责管理，若为空头支票，由银行负责催缴。

3. 储蓄代扣

对签订代扣协议的客户，电费发行后，该月电费仍欠费，按照银行系统的接口协议生成扣款文件。文件可以多次生成，如果文件生成错误，在尚未传给银行前可以撤销，重新生成。文件生成后，可使用 U 盘或邮件等多种方式传递到银行。银行实时联网后，可以通过前置机发送请求，传送文件。

4. 银电联网数据处理

银行与营销系统核对当日差错，将当天所收电费的总笔数、总金额发给供电方前置机进行统计、核对。当与总账不符时，银行应逐笔将当天的缴纳费用的交易流水及全部金额发给供电单位的前置机逐笔核对。

三、电费结算合同管理

电费结算合同是供电企业与客户通过银行转账结算电费的方式，是清算由于电能供应所发生的债权债务的一种契约书。

（1）凡实行由银行托收结算电费的客户，供用双方均应签订结算协议书。

（2）对所有托收的客户，营业部门均应按单位统一编号，建立托收客户户数增减目录表，其内容包括户名、开户银行账号、联系人及电话，并应将所有的托收接收户数按户号、地址，逐项填写清楚，作为结算电费的依据。

（3）统一付费的托收结算单位，其客户有所增减或开户银行账户有变动时，可根据客户公函的通知及时更正，防止划错或银行退划。

（4）结算单位变动时，如迁移、停业等，改由另一单位接用，除应办理变更客户手续外，新、旧客户双方还应来函声明，供电单位再与新客户签订新的协议。

四、转账处理

通过电力营销系统可以实现银电联网实时收费，整个转账过程通过计算机网络来实现，极大地提高了工作效率和准确率。

【思考与练习】

1. 如何手工处理电费转账业务？

2. 卡表充值业务有哪些具体的规定？

3. 银行实时联网电费业务有哪些规定？

▲ 模块 9 预购电售电操作方法（Z34F4009Ⅲ）

【模块描述】本模块包括预购电售电的适用范围、特点、操作方法等内容。通过概念描述、流程介绍、要点归纳，掌握预购电售电的操作方法。

【模块内容】

一、预购电的适用范围

安装了预付费电能计量装置的客户，以及协议购电和趸售客户，都可以采用预购电的方式进行购电。

二、预购电的特点

1. 预购电的优点

（1）能够提高电费的回收率。对容易发生欠费的客户，安装复费率卡表，客户必须先预交电费，系统对卡表写入一定电量，才能用电。客户先缴费后用电，保证了电费的回收。

（2）有效制约了客户拖欠电费的情况。

（3）减轻了抄表工作量。

2. 预购电的缺点

预购电的缺点主要是不利于线损管理。客户安装的预付费电能计量装置，不能直接从电费数量上核算其用电量数，给正确计算线损电量带来不利影响。

三、预购电售电操作方法

以电卡表预购电为例，对于大电力客户，供电企业可以通过负荷管理系统实现预购电；对一般居民客户、农村生活用电、中小型企事业单位，可以采用磁卡售电的方式来实现。

协议购电和趸售方式，可依据协议规定和本单位的具体情况来实现，一般具有地方特殊性；磁卡售电方式的具体操作要求如下。

1. 正常售电

如果是新装卡表客户首次购电，售电类别选择正常售电，系统中保存为新户售电。购电一次以上的客户在正常情况下售电类别都选择正常售电。

新装卡表在装表时会在表中预置一定的电量给客户，当客户第一次购电时，实际的写卡电量不包括预置电量，所以如果无其他调整电量时，写卡电量=购电量+预置电量。新户售电的购电次数默认为1。正常售电的购电次数在原来次数上加1。

2. 换卡售电

当客户购电时，卡中信息无法正常读出时使用换卡售电。换卡售电的购电次数在原来次数上加1。

3. 清零售电

当客户换表或卡中电量无法输入到电能表中（客户让抢修人员现场表计清零后再来购电）时，使用清零售电。

如果客户换表，则会要求在计量换表流程中给新表录入预置电量及旧表剩余电量，如果不换表，则必须通过卡表调整电量业务项中录入预置电量和旧表剩余电量。如果做清零售电前没有录入预置电量，系统会自动提示。

4. 换卡写卡（电量未输入）

当客户购电后插卡，卡中电量无法输入到电能表中，确认后可以做换卡写卡。换卡写卡后的购电次数及购电量不变。

5. 清零写卡（电量未输入）

当客户做了正常售电、换卡售电后，卡中电量无法输入到电能表中，对电能表进行清零后可以做清零写卡。

【思考与练习】

1. 采用预购电售电的优点有哪些？

2. 当电量未输入时如何进行换卡写卡？

3. 预购电有哪些不利因素？

▲ 模块 10 大工业客户拖欠电费情况的处置（Z34F4010Ⅲ）

【模块描述】 本模块包括欠费管理、处理欠费的方法、电费拖欠的危害、正确催缴电费、停止供电的手续和程序等内容。通过概念描述、条文解释、流程介绍、框图示意、要点归纳，掌握处理欠费的办法。

【模块内容】

一、欠费管理

国家为了保证电力工业生产正常发展，保障供用电双方的合法利益，在《中华人民共和国电力法》和《电力供应与使用条例》中，对电价、电费和电费的回收作出了许多明确规定。特别对逾期未缴纳电费的客户，作出了新的经济处罚规定。《电力供应与使用条例》第三十九条规定：

"逾期未交付电费的，供电企业可以从逾期之日起，每日按照电费的千分之一至千分之三加收违约金"；"自逾期之日起计算超过 30 日，经催交仍未交付电费的，供电企业可以按照国家规定的程序停止供电"。

二、处理欠费的办法

对于拖欠电费的客户，首先依据《电力供应与使用条例》第三十九条规定进行处理。同时，《供电营业规则》第九十八条进一步明确规定，电费违约金从逾期之日起计算至交纳日止，电费违约金收取总额按日累加计收，总额不足 1 元者按 1 元收取。对于大工业客户，每日电费违约金按下列规定计算：

（1）当年欠费部分，每日按欠费总额的千分之二计算。

（2）跨年度欠费部分，每日按欠费总额的千分之三计算。

三、电费拖欠的危害

电力客户拖欠电费极大影响了供用电的正常秩序，影响国家的财政收入，对供电企业的生产和发展产生极大负面影响，同时如果不能及时追回电费，会阻碍供电企业的资金周转，影响电力企业的发展，给国民经济带来不利影响。

四、正确催缴电费

1. 催缴电费的依据

电费回收的依据主要是《中华人民共和国电力法》《电力供应与使用条例》和《供

电营业规则》。

2. 缴费期限

以合同约定。

3. 催缴注意事项

催缴电费是供电企业保证及时结清电费的一项重要措施。在催缴过程中，首先要保证《催缴电费通知单》及时准确送达客户；在催缴过程中要做到费用计算准确合理；在与欠费电力使用人接触过程中要做到有理有力，催缴过程有据有法，依法办事。保证电费的 100% 回收。

五、停止供电的手续和程序

1. 催缴电费通知书发送操作

《电费缴费通知单》的送达，是指供电企业以一定方式或手段将通知单送交客户的行为或过程，目的是让客户及时了解附载信息，进而对自己的权利和义务作出反应和判断。所谓送达，过程为送，重点在达，由于其关系到客户的权利义务，它是供电企业全面履行供用电合同的重要内容，也是保证电费回收的前提条件，其主要方式有以下几种。

（1）抄表人员直接送达。

（2）传真送达。

（3）手机短信送达或电话通知。

送达是供电企业履行合同的重要内容，不仅适用于《电费缴费通知单》，也适用于《欠费催缴通知单》和《欠费停电通知单》等。供电企业应针对不同客户、不同地区，分别采用不同的送达方式。

2. 停止供电的注意事项

对欠费客户自逾期之日起超过 30 日，经多次催交仍未结清电费的，按照国家有关的法律法规的规定，可采取限电、停止供电的措施。要严格按照正确的流程来办理催费、停电复电的工作流程。

3. 具体停限电的规定

停限电工作应由专人负责操作，安全措施一定要落实到位，用电检查人员应到现场加以指导。

对欠费客户运用停限电手段的目的在于收回应收的电费，在《逾期催交电费停限电通知书》发出后，尚未停电前，若客户已交清电费和欠交电费滞纳违约金的，应立即报请原批准人核准后取消停限电指令，促进电费回收。

采取停限电措施后，如客户已交清电费和欠交电费滞纳违约金，应即报请原批准人核准后尽快恢复客户用电，工作人员不得擅自决定是否恢复供电。

4. 供电企业处理欠费的司法救济

对欠缴电费的用电户，停电并不意味着一定会缴费，在实际情况中，各地还存在着许多不能停止供电的欠费户，对于此类欠费户，最后只能通过诉讼的方式来回收电费。所以，对欠费实施司法救济，也应是电费管理部门的日常工作之一。各供电企业应制定相关规定，设专人来实施该项工作。

开展司法救济，首先应该向具有管辖权的人民法院提出诉讼请求，并提供相关证据证明（"谁主张谁举证"原则）。根据《中华人民共和国民事诉讼法》的相关规定，在向人民法院提请民事诉讼请求时应具备诉讼当事人、诉讼标的和诉讼理由（即诉讼的要素）等条件。

（1）双方当事人（供电企业和欠费用电户）。

（2）诉讼标的。包括欠费金额，要求提供正式电费发票及违约金发票。考虑违约金是一个动态数据，在诉讼时一般可以采用分段计算的方法，以截止缴费日期与诉讼日期计算违约金数额，并附加说明。

（3）诉讼理由。① 用电户使用电力但未按约支付电费，提交双方签订的《供用电合同》，说明收费依据、截止缴费日期、违约金计算规则等；② 经协商未果，提供催交电费的依据（如《欠缴电费通知单》存根等）。

协商虽不是必要途径，但考虑欠缴电费的特殊性，对欠费的诉讼受理，法院通常都要求供电企业与欠费用电户事先协商（即催缴过程）。

对欠缴电费用电户的诉讼，在确认其确已无法缴纳电费的情况下，应在正式实施停电前提出诉讼，以利于债权的提前履行。

【思考与练习】

1. 简述大客户拖欠电费的处理办法。

2. 对于欠费的诉讼一般要求提供哪些材料？

3. 大客户拖欠电费的危害有哪些？

第三部分

装 表 接 电

第十章

电能计量装置安装

◢ 模块 1　单相电能计量装置的安装（Z34G1001Ⅰ）

【模块描述】本模块包含单相电能计量装置安装前的准备工作、接线图识读、安装工艺流程和技术要求、完工检查等内容。通过概念描述、流程介绍、图解示意、要点归纳，掌握单相电能计量装置的安装。

【模块内容】

一、安装接线图

（1）单相有功电能表直接接入式接线图如图 10-1-1 所示。

（2）单相智能表内置负荷开关接线如图 10-1-2 所示。

（3）单相智能表外置断路器接线如图 10-1-3 所示。

单相有功电能表经电流互感器接入式接线如图 10-1-4 所示。

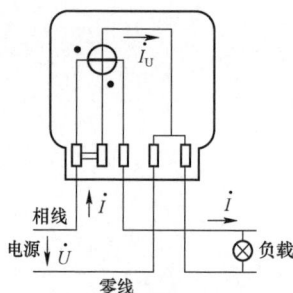

图 10-1-1　单相有功电能表
直接接入式接线图

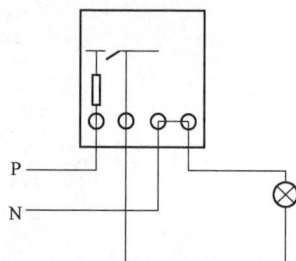

图 10-1-2　单相智能表内置
负荷开关接线图

二、劳动组织及人员要求

1. 劳动组织

电能表安装所需人员类别、职责和数量，见表 10-1-1。

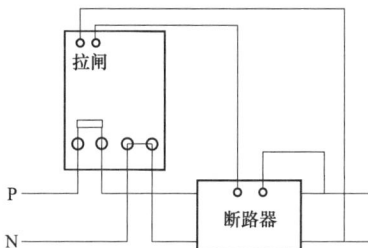

图 10-1-3 单相智能表外置
断路器接线图

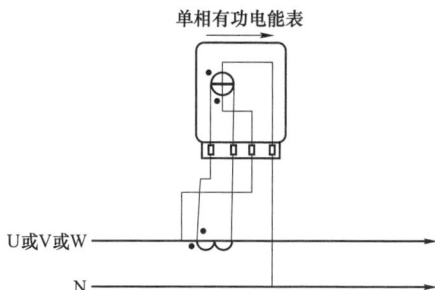

图 10-1-4 单相有功电能表经
电流互感器接入式接线图

表 10-1-1 劳 动 组 织

序号	人员类别	职 责	作业人数
1	工作班负责人	（1）正确安全的组织工作。 （2）负责检查工作票所列安全措施是否正确完备、是否符合现场实际条件，必要时予以补充。 （3）工作前对班组成员进行危险点告知。 （4）严格执行工作票所列安全措施。 （5）督促、监护工作班成员遵守电力安全工作规程，正确使用劳动防护用品，并执行现场安全措施。 （6）工作班成员精神状态是否良好，变动是否合理。 （7）交代作业任务及作业范围，掌控作业进度，完成作业任务。 （8）监督工作过程，保障作业质量	1人
2	专责监护人	（1）明确被监护人员和监护范围。 （2）作业前对被监护人员交代安全措施，告知危险点和安全注意事项。 （3）监督被监护人遵守电力安全工作规程和现场安全措施，及时纠正不安全行为。 （4）负责所监护范围的工作质量、安全	根据作业内容与现场情况确定
3	工作班成员	（1）熟悉工作内容、作业流程，掌握安全措施，明确工作中的危险点，并履行确认手续。 （2）严格遵守安全规章制度、技术规程和劳动纪律，对自己工作中的行为负责，互相关心工作安全，并监督电力安全工作规程的执行和现场安全措施的实施。 （3）正确使用安全工器具和劳动防护用品。 （4）完成工作负责人安排的作业任务并保障作业质量	根据作业内容与现场情况确定

2. 人员要求

（1）经医师鉴定，无妨碍工作的病症（体检每两年至少一次）；身体状态、精神状态应良好。

（2）具备必要的电气知识和业务技能，且按工作性质，熟悉《国家电网公司电力安全工作规程（变电部分）》的相关内容，并应经考试合格。

（3）具备必要的安全生产知识，学会紧急救护法，特别要学会触电急救。

（4）熟悉本工作，并经上岗培训、考试合格。

三、接线规则

中华人民共和国电力行业标准 DL/T 825—2002《电能计量装置安装接线规则》要求（简称：行标要求，下同）如下。

（1）按待装电能表端钮盒盖上的接线图正确接线。

（2）电源相线应接在电能表端子座第一孔电流线路中。

（3）直接接入式电能表装表用的电源进、出线，应采用绝缘铜质导线，导线截面应符合表 10-1-2 规定。

表 10-1-2　　　　　　　　　　　负荷与导线截面选择

负荷电流 I	导线截面	线径规格
20A 以下	4mm^2	1/2.25
20A≤I<40A	6mm^2	1/2.76
40A≤I<60A	10mm^2	7/1.38
60A≤I<80A	16mm^2	7/1.78
80A≤I<100A	25mm^2	7/2.25

（4）采用合适的螺丝批，拧紧端钮盒内所有螺丝，确保导线与接线柱间的连接可靠。

（5）电能表应牢固地安装在电能表箱体内。

（6）经互感器接入式电能表装表用的电压线，应采用导线截面为 2.5mm^2 及以上的绝缘铜质单芯导线；装表用的电流线，应采用导线截面为 4mm^2 的绝缘铜质单芯导线。

（7）若低压电流互感器为穿芯式时，应采用固定单一变比量程，以防止发生互感器倍率差错。

四、安装前的准备工作

装表接电人员接到装接工单后，应做以下准备工作。

（1）核对工单所列的计量装置是否与用户的供电方式和申请容量相适应，如有疑问，应及时向有关部门提出。

（2）凭工单到表库领用电能表、互感器，并核对所领用的电能表、互感器是否与工单一致。

（3）检查电能表的校验封印、接线图、检定合格证、资产标记是否齐全，校验日期是否在 6 个月以内，外壳是否完好。

（4）检查互感器的铭牌和极性标志是否完整、清晰，接线螺丝是否完好，检定合格证是否齐全。

（5）检查所需的材料及工具、仪表等是否配足带齐。

（6）电能表在运输途中应注意防震、防摔，应放入专用防震箱内；在路面不平、震动较大时，应采取有效措施减小振动。

五、安装注意事项

1. 电能表的安装场所

（1）周围环境应干净明亮，不易受损、受震，无磁场及烟灰影响。

（2）无腐蚀性气体、易蒸发液体的侵蚀。

（3）运行安全可靠，抄表读数、校验、检查、轮换方便。

（4）电能表原则上装于室外的走廊、过道内及公共的楼梯间，或装于专用配电间内（二楼及以下）。高层住宅一户一表，宜集中安装于二楼及以下的公共楼梯间内。

（5）装表点的气温应不超过电能表标准规定的工作温度范围（对 P、S 组别为 0～+40℃；对 A、B 组别为–20%～+50%）。

2. 电能表的一般安装规范

（1）电能表应安装在电能计量柜（屏）上，每一回路的有功和无功电能表应垂直排列或水平排列，无功电能表应在有功电能表下方或右方，电能表下端应加有回路名称的标签，两只三相电能表相距的最小距离为 80mm，单相电能表间的最小距离为30mm，电能表与屏边的最小距离为 40mm。

（2）室内电能表宜装在 0.8m 至 1.8m 的高度（表水平中心线距地面距离）。

（3）电能表安装必须垂直牢固，表中心线向各方向的倾斜不大于 1°。

（4）《交流有功和无功电能表》（JB/T 5467—1991）规定：对在正常条件下连接到对地电压超过 250V 的供电线路上，外壳是全部或部分用金属制成的电能表，应该提供一个保护端。因此，单相 220V 电能表一般不设接地端。

（5）在多雷地区，计量装置应装设防雷保护，如采用低压阀型避雷器。当低压配电线路受到雷击时，雷电波将由接户线引入屋内，危害极大。最简单的防雷方法是将接户线入户前的电杆绝缘瓷瓶铁脚接地，这样当线路受到雷击时，就能对绝缘的瓷瓶铁脚放电，把雷电流泄掉，从而使设备和人员不受高电压的危害。在多雷地区，安装阀型避雷器或压敏电阻，较为适宜。

（6）在装表接电时，必须严格按照接线盒内的图纸施工。对无图纸的电能表，应先查明内部接线。现场检查的方法可使用万用表测量各端钮之间的电阻值，一般电压线圈阻值在 kΩ 级，而电流线圈的阻值近似为零。若在现场难以查明电能表的内部接线，应将表退回。

（7）在装表接线时，必须遵守以下接线原则：① 单相电能表必须将相线接入电流线圈；② 电能表的零线必须与电源零线直接联通，进出有序，不允许相互串联，不允许采用接地、接金属外壳等方式代替；③ 进表导线与电能表接线端钮应为同种金属导体。

（8）进表线导体裸露部分必须全部插入接线盒内，并将端钮螺丝逐个拧紧。线小孔大时，应采取有效的补救措施。带电压连接片的电能表，安装时应检查其接触是否良好。

3. 零散居民户和单相供电的经营性照明用户电能表的安装要求

（1）电能表一般安装在户外临街的墙上，临街安装确有困难时，可安装在用户室内进门处。装表点应尽量靠近沿墙敷设的接户线，且便于抄表和巡视的地方，电能表的安装高度，应使电能表的水平中心线距地面 1.8～2.0m。

（2）电能表的安装，采用表板加专用电能表箱的方式。每一用户在表板上安装单相电能表 1 块，封闭电能表的专用表箱 1 个，瓷插式熔断器 2 个，单相闸刀开关 1 只。

（3）专用电能表箱应由供电公司统一设计，其作用为：① 保护电能表；② 加强封闭性能，防止窃电；③ 防雨、防潮、防锈蚀、防阳光直射。

（4）电能表的电源侧应采用电缆（或护套线）从接户线的支持点直接引入表箱，电源侧不装设熔断器，也不应有破口、接头的地方。

（5）电能表的负荷侧，应在表箱外的表板上安装瓷插式熔断器和总开关，熔体的熔断电流宜为电能表额定最大电流的 1.5 倍左右。

（6）电能表及电能表箱均应分别加封，用户不得自行启封。

（7）表箱进出线必须加装绝缘 PVC 套管保护，表箱进线不应有破口或接头，套管上端应留有滴水弯，下端应进入表箱内，以免雨水流入表箱内。

六、危险点分析及预防控制措施

危险点与预防控制措施，见表 10-1-3。

表 10-1-3 危险点分析及预防控制措施

序号	防范类型	危险点	预防控制措施
1	人身触电与伤害	误碰带电设备	（1）在电气设备上作业时，应将未经验电的设备视为带电设备。 （2）在高、低压设备上工作，应至少由两人进行，并完成保证安全的组织措施和技术措施。 （3）工作人员应正确使用合格的安全绝缘工器具和个人劳动防护用品。

序号	防范类型	危险点	预防控制措施
1	人身触电与伤害	误碰带电设备	（4）高、低压设备应根据工作票所列安全要求，落实安全措施。涉及停电作业的应实施停电、验电、挂接地线、悬挂标示牌后方可工作。工作负责人应会同工作票许可人确认停电范围、断开点、接地、标示牌正确无误。工作负责人在作业前应要求工作票许可人当面验电；必要时工作负责人还可使用自带验电器（笔）重复验电。 （5）工作票许可人应指明作业现场周围的带电部位，工作负责人确认无倒送电的可能。 （6）应在作业现场装设临时遮栏，将作业点与邻近带电间隔或带电部位隔离。作业中应保持与带电设备的安全距离。 （7）严禁工作人员未履行工作许可手续擅自开启电气设备柜门或操作电气设备。 （8）严禁在未采取任何监护措施和保护措施情况下现场作业
		电源误碰	（1）工作负责人对工作班成员应进行安全教育，作业前对工作班成员进行危险点告知，明确带电设备位置，交代工作地点及周围的带电部位及安全措施和技术措施，并履行确认手续。 （2）相邻带电间隔和带电部位，必须装设临时遮栏并设专人监护。在工作地点设置"在此工作"标示牌。 （3）核对装拆工作单与现场信息是否一致
		停电作业发生倒送电	（1）工作负责人应会同工作票许可人现场确认作业点已处于检修状态，并使用高压验电器却无电压。 （2）确认作业点安全隔离措施，各方面电源、负载端必须有明显断开点。 （3）确认作业点电源、负载端均已装设接地线，接地点可靠。 （4）自备发电机只能作为试验电源或工作照明，严禁接入其他电气回路
		电能表箱、终端箱、电动工具漏电	（1）电动工具应检测合格，并在合格期内，金属外壳必须可靠接地，工作电源装有漏电保护器。 （2）工作前应用验电笔对金属电能表箱、终端箱进行验电，并检查电能表箱、终端箱接地是否可靠。 （3）如需在电能表、终端 RS485 口进行工作，工作前应先对电能表、终端 RS485 口进行验电
		使用临时电源不当	（1）接取临时电源时安排专人监护。 （2）检查接入电源的线缆有无破损，连接是否可靠。 （3）移动电源盘必须有漏电保护器
		短路或接地	（1）工作中使用的工具，其外裸的导电部位应采取绝缘措施。 （2）加强监护，防止操作时相间或相对地短路
		电弧灼伤	工作人员应穿绝缘鞋和全棉长袖工作服，并佩戴手套、安全帽和护目镜

续表

序号	防范类型	危险点	预防控制措施
1	人身触电与伤害	雷电伤害	雷雨天气禁止在室外进行天线安装作业
		电流互感器二次侧开路	加强监护，严禁电流互感器二次侧开路
		电压互感器二次侧短路	加强监护，严禁电压互感器二次侧短路
2	机械伤害	戴手套使用转动电动工具	使用转动电动工具严禁戴手套
3	高空坠落	使用不合格登高用安全工器具	按规定对各类登高用工器具进行定期试验和检查，确保使用合格的工器具
		绝缘梯使用不当、未按规定使用双控背带式安全带	（1）使用前检查梯子的外观，以及编号、检验合格标识，确认符合安全要求。 （2）应派专人扶持，防止绝缘梯滑动。 （3）梯子应有防滑措施，使用单梯工作时，梯子与地面的斜角度为60°左右，梯子不得绑接使用，人字梯应有限制开度的措施，人在梯子上时，禁止移动梯子。 （4）高处作业上下传递物品，不得投掷，必须使用工具袋并通过绳索传递，防止从高空坠落发生事故。 （5）高空作业应按规定使用双控背带式安全带
4	设备损坏	接线时压接不牢固、接线错误导致设备损坏	加强监护、检查
		仪器仪表损坏	（1）仪器仪表应经检测合格，使用时应注意量程设定和使用规范。 （2）仪器仪表在运输、搬运过程中轻拿轻放，并采取防震、防潮、防尘措施。 （3）仪器仪表在安装、使用前应对其完好性进行检查
		设备材料运输、保管不善造成损坏、丢失	加强设备、材料管理
		工器具损坏或遗留在工作地点	正确使用工器具并规范管理，作业前后进行清点

七、安装与接电步骤

1. 人员组织

工作班成员至少2人，其中：工作负责人1名，工作班成员1人。

2. 工作方式

人工停电安装。

3. 主要工器具

根据具体工作内容选择所需要的工具，如：压接钳、万用表、500V绝缘电阻表、相序表、剥线钳、钢锯、登高工具、冲击钻、小榔头、套筒扳手、铝合金梯子及个人工器具。

4. 工作程序

（1）办理装表接电工作票，按工作任务单要求到表库领取电能表，并正确运输到安装地点。

（2）检查电能表安装场所是否符合基本要求，如符合，工作负责人向工作班成员交代现场实地状况和具体实施方案，并详细交代安全措施及技术措施。

（3）按需要接好临时电源。

（4）按照确定的装表接电方案进行单相电能表安装，其安装按下列顺序进行。

1）选择好电能表安装位置，确定电能表进出线长度。

2）根据负荷要求选择进出线绝缘导线截面，按所需长度锯断（或剪断）导线，并削剥导线线头。

3）连接非进出电能表的导线。

4）安装负荷侧电气控制设备。

5）悬挂电能表。

6）正确连接电能表进出线（先接负荷侧，后接电源侧）。

7）工作负责人检查电能表接线，确认接线正确。

（5）检查并清理工作现场，确认工作现场无遗留的工器具、材料等物品。

（6）进行送电前的检查。核查安装的电能表、互感器是否与装表接电工作票所列相一致；检查电能表、互感器接线是否正确；检查各接线桩头是否紧固牢靠，有无碰线的可能；安全距离是否足够；检查互感器安装是否牢固，其二次接线是否正确，互感器外壳铁芯是否按要求正确接地；检查电能表与专用接线盒接线是否正确，接线盒内短路片位置是否正确，连接是否可靠；检查有无工具等物件遗留在设备上。

（7）拉开负荷侧总开关，搭通电能表前保险器。

（8）搭接接户线电源（先搭中性线，后搭相线）。

（9）在送电前检查各项均通过后，进行送电试验检查（包括合上负荷总开关、带负荷检查）。检查内容如下：观察电能计量装置运行是否正常；用万用表（或电压表）在电能表端子接线盒内测量电压是否正常；带负荷后观察电能表运行情况。必要时，用秒表测算电能表计量的准确性。

（10）抄录电能表示数等。按工作票及任务书要求抄录电能表、互感器的铭牌数据及电能表的示数；检查电能表的日期、时钟是否正确，以及"峰""谷""平"各时段是否设置正确。

（11）按要求对电能表及计量箱加装封印，并要求用户签字确认电能表封印完好。应加装封印的部位有：电能表端子接线盒、二次回路各接线端子盒以及计量柜（箱）门等。

（12）填写工作票上所列内容，终结工作票。

（13）资料归档。

5. 安全注意事项

（1）电能表中性线必须与电源中性线直接接通，严禁采用接地接金属屏外壳等方式接地。

（2）工作时使用有绝缘柄的工具，并戴好绝缘手套和安全帽，必须穿长袖衣工作。

（3）登高作业应戴好安全帽，系好安全带，防止高空坠落，使用梯子作业时，应有专人扶护，防止梯子滑动，造成人员伤害。

（4）临时接入的工作电源须用专用导线，并装设有漏电保护器；电动工具外壳应接地。

（5）在多雷地区，应增装低压氧化锌避雷器或其他防雷保护。

（6）安装在绝缘板、木板上的电能表及开关等设备的金属外壳应可靠接地或接零。

【思考与练习】

1. 电能表安装的危险点与控制措施有哪些？

2. 画出有内置和外置负荷开关的单相智能表接线图。

3. 电能表的安装规范有哪些？

◢ 模块 2 直接接入式三相四线电能计量装置的安装（Z34G1002 I）

【模块描述】本模块包含直接接入式三相四线电能计量装置的接线图、安装准备工作、安装接线、工艺要求及接线检查等内容。通过概念描述、流程介绍、图解示意、要点归纳，掌握直接接入式三相四线电能计量装置的安装。

【模块内容】用户用电设备容量在 100kW 以下或需用变压器容量在 50kVA 及以下者，宜采用低压三相四线制供电。负荷电流小于 100A 采用直接接入式电能表。

一、安装接线图

直接接入式三相四线电能表接线原理图，如图 10-2-1 所示。

电能表内部三个计量元件分别加上对应相的相电流和相电压，计量的总功率表达为

$$P' = 3U_{ph}I_{ph}\cos\varphi \qquad (10-2-1)$$

式中 U_{ph}——相电压有效值；

       I_{ph}——相电流有效值；

$\cos\varphi$ ——每相负载的阻抗角。

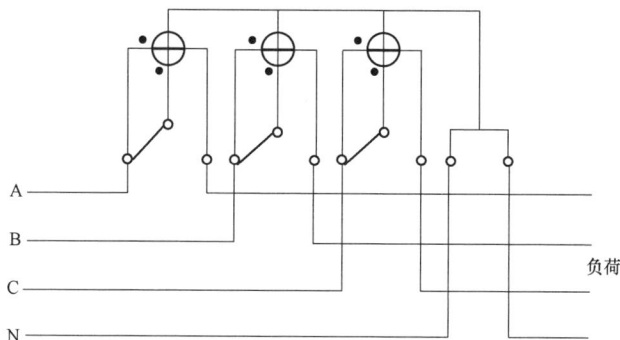

图 10-2-1　直接接入式三相四线电能表接线原理图

这种接线一般用于低压 380/220V 的供电系统中。

三相四线电能表中性线的接法与单相电能表不同，其总中性线直接由电源接至负载，电能表的中性线用 2.5mm² 及以上的铜芯绝缘线 "T" 接到总中性线上，或者中性线是不剪断的，而是中间剥去绝缘层后整根接入的。这样做的原因是：若中性线剪断接入时，如在电能表表尾接触不良，则容易造成中性线断开，会使负载的中性点与电源的中性点不重合，负载上出现电压不平衡，有的过电压、有的欠电压，导致设备不能正常工作，承受过电压的设备甚至还会被烧毁。而采取 "T" 形接法时，总中性线是在没有断口的情况下直接接到用户设备上，不会发生上述情况。同时注意，"T" 接口处应恢复绝缘并且铅封于表箱内，以防接口处被窃电或产生不安全因素。

二、注意事项

安装的注意事项除单相电能计量装置的安装（见第十章模块 1）中所述的内容外，还应特别注意，安装中不能发生如下错误或不规范情况。

1. 原理上接线错误

（1）相序不按正相序接入，造成计量误差。接线时不能将相线对换。

（2）剩余电流动作断路器的相线、中性线对换。造成不能可靠安全工作。

（3）表尾相线、中性线调换，不能正确计量且易烧表。

（4）表尾进出线接反，不能正确计量。

2. 工艺上的错误与不规范

（1）中性线穿越电能表接线。电能表表尾中性线应采用分支连接，不应采用断开接线。

（2）表尾线头剥削过长造成露芯，易被窃电且不安全。

（3）表尾接线端子只压一只螺钉，造成发热和烧表事故。

（4）不同规格导线在接线柱处叠压不规范。不同规格导线在接线柱处叠压时应大导线在下，小导线在上，以防减少接触面积造成接触不良。

（5）线鼻子弯圆方向与接线柱螺母旋紧方向相反，易造成螺母旋紧操作不方便且易使线鼻子弯圆变形而造成接触不良。

安装的其他具体要求与第十章模块 1 单相电能计量装置安装要求相同，不再重述。

【思考与练习】

1. 画出直接接入式三相四线电能表的接线原理图。

2. 直接接入式相四线电能计量装置安装时对中性线有何特别规定？

3. 直接接入式相四线电能计量装置安装时常见的错误有哪些？

▲ 模块 3　装表接电工作结束后竣工检查（Z34G1003Ⅰ）

【模块描述】本模块包含装表接电工作结束后竣工检查的检查资料整理、现场核查和通电试验等内容。通过概念描述、要点归纳，掌握装表接电工作结束后的竣工检查。

【模块内容】电能计量装置投运前应由相关管理部门组织专业人员进行全面的验收。其目的是：及时发现和纠正安装工作中可能出现的差错；检查各种设备的安装质量及布线工艺是否符合要求；核准有关的技术管理参数，为建立用户档案提供准确的技术资料。

验收的项目及内容应包括技术资料、现场核查、验收试验、验收结果的处理。

一、技术资料检查

装表接电工作结束后竣工检查的检查资料主要包括：电能计量装置计量方式原理接线图，一、二次接线图，施工设计图和施工变更资料；电压、电流互感器安装使用说明书、出厂检验报告、法定计量检定机构的检定证书；计量柜（箱）的出厂检验报告、说明书；二次回路导线或电缆的型号、规格及长度；电压互感器二次回路中的熔断器、接线端子的说明书等；高压电气设备的接地及绝缘试验报告；施工过程中需要说明的其他资料。

二、现场核查

1. 现场核查主要内容

装表接电工作结束后竣工检查的现场核查的主要内容包括：计量器具型号、规格、计量法定标志、出厂编号等应与计量检定证书和技术资料的内容相符；产品外观质量应无明显瑕疵和受损；安装工艺质量应符合有关标准要求，检查电能表、互感器安装是否牢固，位置是否适当，外壳是否根据要求正确接地或接零等；电能表、互感器及其二次回路接线情况应和竣工图一致；检查电能表，互感器一、二次接线及专用接线盒，接线是否正确，接线盒内连接片位置是否正确，连接是否可靠，有无碰线的可能，安全距离是否足够，各接点是否坚固牢靠等；检查进户装置是否按设计要求安装，进户熔断器熔体选用是否符合要求；检查有无工具等物件遗留在设备上；按工单要求抄录电能表、互感器的铭牌参数数据，记录电能表起止码及进户装置材料等，并告知用户核对。

2. 安装质量检查

详见第十章模块 1 单相电能计量装置的安装。

三、验收试验（通电检查）

检查二次回路中间触点、熔断器、试验接线盒的接触情况。对电能计量装置通以工作电压，观察其工作是否正常；用万用表（或电压表）在电能表端钮盒内测量电压是否正常（相对地、相对相），用试电笔核对相线和中性线，观察其接触是否良好。

接线正确性检查。用相序表核对相序，引入电源相序应与计量装置相序标志一致。带上负荷后观察电能表运行情况；用相量图法核对接线的正确性及对电能表进行现场检验，对低压计量装置该工作需在专用端子盒上进行。

应核对电能表的日期、时钟是否准确和各个时段是否设置正确。

现场检查完毕合格后，应立即加封印，并应由用户或运行维护人员在工作票封印完好栏上签字盖章。应加装封铅，封印（条）的部位有：电能表端子接线盒、二次回路各接线端子盒及计量柜（箱）门等。

新投运或改造后的 I、II、III、IV 类电能计量装置，应在一个月内进行首次现场检验。低压用户应在一周以内再去现场核查一次。

四、验收结果的处理

经验收的电能计量装置应由验收人员及时实施封印。封印的位置为互感器二次回路的各接线端子、电能表端钮盒、封闭式接线盒、计量柜（箱）门等；实施铅封后应由运行人员或用户签字确认铅封完好。

检查工作凭证记录内容是否正确、齐全，有无遗漏；施工人、封表人、用户是否已签字盖章。以上全部齐整后将工作凭证转交营业部门归档立户。转交前应将有关内容登记在电能计量装置台账上，填写电能计量装置账、册、卡。

经验收的电能计量装置应由验收人员填写验收报告，注明"计量装置验收合格"或者"计量装置验收不合格"及整改意见，整改后再行验收。验收不合格的电能计量装置禁止投入使用。

对成套电能计量装置，验收时应重点检查的项目有：计量装置的设计应符合 DL/T

448—2016 的要求；计量装置所使用的设备、器材，均应符合国家标准和电力行业标准，并附有合格证件；各种铭牌标志清晰；电能表、互感器的安装位置应便于抄表、检查及更换，操作空间距离、安全距离足够；计量屏（箱）可开启门应能加封；一、二次接线的相序、极性标志应正确一致，固定支持间距、导线截面应符合要求，引入电源相序应与计量装置相序标志一致；核对二次回路导通情况及二次接线端子标致是否正确一致，计量二次回路是否专用；检查接地及接零系统是否满足要求；检查绝缘耐压试验记录是否合格；各种图纸、资料应齐全。

【思考与练习】

1. 装表接电工作结束后竣工检查的现场核查的主要内容包括哪些？

2. 通电检查有哪些内容？

3. 装表接电工作结束后竣工验收结果如何处理？

▲ 模块 4 经电流互感器（TA）接入式三相四线电能计量装置和集中抄表终端的安装（Z34G1004Ⅱ）

【模块描述】本模块包含经 TA 接入式三相四线电能计量装置和集中抄表终端的接线图、安装准备工作、安装接线、工艺要求及接线检查等内容。通过概念描述、流程介绍、图解示意、要点归纳，掌握经 TA 接入式三相四线电能计量装置的安装。

【模块内容】

一、电能表安装接线图

经 TA 接入式三相四线电能表接线图，见图 10-4-1。

二、电流互感器的安装

低压电流互感器的安装，一般应遵循以下安装规范：

（1）电流互感器安装必须牢固。互感器外壳的金属外露部分应可靠接地。

（2）同一组电流互感器应按同一方向安装，以保证该组电流互感器一次及二次回路电流的正方向均为一致，并尽可能易于观察铭牌。

（3）采用经互感器接入方式时，各元件的电压和电流应为同相，互感器极性不能接错。否则电能表计量不准，甚至反转。

（4）电流互感器二次侧不允许开路，双次级互感器只用一个二次回路时，另一个次级应可靠短接。

（5）低压电流互感器的二次侧可不接地。这是因为低压计量装置使用的导线、电能表及互感器的绝缘等级相同，可能承受的最高电压也基本一致；另外二次绕组接地后，整套装置一次回路对地的绝缘水平将要下降，易使有绝缘弱点的电能表或互感器在高电压作用（如受感应雷击）时损坏。因此为减小遭受雷击损坏，也以不接地为佳。

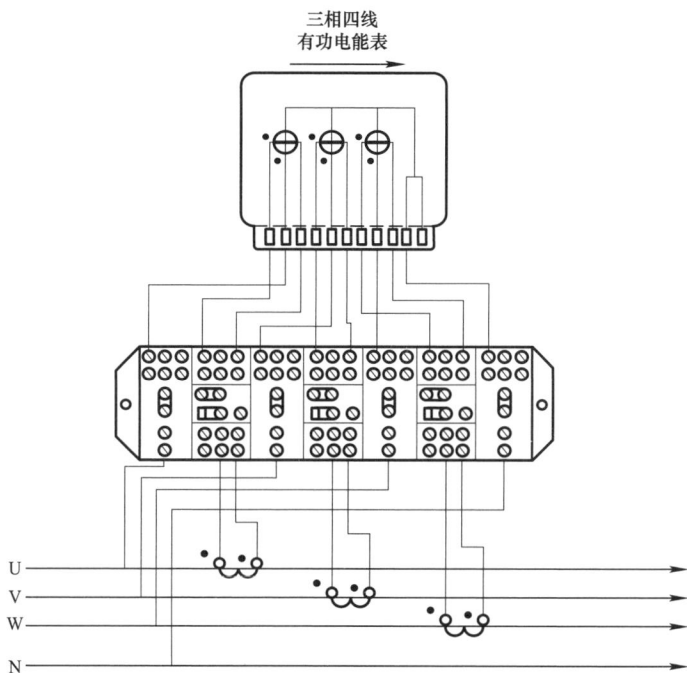

图 10-4-1　经 TA 接入式三相四线电能表接线图

三、二次回路的安装

（1）电能计量装置的一次与二次接线，必须根据已批准的图纸施工。二次回路应有明显的标志，最好采用不同颜色的导线。

二次回路走线要合理、整齐、美观、清楚。对于成套计量装置，导线与端钮连接处，应有字迹清楚、与图纸相符的端子编号排。

（2）二次回路的导线绝缘不得有损伤和接头，导线与端钮的连接必须拧紧，接触良好。

（3）低压计量装置的二次回路连接方式：

1）每组电流互感器二次回路接线应采用分相接法。

2）电压线宜单独接入，不与电流线公用，取电压处和电流互感器一次间不得有任何断口，且应在母线上另行打孔连接，禁止在两段母线连接螺丝上引出。

安装的其他具体要求与第十章模块 1 单相电能计量装置安装要求相同，不再重述。

四、采集器作业规范

（一）任务接受

工作负责人根据班长的安排，接受工作任务。

（二）现场勘查

（1）提前联系客户，约定现场勘查时间。

（2）配合相关专业进行现场勘查。确定采集方案、采集器安装位置。

（三）工作前准备

1. 工作预约

如终端的安装需用户配合的，应提前和用户预约现场作业时间。

2. 发布公告

批量安装应和物业提前沟通并贴出施工告示。

3. 打印工作单

根据工作安排打印工作单。

4. 办理工作票签发

（1）依据工作任务填写工作票。

（2）办理工作票签发手续。在客户高压电气设备上工作时应由供电公司与客户方进行双签发。供电方安全负责人对工作的必要性和安全性、工作票上安全措施的正确性、所安排工作负责人和工作人员是否合适等内容负责。客户方工作票签发人对工作的必要性和安全性、工作票上安全措施的正确性等内容审核确认。

5. 领取材料

凭装拆工作单领取所需终端、封印及其他材料，并核对所领取的材料是否符合装拆工作单要求。

6. 准备和检查仪器设备

根据工作内容准备所需仪器设备，并检查是否符合作业要求。

7. 准备和检查工器具

根据工作内容准备所需工器具，并检查是否满足安全及实际使用要求。

（四）现场开工

1. 办理工作票许可

（1）告知用户或有关人员，说明工作内容。

（2）办理工作票许可手续。在客户电气设备上工作时应由供电公司与客户方进行双许可，双方在工作票上签字确认。客户方由具备资质的电气工作人员许可，并对工作票中安全措施的正确性、完善性，现场安全措施的完善性以及现场停电设备有无突然来电的危险负责。

（3）会同工作许可人检查现场的安全措施是否到位，检查危险点预控措施是否落实。

2. 检查并确认安全工作措施

（1）高、低压设备应根据工作票所列安全要求，落实安全措施。涉及停电作业的应实施停电、验电、挂接地线或合上接地刀闸、悬挂标示牌后方可工作。工作负责人应会同工作票许可人确认停电范围、断开点、接地、标示牌正确无误。工作负责人在作业前应要求工作票许可人当面验电，必要时工作负责人还可使用自带验电器（笔）重复验电。

（2）应在作业现场装设临时遮栏，将作业点与邻近带电间隔或带电部位隔离。工作中应保持与带电设备的安全距离。

（五）装、拆、换作业

1. 断开电源并验电

（1）核对作业间隔。

（2）使用验电笔（器）对计量箱、采集终端箱和采集器箱金属裸露部分进行验电，并检查柜（箱）接地是否可靠。

（3）确认电源进、出线方向，断开进、出线开关，且能观察到明显断开点。

（4）使用验电笔（器）再次进行验电，确认一次进出线等部位均无电压后，装设接地线。

2. 核对信息

现场核对集中器、采集器，以及载波芯片编号、型号、安装地址等信息，确保现场信息与工作单一致。

3. 设备检查

（1）检查电能计量装置外观、封印是否完好，发现窃电嫌疑时应保持现场，并通知相关部门处理。

（2）检查电能计量装置运行状况是否正常，发现问题时应通知相关部门处理。

（3）必要时对现场进行照相取证。

4. 接取临时电源

（1）从工作许可人指定的电源箱接取，检查电源电压幅值、容量是否符合要求，且在工作现场电源引入处应配置有明显断开点的刀闸和漏电保护器。

（2）根据施工设备容量核定移动电源盘的容量，移动电源盘必须有漏电保护器。

（3）接取电源时安排专人监护；接线时刀闸或空气开关应在断开位置，从电源箱内出线闸刀或空气开关下桩头接出，接出前应验电。

（4）根据设备容量选择相应的导线截面。

5. Ⅱ型集中器方式的安装（主站+Ⅱ型集中器+RS485 电能表）

（1）Ⅱ型集中器应垂直安装，用螺钉三点牢靠固定在电能表箱或终端箱的底板上。金属类电能表箱、终端箱应可靠接地。

（2）外挂终端箱时，终端箱与电能表箱之间 RS485 通信线缆的连接宜采用端子排并配管敷设。RS485 通信线缆与电源线不得同管敷设。

（3）Ⅱ型集中器安装位置应避免影响其他设备的操作，无线公网信号强度应满足通信要求，必要时可使用外置天线。

（4）Ⅱ型集中器接入工作电源需考虑安全，必要时采取停电措施。集中器电源与集中器之间应通过明显断开点的开关（不带跳闸功能）接入总电源。

（5）按接线图，正确接入集中器电源线、RS485 通信线缆。在电能表上进行 RS485 通信线缆的连接时应采取强弱电隔离措施后进行。

（6）RS485 通信线缆的选择、使用应满足有关规定的要求。架空、直埋走线宜采用截面不小于 0.5mm^2 带铠装、屏蔽、分色双绞多股铜芯线缆，并考虑备用；表箱间的连接宜采用 2×0.75mm^2 带屏蔽、分色双绞多股铜芯线缆；电能表间的连接宜采用 2×0.4mm^2 分色双绞单股铜芯线缆。

（7）楼层间需要进行 RS485 通信线缆连接的，应在墙面配 PVC 管，配管固定前，应预先穿好电缆线。

直角弯时应加弯头连接。将配管用管卡固定在墙上，管卡间的距离不宜超过 30cm，配管固定牢固、美观。

（8）在配管有障碍或业主（物业）有其他要求的情况下，征得业主（物业）同意，现场还需穿孔或墙面、地面开槽，开挖深度应符合有关规定的要求，施工结束后应将墙面、地面恢复原状。

（9）电能表箱间通过钢索进 RS485 通信线缆的连接时，RS485 通信线缆不应缠绕钢索走线，上、下钢索线时不应凌空飞线，对地距离应满足相关规定的要求，出钢索的电缆线在外墙面和电能表箱之间应配管敷设，并固定牢固。

（10）利用穿线工具将 RS485 通信线缆通过地沟进行连接时，RS485 通信线缆在回拉过程中应无断点。

（11）电能表箱间通过管道井、桥架进行 RS485 通信线缆的连接时，布线完毕后，管道井、桥架的外盖及内部封堵应恢复原样，通信线应进行固定。如管道井到电能表箱间需配管的，应在 RS485 通信线缆外加套金属软管，并固定牢固。

（12）RS485 通信线缆采用穿管、线槽、钢索方式连接时，不得与强电线路合管、合槽敷设，与绝缘电力线路的距离应不小于 0.1m，与其他弱电线路应有有效的分隔措施。

（13）用户集中区域电能表之间 RS485 通信线缆宜以串接方式连接，RS485 通信线缆中间不宜剪断；用户分散区域电能表之间 RS485 通信线缆宜以放射和串接混合的方式连接。

（14）电能表箱间 RS485 通信线缆的连接宜采用端子排过渡，便于检修。

（15）末端表计与终端之间的电缆连线长度不宜超过 100m。

（16）RS485 通信线缆的屏蔽层应单侧可靠接地。

（17）RS485 通信线缆应用扎带或不干胶线卡固定，绑扎完毕后要剪掉扎带多余的尾线，导线捆扎和线束固定应牢固和整齐。

（18）RS485 通信线缆两端应使用电缆标牌或标识套进行对应编号标识。

（19）RS485 通信线缆接线正确、牢固，走线合理、美观，不得有金属外露及压皮现象。

（20）经工作负责人复查确认接线正确无误后，盖上电表、终端接线端钮盒盖。

（21）通电检查终端指示灯显示情况，观察集中器是否正常工作。

（22）检查无线类终端网络信号强度，必要时对天线进行调整，确保远程通信良好。

6. 全载波（微功率）方式的安装（主站+集中器+载波电能表）

（1）集中器应安装在变压器 400V 母线侧，安装位置应避免影响其他设备的操作。

（2）集中器统一在箱体内安装；箱体具备良好的抗冲击、防腐蚀和防雨能力，具备专用加封、加锁位置。

（3）杆式变压器下集中器安装应不影响生产检修，便于日常维护；箱式变压器集中器安装在变压器操作间内。

（4）接入工作电源需考虑安全，必要时采取停电措施。集中器电源与集中器之间应用开关（联合接线盒）进行隔离，以便于运行维护。

（5）集中器应垂直安装，用螺钉三点牢靠固定在电能表箱或终端箱的底板上。金属类电能表箱、终端箱应可靠接地。

（6）按接线图，正确接入集中器、电源线。

（7）检查集中器网络信号强度，必要时对天线进行调整，确保远程通信良好。

【思考与练习】

1. 画出经 TA 接入式三相四线带接线盒电能计量装置的接线图。

2. 互感器二次回路安装有何要求？

3. 简述全载波（微功率）方式的安装（主站+集中器+载波电能表）。

◢ 模块 5 三相三线电能计量装置的安装和集中抄表终端的验收（Z34G1005Ⅲ）

【模块描述】本模块包含三相三线电能计量装置安装用的工具、材料、安全要求和安装步骤及工艺要求等内容。通过流程介绍、图解示意、要点归纳，掌握三相三线电能计量装置的安装。掌握集中抄表终端的验收。

【模块内容】

一、10kV 三相三线电能计量装置接线图

10kV 三相三线电能计量装置接线图如图 10-5-1 所示。

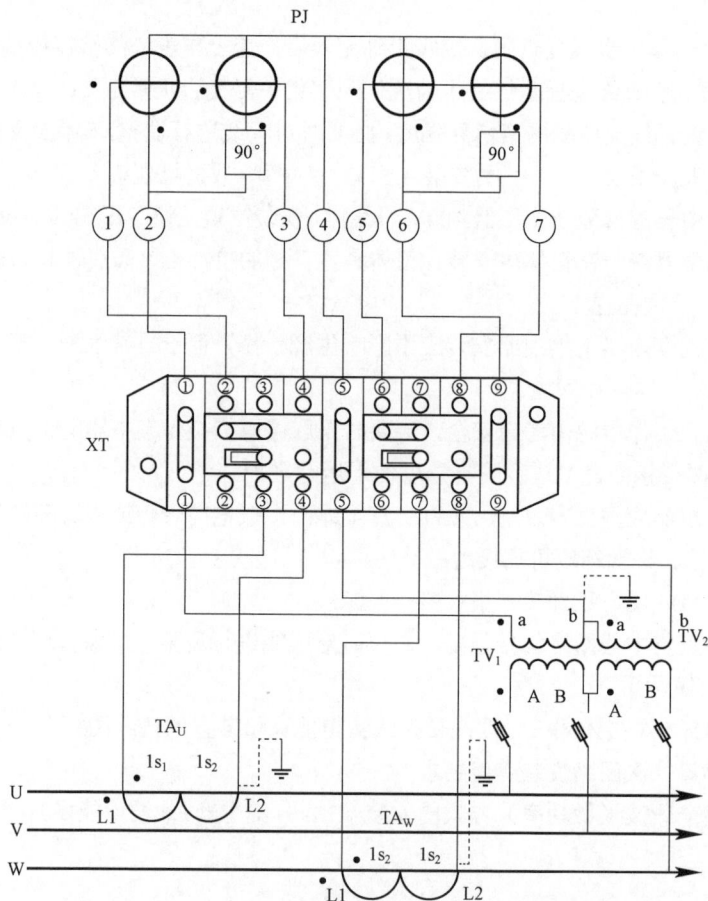

图 10-5-1 10kV 三相三线电能计量装置接线图

图 10-5-1 的特点是采用 2 台高压电流互感器和 2 台高压电压互感器。其中：高压电流互感器二次绕组采用分相接线方式，即每相电流互感器的次级绕组应分别单独放线与电能表对应的电流线路相连接；高压电压互感器一、二次绕组按 V-v 接线方式接线；对三相三线制而言，2 只电流互感器的次级绕组共有四根联接导线，2 只电压互感器的次级绕组共有 3 根联接导线。

二、导线选择

（1）装表用导线颜色规定：A、B、C 各相线及 N 中性线分别采用黄、绿、红及黑色。接地线用黄绿双色。这是符合国家标准 GB/T 2681—1981《电工成套装置中的导线颜色》规定。

（2）经 TA、TV 接入式电能表装表用电压线，应采用导线截面为 2.5mm² 及以上的绝缘铜质单芯导线；装表用电流线，应采用导线截面为 4mm² 的绝缘铜质单芯导线。

三、接线工艺

按照 DL/T 825—2002《电能计量装置安装接线规则》要求，做好以下内容。

（1）按待装电能表端钮盒盖上的接线图正确接线。

（2）三相电能表端钮盒的接线端子，应遵循"一孔一线""孔线对应"原则。禁止在电能表端钮盒端子孔内同时连接两根导线，以减少在电能表更换时造成接错线的概率。

（3）三相电源相序应按正相序装表接线。

（4）对经互感器接入式的三相电能表，为便于日常现场检表和不停电换表处理需要，建议在电能表前端加装试验接线盒。

（5）计费用电能表接线中的二组高压电流互感器二次绕组非极性端相连后必须接地；非计费用电能表接线中的任一组高压电流互感器二次绕组非极性端必须接地。

（6）严禁在电流互感器二次绕组与电能表相连接的回路中有接头，必要时应采用电能表试验接线盒、电流型端子排等过渡连接。电流互感器二次回路严禁开路。

（7）采用二只高压电压互感器 V-v 接线方式，电压互感器 b 相二次绕组必须接地；采用三只高压电压互感器 Y-yn 接线方式，电压互感器二次绕组 n 处必须接地。

（8）10～35kV 电压互感器的二次回路中不加熔断器。

（9）35kV 及以下计费用电力用户应配有专用的电流、电压互感器。

（10）用户及所属电能计量装置的类别，对 I、II 类计费用户的电能计量装置中二次导线压降不大于 $0.2\%U_n$，其他用户电能计量装置中二次导线压降不大于 $0.5\%U_n$。

（11）采用合适的螺丝批，拧紧端钮盒内所有螺丝，确保导线与接线柱间的电气连接可靠。

（12）电能表应牢固地安装在电能计量柜或计量箱体内。

四、集中抄表终端现场调试

1. 配合相关专业进行竣工验收

（1）检查终端安装资料应正确、完备。

（2）检查接线应与竣工图一致。

（3）检查安装工艺质量应符合有关标准要求。

2. Ⅱ型集中器方式（主站+Ⅱ型集中器+RS485电能表）现场调试

（1）用手持抄表终端，通过红外或RS485通信方式，抄收电能表实时表示数，以验证采集器与电能表连接正确。对不能正确抄收的，检查RS485通信线缆，调整后直至通信正常，确保连接正确。

（2）检查采集器通电后指示灯状态是否正确，指示灯包含电源、网络信号强度、GPRS在线等；建立采集器、表号、户号对应关系表，并通过远程主站注册至采集器内。

（3）观察采集器上行及下行通信指示灯，用手持抄表终端检查采集器下行抄表数据是否正确、完整，联系远程主站核对采集器上行抄表数据，直至全部正确。

（4）统计采集器在线情况，对不在线采集器进行现场检查调试。

（5）统计抄表成功率情况，对采集失败的电能表进行现场检查调试。

（6）主站应对该台区下所有用户的用电信息逐户进行采集，核对采集信息与现场信息是否一致，确保采集信息无误。

（7）调试结果应达到《电力用户用电信息采集系统建设验收管理规范》的指标要求。

（8）新装和更换后的集中抄表终端调试成功后应由运行部门进行验收。

3. 全载波（微功率）方式（主站+集中器+载波电能表）现场调试

（1）新装和更换后的终端应进行调试。

（2）按主站系统的要求注册集中器。

（3）集中器配置到对应的台区。

（4）集中器号、SIM卡号一一对应记录登记。

（5）建立集中器下所有载波电能表号、表型号及户号对应关系表。

（6）将对应关系表在主站注册至集中器内。

（7）统计集中器在线情况，对不在线集中器进行现场检查调试。

（8）统计载波电能表抄表成功率情况，对采集失败的载波电能表进行现场检查调试。

（9）主站应对该台区下所有用户的用电信息逐户进行采集，核对采集信息与现场信息是否一致，确保采集信息无误。

（10）调试结果应达到《电力用户用电信息采集系统建设验收管理规范》的指标要求。

（11）新装和更换后的集中抄表终端调试成功后应由运行部门进行验收。

4. 半载波（微功率）方式（主站+集中器+采集器+RS485 电能表）现场调试

（1）新装和更换后的集中抄表终端应进行调试。

（2）用手持抄表终端，通过红外通信方式，抄收电能表实时表示数，以验证采集器与电能表连接正确。

（3）对不能正确抄收的，检查 RS485 通信线缆，调整后直至通信正常，确保连接正确。

（4）建立采集器、表号、表型号、户号对应关系表，并注册至采集器内。

（5）按主站系统的要求注册集中器。

（6）把集中器配置到对应的台区。

（7）集中器号、SIM 卡号一一对应记录登记。

（8）建立集中器下所有采集器、电能表表号、表型号及户号对应关系表。

（9）将对应关系表在主站注册至集中器内。

（10）统计集中器在线情况，对不在线集中器进行现场检查调试。

（11）统计抄表成功率情况，对采集失败的电能表进行现场检查调试。

（12）主站应对该台区下所有用户的用电信息逐户进行采集，核对采集信息与现场信息是否一致，确保采集信息无误。

（13）调试结果应达到《电力用户用电信息采集系统建设验收管理规范》的指标要求。

（14）新装和更换后的集中抄表终端调试成功后应由运行部门进行验收。

五、竣工验收

（1）遵循"安装一片、调试一片、应用一片"的原则，开展台区采集安装标准化验收。采集系统建设工程项目竣工验收应严格按照《用电信息采集系统建设项目标准化验收实施细则》的有关要求，实行标准化验收；未经验收或验收不合格的工程项目，不得交付运行。

（2）竣工验收分为单元工程验收和单项工程验收。

1）单元工程验收是由建设管理单位或监理单位组织相关专业人员，对施工单位完成的最小综合体的验收，一般以台区划分；验收内容以工程质量和工程量核查为主。

2）单项工程验收是由建设单位组织监理、运行等相关专业人员，对施工单位完成的若干单元工程进行总体验收，一般以标包划分（各单位根据项目管理模式的不同，合理确定相应的单项工程）；验收内容侧重于工程管理及工程质量核查。

（3）各项目建设单位应按照国网公司统一项目管理资料模板，组织做好相关资料的整理和归档工作；项目资料归档不完整或关键内容出入较大的项目不得进行验收。

（4）采集终端安装质量验收标准见表10-5-1。

表 10-5-1 集终端安装质量验收标准

序号	验收项目	质 量 标 准	
1	设备安装		（1）安装位置应不影响生产检修，便于日常维护。 （2）采集终端应安装在计量箱（柜、屏）指定位置。 （3）采集终端应垂直安装，安装应牢固、稳定、可靠。 （4）采集终端的端钮盖应加封完备
2	接线要求	电源回路	满足《电能计量装置技术管理规程》相关要求，二次回路的连接导线应采用铜质绝缘导线，电压二次回路至少应不小于2.5mm²，电流二次回路至少应不小于4mm²。二次回路导线外皮颜色宜采用：A 相为黄色；B 相为绿色；C 相为红色；中性线为黑色；接地线为黄绿双色
		遥控与遥信回路	（1）控制回路导线截面应不小于1.5mm²，信号回路导线截面应不小于0.5mm²。 （2）线缆接入端子处松紧适度，轻轻拉动不脱落，禁止接线处铜芯外露
		通信回路	（1）485 通信线或光缆应挂接线缆标示牌，以标明线路走向和线路编号。 （2）485 通信线或光缆应留考虑一定的预留
		辅助接线	230M 无线专网通信终端天线，一般要安装室外天线；对无线公网信号不稳定的终端需增加外置天线；天线安装牢固，馈线与天线接头处要密封防水处理

六、收工

1. 清理现场

（1）拆除施工电源。

（2）检查、整理、收集、清点作业工器具。

（3）清理现场，做到工完、料尽、场地清。

2. 办理工作票终结

（1）拆除现场安全措施，工作人员撤离作业现场。

（2）与工作许可人办理工作终结。

3. 资料归档

（1）将装拆信息录入系统。

（2）工作结束后，工作单等单据应由专人妥善存放，并及时归档。

【思考与练习】

1. 画出经 TV、TA 三相三线电能计量装置的接线图。

2. Ⅱ型集中器方式（主站+Ⅱ型集中器+RS485 电能表），如何现场调试？

3. 全载波（微功率）方式（主站+集中器+载波电能表），如何现场调试？

第十一章

特殊功能电能计量装置安装

▲ 模块 1 预付费 IC 卡电能表的安装（Z34G1006 Ⅱ）

【模块描述】本模块包含预付费 IC 卡电能表的原理、IC 卡技术、主要性能指标及功能、安装等内容。通过流程介绍、图解示意、要点归纳，掌握预付费 IC 卡电能表的安装。

【模块内容】

一、预付费电能表相关知识

1. 预付费电能表的概念和用途

电能是商品，先付钱后用电，这是电力公司理想的售电方式。但由于企业不景气、流动人口增加等原因，使得电费收缴十分困难，因此急需改进计量方式，安装预付费电能表可以解决这一问题。所谓预付费电能表，就是由电能计量单元和数据处理单元构成的一种先付费后用电的电能表。安装预付费电能表的用户必须先持卡到供电部门购电，将购得电量存入 IC 卡（一种介质）中。当写入了存储电量的 IC 卡插入预付费电能表时，电能表可显示购电数量，购电过程即告完成。预付费电能表的应用，充分利用先进的电子技术和电脑技术，实现了用电收费的电子化，使电能真正成为商品走入市场。

随着城网、农网改造的结束，电力用户的急剧增加给抄表管理带来了压力，由于预付费电能表不需要人工抄表，因此它的使用还能有效解决抄表难的问题。预付费电能表的用途有：

（1）给一些经常欠费三相用户安装预付费电能表，减少电费回收的困难。

（2）给临时用电的单、三相用户安装预付费电能表，可以避免收不回电费。

由于居民用户相对集中，适合采用集中抄表系统，同时因用户未能及时购电，导致预付费电能表的跳闸断电从而产生用电纠纷，因此居民用户一般不适用预付费电能表。值得注意的是在没有国家相关政策及法规的许可时，慎重选用跳闸断电功能。在使用预付费电能表前应与用户签订协议，告知相关事宜。

2. 预付费电能表的种类和特点

从预付费电能表的发展历程可将其分为三种类型：投币式、磁卡式、电卡（IC 卡）式。早期生产的投币式电能表基本上已不使用；而磁卡式由于其磁卡性能的局限性，尚未广泛应用就遭淘汰。目前大多数采用的预付费电能表都是电卡式电能表，因其通用性强、保密性好、携带方便等优点，使它在预付费电能表中得到了广泛应用。

IC 卡按其加密方式、保密性能及价格的不同可分为以下几种：

（1）软件加密卡。其保密性能较差，但价格便宜。

（2）硬加密卡。其保密性能较高，价格较贵。

（3）CPU 卡。可对卡进行编程，是真正意义上的智能卡。其保密性能最高，价格最贵。

3. 预付费电能表的结构及原理

预付费电能表由电能测量单元、数据处理功能单元、显示器、断电机构、功能介质、电源电路六部分组成。

预付费电能表使用的 IC 卡一般是接触型的加密储存卡，可以重复使用。卡内的信息包括该用户电能表的密码、所购电量等相关数据，通过读写系统就可将这些数据存入电能表单片机的存储器中。随着用电量的增加，数据处理单元将用电量和欲购电量进行减法运算，并将剩余的电量告知用户；当所购电量还有少量余量时，单片机会输出警告信号，提醒用户购电；一旦电量用完，单片机即输出控制信号驱动控制继电器跳闸断开供电回路。如果这时客户将新购电量经 IC 卡座输入电能表，数据处理单元读得数据后，即由单片机输出信号驱动控制继电器闭合，从而恢复供电。

4. 预付费电能表的基本功能

（1）计量功能。

（2）监控功能。① 剩余电量报警、断电控制；② 超限定负载跳闸；③ 表计故障报警；④ 记忆功能；⑤ 辨伪功能；⑥ 显示功能；⑦ 叠加功能；⑧ 自动冲减功能；⑨ 防窃电功能。

二、预付费电能表的接线图

预付费电能表的接线图除了计量回路电气图，还有跳闸断电控制回路图。DTSY22 型三相四线预付费电能表接线及控制图如图 11-1-1 所示。

跳闸线圈的工作电压为交流 380V 时，应注意其接线，即必须将跳闸线圈串接于两火线之间。

三、预付费电能表的安装和检查

预付费电能表的安装与普通电能表安装接线要求相同，安装预付费电能表的主要注意事项如下。

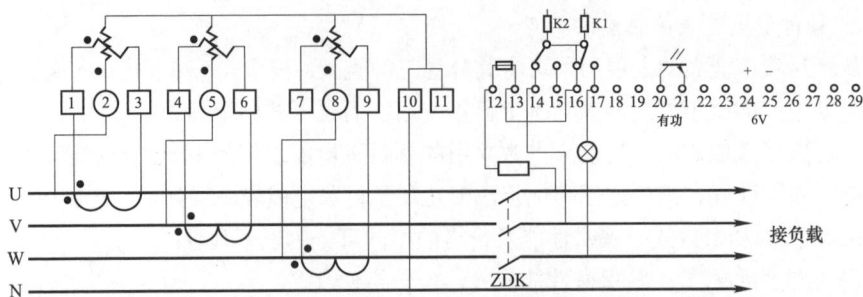

图 11-1-1　DTSY22 型三相四线预付费电能表接线及控制图

1. 新表设置

在电能表安装前插入新表设置卡，可设置电能表的底度、剩余电费报警门限、功率限额、允许超功率次数、费率以及购电量。

2. 预付费电能表的功能检查

（1）监控功能校验。

1）先买电后用电功能检查。设置表计剩余报警电量及购电量，将表计通电，看至剩余报警电量及剩余电量为零时，表计是否报警，允许赊欠时，有无欠电量记录。

2）电池电压不正常警告功能检查。将电能表断电，装入电压低于报警电压的电池，检查电池不正常报警是否显示。

（2）记忆功能检查。当供电线路停电时，剩余电能数或剩余购电款额数及其他需要保护的信息不应丢失。检查方法：记录停电前表计的剩余电能数、剩余购电量及其他需要保护的数据或信息，停电后再恢复时，检查信息是否保存，以及保存的信息是否正确。

（3）显示功能的检查。用眼睛直观检查电能表累计所用电能数、剩余电能数、剩余购电款额数的显示是否正常。

（4）辨伪功能检查。设置一个非指定 IC 卡，将该 IC 卡插入预付电能表，预付费电能表应不接受该 IC 卡的数据或信息，同时表内应有非法插入记录。

（5）叠加功能的检查。预付费电能表内预置的剩余电能数与新购电能数应能叠加。检查方法是预置预付费电能表内剩余电能数为非零的任一数，设置合法的 IC 卡的新的购电量，将该 IC 卡插入电能表，预付费电能表内的剩余电能数应为原剩余电能数与新的购电量的代数和。

【思考与练习】

1. 预付费电能表的主要功能有哪些？

2. 预付费电能表的 IC 卡有哪几种？

3. 预付费电能表安装后的功能检查有哪些内容？

模块2 电子式多功能电能表辅助端子接线
（Z34G1007Ⅱ）

【模块描述】本模块包含预付费 IC 卡电能表的原理、IC 卡技术、主要性能指标及功能、安装等内容。通过流程介绍、图解示意、要点归纳，掌握预付费 IC 卡电能表的安装。

【模块内容】"凡是由测量单元和数据处理单元等组成，除计量有功（无功）电能外，还具有分时、测量需量等两种以上功能，并能显示、储存和输出数据的电能表"，都可称为多功能电能表。定义中明确四点：第一，由测量单元和数据处理单元组成；第二，能计量电能（有功或无功，或同时计量有功与无功）；第三，能显示、储存和输出数据；第四，具有两种以上功能。多功能电能表可分为两大类：一类叫机电式多功能电能表，其电能测量单元由感应式电能表组成，数据处理单元由单片机组成；另一类电能测量单元和数据处理单元都是由大规模集成电路组成的，叫作电子式多功能电能表（或称固态式多功能电能表）、静止式多功能电能表（或全电子多功能电能表）。

三相远程费控智能电能表采用当今最先进的电能表专用集成电路、永久保存信息的不挥发性存贮器、红外通讯、汉字大画面液晶显示等多项技术。该表集众多功能于一体，实现了有功、无功双向分时电能计量、分相双向计量、需量计量、功率因数计量、显示和远传实时电压、电流、功率等，并实现用户的预付费功能，又可灵活预置超负荷报警和自动断电、缺相报警、缺相情况记录、自动抄表等多种功能。以手持电脑为媒介实现用户与供电部门计算机的信息传输。本表还具有双 RS485 接口，方便电力部门实现计算机网络管理。并采用多种软件、硬件抗干扰措施，保证电表可靠运行，从而适应了电力部门对用户有效及时地现代化科学管理需求。

一、三相费控智能电能表

1. 外形

三相费控智能电能表外形如图 11-2-1 所示。

图 11-2-1　三相费控智能电能表外形

2. 液晶面板显示

显示内容如图 11-2-2 所示。

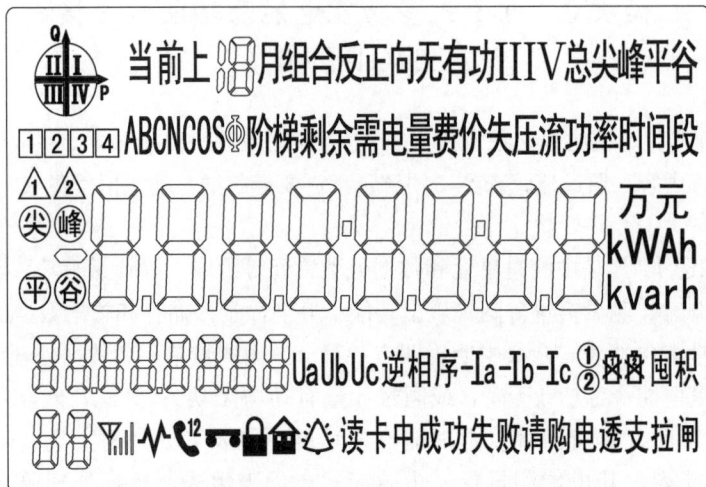

图 11-2-2 三相费控智能电能表显示内容

液晶显示符号所代表的意义如下：

"⊞" 当前运行象限指示。

"ABCNCOS⊕" 指示分相电压、电流、功率、功率因数。

"万元
kWArh" 与数据显示相对应的单位符号。

"①②" 代表第 1、2 套时段。

"⊠" 时钟电池欠压指示。

"⊠" 停电抄表电池欠压指示。

"▼ⅼⅼ" 无线通信在线及信号强弱指示。

"∿" 载波通信指示。

"☎12" 指示红外通信，如果同时显示 "1" 表示第 1 路 485 通信，显示 "2" 表示第 2 路 485 通信。

"▬" 允许编程状态指示。

"🔒" 三次密码验证错误指示。

"🏠"实验室状态。

"🔔"报警指示。

"UaUbUc"三相实时电压状态指示，U_a、U_b、U_c分别对于 A、B、C 相电压，某相失压时，该相对应的字符闪烁；某相断相时则不显示。

"-Ia-Ib-Ic"三相实时电流状态指示，I_a、I_b、I_c分别对于 A、B、C 相电流。某相失流时，该相对应的字符闪烁；某相电流小于启动电流时则不显示。某相功率反向时，显示该相对应符号前的"▬"。

"①②③④"指示当前运行第"1、2、3、4"阶梯电价。

"⚠⚠"指示当前使用第 1、2 套阶梯电价。

"⊛峰🄿⊛"指示当前费率状态（尖峰平谷）。

3. 故障报警显示

电能表在运行中自动进行失压、失流、ESAM 错误、控制回路错误等故障的检测，故障发生时报警，液晶提示画面如图 11-2-3 所示。

故障代码如表 11-2-1 所示。

图 11-2-3　三相费控智能电能表故障报警

表 11-2-1　　　　　　　　　故 障 代 码 表

序号	错误代码	故障信息
0	Err—00	工作正常
1	Err—01	控制回路错误
2	Err—02	ESAM 错误
3	Err—03	内卡初始化错误
4	Err—04	时钟电池欠压
5	Err—05	内部程序错误
6	Err—06	存储器故障或损坏
7	Err—07	时钟故障
8	Err—10	存储器 1 故障
9	Err—11	存储器 2 故障
10	Err—12	FLASH 故障

续表

序号	错误代码	故障信息
11	Err—51	过载
12	Err—52	电流严重不平衡
13	Err—53	过压
14	Err—54	功率因数超限
15	Err—55	超有功需量报警事件
16	Err—56	有功电能方向改变

二、智能电能表辅助端子接线

（1）内置负荷开关智能电能表辅助端子如图 11-2-4 所示。

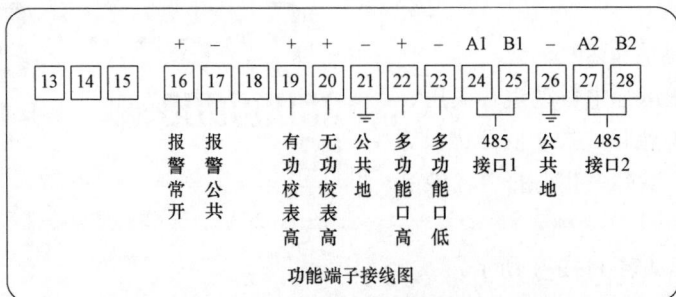

图 11-2-4　内置负荷开关电能表辅助端子接线图

（2）外置负荷开关智能电能表辅助端子如图 11-2-5 所示。

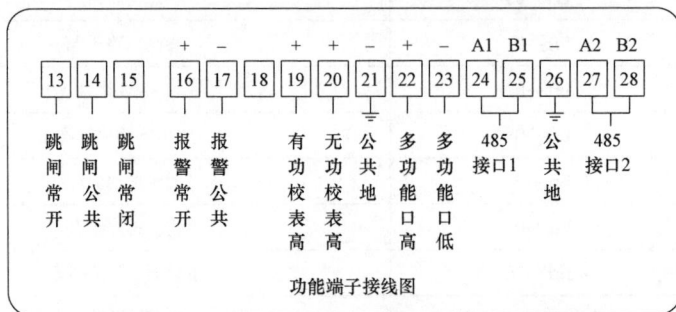

图 11-2-5　外置负荷开关电能表辅助端子接线图

【思考与练习】

1. 简述常见三相智能表故障代码及其故障信息。

2. 画出内置负荷开关单相智能表辅助端子接线图。

3. 画出外置负荷开关单相智能表辅助端子接线图。

模块 3　直接式、间接式电能表的带电调换
（Z34G1008Ⅱ）

【模块描述】本模块包含直接式、间接式电能表的带电调换所需的工具材料、操作步骤、工艺要求、安全注意事项等内容。通过流程介绍、要点归纳，掌握直接式、间接式电能表的带电调换。

【模块内容】电能表在以下情况下必须进行更换：电能表烧坏；误差超限；达到轮换周期。电能表的轮换周期，按制造厂的规定年限进行轮换。

一、作业内容

（1）填写并办理工作票。

（2）联系用户并检查装接单地址、户名、户号、表计参数与现场情况。

（3）安全、规范地拆除旧电能计量装置。

（4）安全、规范地安装新电能计量装置。

二、危险点分析与控制措施

危险点主要有触电伤害、电弧灼伤、高处坠落、高处坠物、损坏设备、人员摔伤等。具体控制措施是：离地 2.0m 以上登高作业应系好安全带，在梯子上作业应有人扶持；检查金属表箱接地，确认良好；对金属表箱外壳验电，确认不带电；检查用户侧开关已断开，悬挂警示牌；明确保留的带电部分，并做好安全措施、保持安全距离；逐相拆开电源进、出相线，并用绝缘胶带包扎；逐相拆开绝缘胶带，逐一搭接电源进、出相线。

三、作业前准备

（1）工具准备与检查。电能表带电调换作业安全生产工器具两类：一类是必带工具，包括手用绝缘安装工具、低压验电笔、万用表、相序表、封印钳、应急灯、绝缘垫；二类是备带工具，包括防滑梯子、登高板、安全带、保安线。其中，手用绝缘安装工具有绝缘斜口钳、绝缘尖嘴钳、进口钢丝钳、剥线钳、绝缘螺钉、绝缘电工刀、活扳手、小榔头等。

工具的检查内容和要求与电能表安装的工具检查相同。

（2）指定工作负责人（监护人）和工作班成员，明确职责。作业前应明确装接单所示装拆任务，确定作业人员和工作职责，核对电能表和电能表装接单是否相符，电

能表装接单与领用的电能表的型号、规格、出厂编号、局号等是否相符，检查电能表外观完好，进行作业前安全教育、安全措施、技术措施交底。

（3）检查作业人员身体精神状况和劳保用品使用情况。要求：参加作业人员的精神状态饱满，无社会干扰及思想负担；参加作业人员有符合作业条件的身体及技术素质，有安全上岗证；参加作业人员按规定着劳保服、低压绝缘鞋和棉纱劳保手套；作业人员没有饮酒。

（4）熟悉电能计量装置的正确接线图。

（5）事先联系用户，说明工作任务。工作负责人（监护人）和工作班成员携带装接单和带电作业票一起到达工作地点。要求尊重用户的意见，遵守用户处的规章制度。使用供电服务文明用语和行为规范。

（6）检查装接单地址、户名、户号、表计参数与现场情况是否相符。要求定位电能表的准确位置。若存在票面和现场的户号、电能表参数等不相符的，应暂时中止作业，返回调查清楚。

（7）检查作业环境，确认是否需要增加隔离、登高和照明设施。电能表位置较高时使用梯子；要求有专人扶持。登高离地超过 2.0m 时必须使用安全带。车辆来往密集时应使用围栏或隔离标志，需增加现场照明时使用低压应急灯。

（8）按电能计量安装作业票的内容进行现场教育和检查，并将完成的项目在作业票上打钩，工作班成员确认签名。根据现场实际情况，作业票中没有提到的安全措施在补充安全措施一栏里填写。

四、操作过程、质量要求

直接式、间接式电能表的带电调换步骤基本相同，区别在于互感器的处理，因此，在此将它们的操作步骤合在一起介绍。

1. 更换前的检查

目测检查金属表箱的接地极、导线和表箱的连接是否良好，用验电笔验明金属表箱无电。如果发现金属表箱有电或金属表箱接地装置不可靠，应检查带电原因，排除带电缺陷后，方可进行作业；如现场不能排除金属表箱带电或接地装置缺陷，应终止电能表装接拆换作业，并通知相关部门进行设备消缺，消缺完成后方进行电能表的装接拆换作业。

打开表箱门检查电能表及接线，并记录原表计的止度并拍照，确认户号和局号是否正确，检查封印、外观、防窃电是否完好。要求封印完好、接线正常。如果检查发现电能计量装置运行异常，窃电或有明显违约迹象，应终止电能表装接拆换作业，保持或恢复原状，并通知相关部门处理。

由用户断开用户侧开关，并观察电能表运行状态指示，确认已切除负荷，要求电子式电能表的指示灯停止闪动或熄灭、机械式电能表的转盘停转。确定用户侧的负荷开关在拉开位置，并挂上"禁止合闸"的警示标志。

2. 更换操作

（1）拆除旧表。打开电能表封印，拆出电能表接线。要求先拆相线，再拆中性线。依次松开进线相线、出线相线、进线中性线、出线中性线的接线端子螺钉，轻轻拔出导线，做好标志，并用绝缘胶带绑扎，依次用绝缘胶带包好导线接头，切实起到保护作用。

如果是带电流互感器的电能表，在拆除电能表表尾接线时，应先打开联合接线盒，将联合接线盒上接有电流互感器 S1、S2 端子导线的连接片短接，以防更换过程中造成电流互感器开路。将联合接线盒电压连接片断开并拧紧，并确认表上无电压后才能拆表。

松开电能表固定螺钉轻轻取下电能表，核对拆下电能表和装接单标明的是否一致，用布擦干净，放入运输箱内。箱内要有防震保护措施，并记录拆下电能表的读数。

（2）安装新表。检查待装电能表封印，应齐全完好。把电能表牢牢地固定在表箱的底板上，安装完毕，用手推拉电能表，无松动现象并垂直于地面。

用螺丝刀松开电能表接线端子盒盖螺钉，取下盒盖。检查端子的排列，通常有两种，从左到右数：单相表的排列是相线进、中性线进；相线出、中性线出；三相表的排列是 A 相进，A 相出；B 相进，B 相线出；C 相进，C 相出；中性线进，中性线出。

依次检查、分辨标志并剥开中性线接头、相线的绝缘胶带，把接头连接到电能表的中性线进线、中性线出线、相线进线、相线出线端子上。要求接头连接要牢固，用手捏住导线的绝缘层，轻拉无松动现象。

如果是带电流互感器的电能表，在完成电能表表尾接线后，应将联合接线盒上接有电流互感器 S1、S2 端子导线的连接片断开，以防通电后造成电流回路短路。将联合接线盒电压联接片接上并拧紧。

检查整理导线并进行绑扎，要求导线排列应为横平、竖直、整齐、美观，导线应有良好的绝缘，中间不允许有接头。

检查整理完毕，盖上电能表接线端子的盒盖。要求确认接线正确，无错误接线。

（3）新表通电检查。通知用户准备送电，由用户合上用户侧开关（或保安器），检查电能表运行状态。带负荷后，机械式电能表的转盘能正常转动或电子式的脉冲信号灯能闪烁。

用万用表和相序表测量表尾线的电压和相序：单相表测得的电压应在 220V 左右（−10%～7%）；三相表测得的线电压应在 380V 左右（±7%以内），安装三相电能表时需用相序表测量相序为正相序。

智能表可从表上直接读出电压、电流、相序等参数。

（4）新表加铅封。完成电能表表盖、联合接线盒盒盖、表箱门的封印工作。要求封印的螺钉以不可转出为准，封印用的铜线长短适中，确保封印起到防窃电的作用。

3. 终结阶段

清理作业现场，告之客户电能表起止度单，取得客户签名。要求作业现场不留有电线头、胶带等杂物，场地打扫清洁；客户在现场的，应请客户确认起止度，并签字，不在现场的应张贴书面告知书。

工作负责人和工作班成员在装接单和作业票上签字，确认工作完毕。要求装接单和作业票票面清洁、整齐，内容详尽。

五、注意事项

注意事项与电能计量装置安装要求基本相同。但应重点注意以下几点：

（1）应先根据要求开具合适的工作票，使用个人保安用品，并履行许可制度，然后开始换表。

（2）原来一次线采用的是铝线或铝排的应尽量换成铜线或铜排。

（3）换表时应做好电压线和电流进出线记号，防止恢复时插错接线盒孔（特别有些老表电压孔位置不同），造成错接线。

（4）电能表接线盒、联合接线盒、计量柜门都应加封。计量柜内应有启封记录卡，并应有拆封原因、日期、拆封人姓名的记录，并应贴好倍率纸和启封警告贴纸。

【思考与练习】

1. 与电能计量装置停电安装相比，带电安装应特别注意哪些安全问题？

2. 更换电能计量装置前应检查、记录电能计量装置的哪些信息？

3. 简述带电换表的步骤。

第十二章

电能计量装置接线检查

▲ 模块 1 单相电能表错误接线分析（Z34G3001 Ⅱ）

【**模块描述**】本模块包含单相电能表接线检查的意义、基本步骤、外观检查、常见错接线形式及检查方法等内容。通过概念描述、原理介绍、图解示意、案例分析、要点归纳，掌握单相电能表错误接线检查、分析方法。

【**模块内容**】

一、接线检查分析的目的

电能计量装置的准确性不仅取决于电能表、互感器的等级，还与它们的接线有关。即使电能表和互感器本身准确性很高，接线错误也会导致整套计量装置发生误差，有时甚至会造成仪表损坏或造成人身伤亡事故。窃电的目的是让计量装置接线发生错误，使之少计、不计或反计。这必将使电力企业受损失，因此对运行中的电能计量装置必须进行定期或不定期检查。

检查的目的是：检查计量装置的防窃电装置是否完好，运行情况是否正确，是否发生故障和损坏，接线方式是否正确，为计算退、补电量及电量纠纷提供依据。

二、危险点分析与控制措施

单相电能计量装置错接线检查分析的危险点与控制措施主要有：使用仪表时应注意安全，避免触电、烧表、触电伤害和电弧灼伤；使用有绝缘柄的工具以防触电；必须穿长袖工作服，戴好绝缘手套，保证剩余电流动作保护器能正确动作；要有防止高处坠落、高处坠物和人员摔伤，正确使用梯子等高空作业工具；作业前应认真检查周边环境，发现影响作业安全的情况时应做好安全防护措施；带电更正接线时，应防止相零短路。

三、检查前准备工作

1. 了解电力客户的基本情况

包括：了解客户负荷的性质、是否满足测试要求、用电情况是否发生变化、是否存在窃电的疑点等。

2. 工具、仪表准备与检查

单相电能表错误接线检查分析时应准备以下工具与仪表：个人常用工具，包括螺丝刀、扳手、钢丝钳、验电笔、铅封钳；高处检查时需准备梯子、安全带等登高工具；测量仪表包括伏安相位表（或万用表、相序表、相位表等）；材料包括单股铜芯绝缘导线、铅封及铅封线。并对以上工具、材料、仪表应逐件清点并检查。

3. 着装

着装要求戴好安全帽，扣好工作服衣扣和袖口，系好绝缘鞋鞋带，戴好纱手套。

四、现场检查步骤及要求

1. 单相电能表的外观检查

对电能计量装置进行接线检查时，应先对电能表的外观进行检查。

（1）检查电能表进出线接线是否固定好，预留是否太长，安装是否垂直、牢固，表盖及接线盒是否齐全和紧固，电能表固定螺钉是否完好牢固，表壳有无机械损坏，表箱是否锁好，电能表安装处是否有机械振动、热源、磁场干扰等不利因素。

（2）核对电能表的参数。包括型号、规格、户号、局号等。

（3）观测电能表是否运转正常。看转盘或脉冲，正常连续负荷情况下，电能表转速应平稳且无反转；听声音，不应发出摩擦声和间断性卡阻声；摸振动，正常情况下手摸表壳应无振动感，否则说明表内计度器机械传动不平稳，响声和振动同时出现。

（4）检查铅封。正常的新型防撬铅封表面应光滑平整、完好无损，一旦启封过将破坏原貌，无法复原。根据本单位对铅封的分类及使用范围的规定，检查铅封的标识字样，防撬铅封通常分为校表、装表、用电检查三类字样，各自均应有其适用范围，仔细检查铅封是否是伪造。

（5）检查电能表的接线。如有必要，打开铅封检查电能表的表尾接线。

2. 单相电能表的常见错接线检查

下面结合案例，详细介绍单相电能表的常见错接线形式及检查方法。

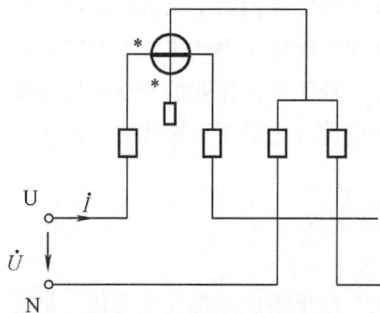

图 12-1-1　电压小钩断开

（1）错接线形式一：电压小钩断开。错误接线如图 12-1-1 所示。错接线下计量结果表达式为 $P=0$，后果是电能表停转，不计电量。

检查方法：观察电能表运行情况，打开接线盒检查电压小钩连接情况。

（2）错接线形式二：中性线与相线接反。错误接线如图 12-1-2 所示。错接线形式下的计量结果表达式为 $P=UI\cos\varphi$，错接线的后果是正常用电情况下电能表仍正常转动。但存在的主要问题是用户易利用"一火一地"方式窃电，易触电，存在安全隐患。

检查方法是不断开电源，用万用表分别测量电能表进线的 1 号接线端子的对地电压，如读数为 220V，表明接线正确，如读数接近 0，表明接线错误，此线为电源中性线。

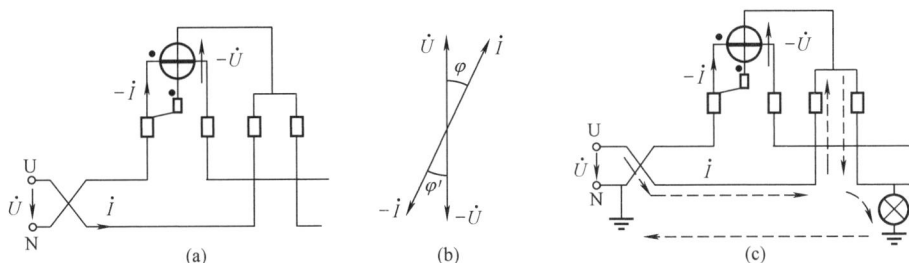

图 12-1-2　相线与中性线颠倒

（a）接线图；（b）相量图；（c）"一火一地"接线示意图

（3）错接线形式三：电源与负载线在电能表端子接反。错误接线如图 12-1-3 所示。错接线的计量结果表达式为 $P=UI\cos\varphi$，后果是电流反相进表，电能表反转，读数可取反转读数的绝对值，但有一定的误差。

检查方法是观察电能表运行情况，判断电能表是否反转。打开电能表接线盒，将电能表 1、2 号对换，观察电能表转向，如正转，表明原接线错误。

（4）错接线形式四：电流线圈与电源短路。即电能表电流线圈并接于电源电压上，错误接线如图 12-1-4 所示，后果是电能表电流线圈烧毁。

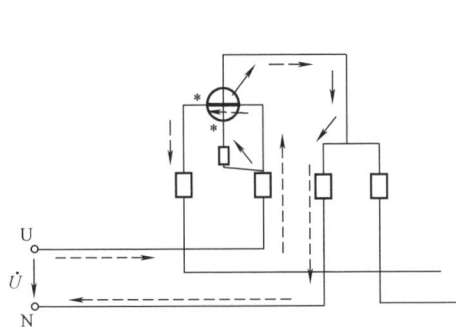

图 12-1-3　电源线与负载线接反　　　图 12-1-4　电流线圈与电源短路

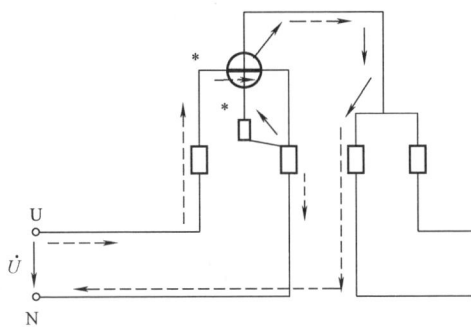

（5）错接线形式五：电压小钩接于电流线圈的出线端。错误接线如图 12-1-5 所

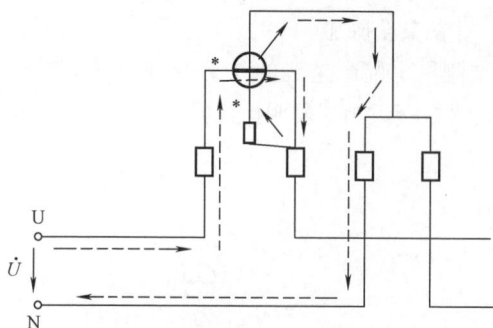

图 12-1-5 电压小钩接于电流线圈出线端

示，后果是在用户未用电时出现有压无载的潜动。

检查方法是断开用户用电设备，观察电能表是否走动。打开接线盒检查电压小钩连接情况。

3. 单相智能表的接线检查

单相智能表现已得到广泛应用，其错误接线检查方法更直观，在智能表的显示屏上，可显示内容如图 12-1-6 所示，只要读出相应的参数，结合当时的负载情况，即可知道其接线是否正确，如图 12-1-7 所示。

图 12-1-6 智能表显示内容

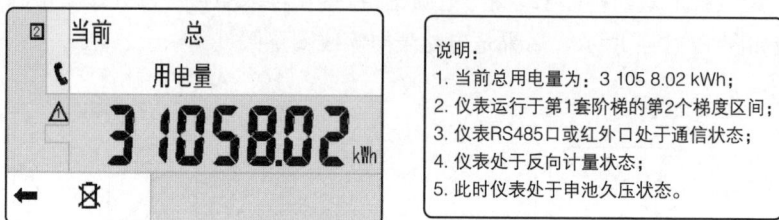

说明：
1. 当前总用电量为：3 105 8.02 kWh；
2. 仪表运行于第1套阶梯的第2个梯度区间；
3. 仪表RS485口或红外口处于通信状态；
4. 仪表处于反向计量状态；
5. 此时仪表处于电池欠压状态。

图 12-1-7 显示参数说明

五、注意事项

（1）带电更正接线时，应先将原接线做好标记。

（2）拆线时，先拆电源侧，后拆负荷侧；恢复时，先接负荷侧，后接电源侧。

（3）工作完成应清理、打扫现场，不要将工具或线头留在现场，并应再复查一遍所有接线，确保无误后再送电。

（4）送电后，观察电能表运行是否正常。

（5）应正确加封印。

（6）如属客户窃电，应及时取证，并尽可能取得客户签字确认。

【思考与练习】

1. 单相电能表常见错接线形式有哪些？检查要点是什么？

2. 请列举出单相电能表的常见错接线形式下的计量结果。

3. 根据单相智能表显示的参数，如图 12-1-8，说明其含义。

图 12-1-8 单相智能表显示参数

▲ 模块 2 直接接入式三相四线有功电能表计量装置接线检查方法（Z34G3002Ⅱ）

【模块描述】本模块包含直接接入式三相四线电能计量装置的常见错误接线形式、检查方法和安全注意事项等内容。通过概念描述、原理介绍、图解示意、案例分析、要点归纳，掌握直接接入式三相四线电能计量装置错误接线检查、分析方法。

【模块内容】

一、检查目的

直接接入式三相四线电能计量装置的核心是三相四线电能表，虽然接线比较简单，但由于人为等因素，也经常有错接线的情况发生，而且主要用于低压电路的总表，计量的电量大，因而错接线的影响也大。因此，对已投入运行的直接接入式三相四线电能计量装置接线要有针对性地进行检查。

二、危险点分析与控制措施

与第十二章模块 1 单相电能表错误接线分析相同。但应特别注意：一是测试、检查时要防止相间短路；二是要防止中性线断线烧坏的用电设备。

三、检查前准备工作

见第十二章模块 1 单相电能表错误接线分析。

四、现场检查步骤与要求

1. 外观检查

外观检查内容及要求与第十二章模块 1 单相电能表错误接线分析相同。

2. 表尾接线检查

通过检查表尾接线可发现直接接入式三相四线电能计量装置的常见错误接线形式及计量结果。

（1）错误接线形式之一：电流或电压断线。

1）一相电流断开或一相电压断开。如图 12-2-1（a）、（b）所示，假设 U 相二次电流断线或电压断线。计量结果为 $P'=2UI\cos\varphi$，正确接线时的计量结果为 $P'=3UI\cos\varphi$，因此只计量了两相的电量，少计量了一相的电量。

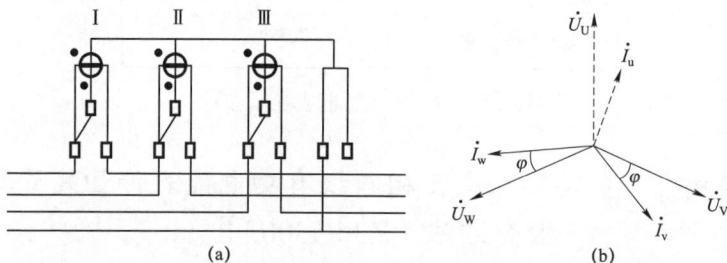

图 12-2-1 三相四线有功电能表 U 相电流或电压断线

（a）接线图；（b）相量图

2）两相电流或两相电压断线。如图 12-2-2（a）、（b）所示，假设 U、V 相两相电流或电压断线。计量结果为 $P'=UI\cos\varphi$，只计量了 1/3 的电量，少计量了两相的计量。

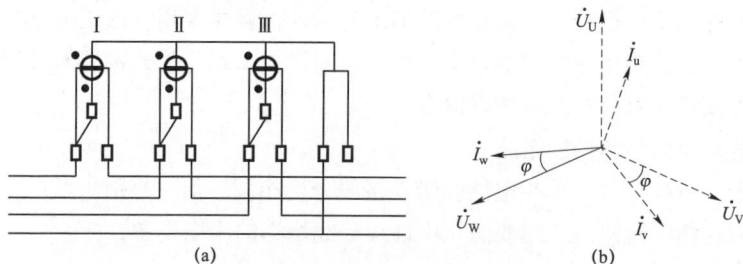

图 12-2-2 三相四线有功电能表 U、V 相电流或电压断线

（a）接线图；（b）相量图

3）三相电流或三相电压断线。计量结果为 $P'=0$，电能表不转。

（2）错误接线形式之二：电流进线接反。

1）一相电流接反。如图 12-2-3（a）、（b）所示，假设 U 相电流接反。计量结果为 $P'=UI\cos\varphi$，只计了 1/3 电量，少计了两相的电量。

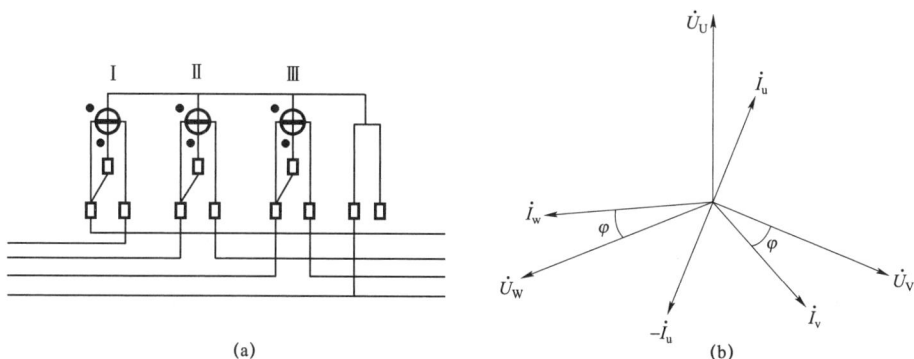

图 12-2-3　三相四线有功电能表 U 相电流接反

（a）接线图；（b）相量图

2）两相电流接反。这种错接线情况的接线图略，相量图如图 12-2-4 所示，计量结果为 $P'=-UI\cos\varphi$，倒走 1/3 电量。

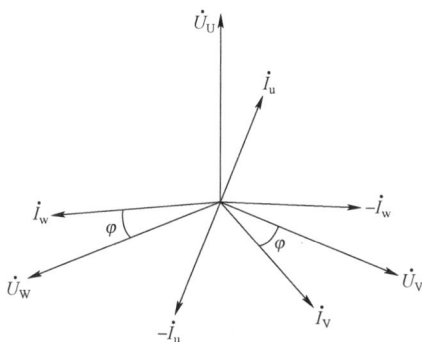

图 12-2-4　三相四线有功电能表两相电流接反相量图

3）三相电流接反。计量结果为 $P'=-3UI\cos\varphi$，电能表倒走一倍电量。

直接接入式三相四线电能计量装置各种错误接线情况下的功率表达式如表 12-2-1 所示。

表 12–2–1　　　　　直接接入式三相四线电能计量装置各种

错误接线下的功率表达式

序号	1			2		
错接线情况	电压、电流断线			电流极性接反		
	①	②	③	①	②	③
	一相电压或电流线断开	两相电压或电流线断开	三相电压或电流线断开	一相电流反进	两相电流反进	三相电流反进
计量结果	$2U_\varphi I_\varphi \cos\varphi$	$U_\varphi I_\varphi \cos\varphi$	0	$U_\varphi I_\varphi \cos\varphi$	$-U_\varphi I_\varphi \cos\varphi$	$-3U_\varphi I_\varphi \cos\varphi$
造成后果	计量 2/3 电量	计量 1/3 电量	不转	计量 1/3 电量	反转、计量 1/3 电量（有误差）	反转、正确电量（有误差）

3. 表尾接线检查方法

直接接入式三相四线错误接线比较简单，是因为直接接入式电能表的电压是取自电流进线（此类电能表接线盒端钮采取连接片方式从电流进线取电压），所以接线错误方式中不会出现电压电流错相，一般只有电流进出线接反和缺电压的可能。因此，查找直接接入式三相四线电能表的错误接线，只要在现场进行直观检查，可以排除断线、短接和失压的错误接线方式。是否有电流进出线接反可以采取钳型电流表法或逐相检查法即可判断出。测量相电压出现 380V 时（有两相的相电压），则有一相与中性线接反，长期运行将造成两相电压线圈过电压烧毁。

（1）断压法。对电压断线的检查方法，可用两种方法：一是断开电路，用万用表逐相测量电压进线接线端子与中性线端子间的直流电阻，如万用表显示导通，则电能表该相无电压断线错误；如万用表显示断线，则电能表该相存在电压断线错误。二是不断开电路，逐相断开电压连接片，仔细观察电能表的转速或脉冲，如电能表的转速或脉冲不变，则该相电压断线；如电能表的转速或脉冲变慢，则表明该相电压正常。

（2）短接电流法。对电流断线的检查方法是，在不断开电路的情况下，逐相短接电流接线端子，仔细观察电能表的转速或脉冲，如电能表的转速或脉冲不变，则存在电流断线错误；如电能表的转速或脉冲变慢，则表明该相电流正常。

4. 三相智能表的检查方法

三相智能电表在国网系统内，已得到了广泛应用。它不仅仅可以准确计量有功、无功与视在电量，更在编程、存储、通信、电网监测、报警、事件日志等有着良好的应用。供电企业营销人员要充分利用其特点，及时发现计量装置的异常状况。三相智能表的显示内容如图 12–2–5 所示。

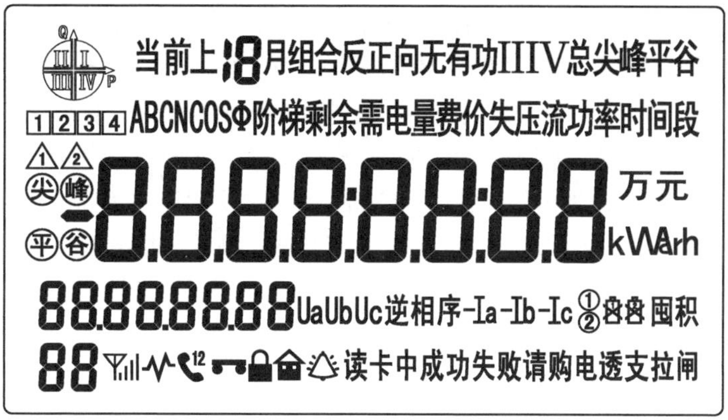

图 12-2-5　三相智能表显示内容

"UaUbUc" 三相实时电压状态指示，U_a、U_b、U_c 分别对于 A、B、C 相电压，某相失压时，该相对应的字符闪烁；某相断相时则不显示。

"-Ia-Ib-Ic" 三相实时电流状态指示，I_a、I_b、I_c 分别对于 A、B、C 相电流。某相失流时，该相对应的字符闪烁；某相电流小于启动电流时则不显示。某相功率反向时，显示该相对应符号前的 "-" 号。

五、注意事项

注意事项与第十二章模块 1 单相电能表错误接线分析基本相同，但要特别注意：

（1）拆开的线头应可靠固定，以防碰及计量箱（柜）及人体，造成触电。

（2）使用相序表、万用表时，应正确使用，防止损坏仪表。

【思考与练习】

1. 直接接入式三相四线电能计量装置常见错接线形式有哪些？检查要点是什么？

2. 请列举出直接接入式三相四线电能计量装置的常见错接线形式下的计量结果。

3. 如何判断直接接入式三相智能表的接线是否正确？

◢ 模块 3　伏安相位表的使用（Z34G3003Ⅱ）

【模块描述】 本模块包含伏安相位表的用途、基本结构和原理、操作步骤、使用注意事项及日常维护要求等内容。通过术语说明、流程介绍、要点归纳，掌握伏安相位表的使用方法。

【模块内容】

一、伏安相位表简介

伏安相位表是为现场电气测量而设计的一种手持式双通道工频数字双钳相位万用

表，如图 12-3-1 所示。它可以用来测量同时输入到两个通道内的电信号（U_1、I_1；U_2、I_2）的大小及其两通道信号间的相位差值，另外通过 1 通道还可检测电路系统通断。在输入电流信号时，无需断开被测回路，而通过钳型传感器夹住被测导线即可。使用该仪表可以在现场完成：现场过程中电流、电压测试；现场过程中回路通断判别（接线核对）；现场过程中感性电路、容性电路的判别；二次回路相角测试；通过相位测量确定电能表接线正确与否；现场 TV、TA 负荷测试；测量三相电压相序等等。

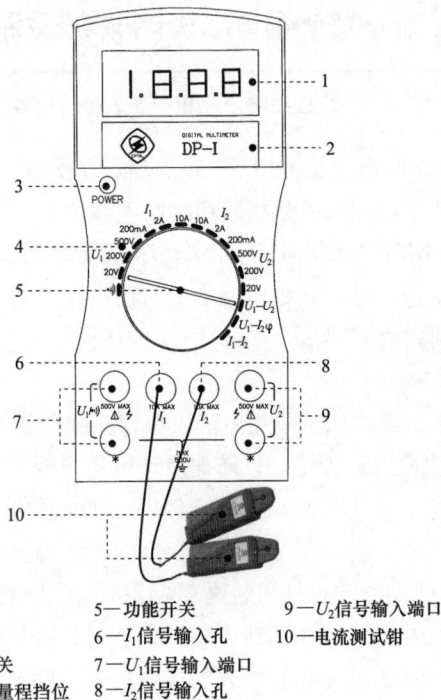

1—显示器　　　5—功能开关　　　9—U_2信号输入端口
2—标牌　　　　6—I_1信号输入孔　10—电流测试钳
3—电源开关　　7—U_1信号输入端口
4—功能、量程挡位　8—I_2信号输入孔

图 12-3-1　伏安相位表示意图

二、仪表使用前的检查及使用注意事项

（1）打开仪表，检查仪表显示是否良好。

（2）检查仪表所使用的电池是否正常。

（3）将一副电压测试线插入 U_1 端口内，将开关置于电阻蜂鸣位置处，当被测回路电阻小于 60Ω 时，蜂鸣器鸣叫，可认为"通"，否则为"断"。检查仪表测试线接触是否良好。

（4）仪表每次使用前，请转动开关，检查接触是否良好。

（5）电流信号输入通过钳型互感器，为保证测量精度，两把钳子应对号入座；检查钳口是否清洁、完全闭合。

（6）在不知被测信号大小时，应先将开关置于高挡量程，然后逐步降低，直至最佳量程。

三、仪表功能

1. 电压测量

（1）入 U_1 或 U_2 输入端口内。

（2）开关置于 U_1 或 U_2 功能位置及相应量程挡位上。

（3）线另一头并接在被测负载或信号源上，仪表显示值即被测电压值。

2. 电流测量

（1）将钳型夹耳机插头插入 I_1 或 I_2 孔内。

（2）将旋转开关置于 I_1 或 I_2 功能及相应量程位置。

（3）用钳型夹夹住被测电流导线，仪表显示值即被测电流值。

3. 相位测量

显示的相位值是通道 1（U_1、I_1）超前于通道 2（U_2、I_2）的相位值（通道 2 为参考信号，逆时针方向）；亦即通道 2 滞后于通道 1 的相位值（通道 1 为参考信号，顺时针方向），显示单位是"°"。仪表参考方向：电压为红（孔）→黑（孔），红-红，黑-黑端分别为同名端；电流，钳头红点侧为进。相位测量，不分量程，0°～360°直显。在相位测量时，可随时检测每个通道信号，只要拨动开关至相应位置即可。在测 0°/360°时，有可能显示不稳，请反相一路信号测 180°。

（1）电压—电压。

1）将两幅电压测试线按颜色之分，分别插入 U_1、U_2 端口内；

2）将旋转开关置于 φ 功能 U_1-U_2 位置；

3）依所测电压矢量方向及仪表规定参考方向，将表棒分别并接于被测电压 U_1、U_2 上，仪表显示值即被测两电压相位差值。

（2）电压—电流。

1）将一组电压测试线按颜色之分插入 U_1 端口内，I_2 对应钳夹插头插入 I_2 孔内；

2）将开关置于 φ 功能 U_1-I_2 位置处；

3）依所测电压、电流矢量方向及仪表规定参考方向，将电压测试线并接于被测电压上，钳型夹夹于被测电流导线上，则显示屏显示值即 U_1-I_2 相位差值。

（3）电流—电流。

1）将 I_1、I_2 钳之插头分别插入 I_1、I_2 插孔内；

2）将开关置于 φ 功能的 I_1-I_2 位置处；

3）依所测两电流矢量方向及钳子参考方向，将两钳型夹分别夹于被测两电流导线上，则仪表显示值即两电流相位差值。

四、常见异常情况原因分析和处理

（1）测不到电压或电压不准的原因有：双钳相位表电压线不通或接触不良；未将双钳相位表旋转开关旋至 U_1 或 U_2（500、200V）挡；双钳相位表电池电压不足。

（2）测不出电流或电流不准的原因有：双钳相位表电流钳线不通或接触不好；双钳相位表测量时，钳口未合好或钳口油脂未擦净；双钳相位表钳子故障；未将双钳相位表旋转开关旋至 I_1 或 I_2（200mA、2A、10A）挡；双钳相位表电池电压不足。

（3）测不出相位差或测相位差不准的原因有：双钳相位表输入信号未接好；未将双钳相位表旋转开关旋至 φ 挡。

（4）当双钳相位表电池电压不足时，在显示屏上有电池欠压符号出现。

五、日常维护要求

使用后应及时将开关置于"OFF"，长时间不用应取出电池，将相位表测试线夹（钳）放入专用箱包中，应存放于通风、干燥场合。

【思考与练习】

1. 手持式双钳数字相位伏安表主要能测量哪些电气量？

2. 手持式双钳数字相位伏安表使用安全注意事项有哪些？

3. 简述相位伏安表常见异常情况原因分析和处理。

◢ 模块 4　经 TA 的三相四线电能计量装置接线检查（Z34G3004Ⅲ）

【模块描述】 本模块包含经 TA 接入式三相四线电能计量装置的常见错接线形式和检查方法、步骤和分析等内容。通过流程介绍、图解示意、计算举例、要点归纳，掌握经 TA 接入三相四线电能计量装置接线检查方法。

【模块内容】 对于经 TA 接入的虽然可以采用逐相检查法，但由于经 TA 接入的用户一般用电量比较大，且错误接线种类也比较复杂，逐相检查不一定可以分析出来。如果是三相对称负载，当将三组元件的电流、电压分别接入时，如出现转盘虽然都正转，但转速相差很大，则电能表肯定有接线错误，例如同一组元件中的电流、电压并不属于同一相。这时需要核实电流电压的相位，一般不难查清。因此，对经 TA 接入的电能计量装置应采用伏安相位表法检查。

一、接线检查方法及注意事项

（1）测量的目的是检测电能表各项参数是否正确、是否正常运行。如果测量点选在接线端子上，所测试的数据是接线端子进线侧（即互感器连接端子侧）的数据，它只能反映互感器的运行状况，而不能反映电能表的运行状况。假如互感器与接线端子连线正确，而接线端子与电能表连线错误，这样的测试是没有意义的，因为不能发现电能表运行错误。在实际工作中，新装计量装置在第一次投入运行时，互感器侧接线一般不容易接错线，往往是在更换时，发生接错线的概率较大。如果测量点选在电能表接线端子上，就可以及时发现电能表运行是否正常，接线是否正确。

（2）发现计量装置接线错误就要及时纠正错误接线。在实际工作中，一般在电能表的接线端子上进行纠错较为符合实际。因为互感器是带电运行设备，一般情况下，即使发现错误也不容易及时停电进行改正，如变电站和重要大电力客户等。如果在接线端子上进行纠错，也不能完全避免错误的存在。例如，互感器极性错，在接线端子进线侧电压可以带电纠正，电流则不能带电纠正。所以在这类客户需要安装计量联合接线盒，在计量联合接线盒处进行电压开路，电流短接，进线更正接线（更正接线期间计量装置退出计量，应补收相应漏计的电量）。

（3）使用伏安相位表法测量，运用相量图分析和判断。（以下我们说到的 1、2、3、0 分别代表元件 1、元件 2、元件 3 和中性线）一般我们使用相量图法进行分析时，前提是三相电路对称。以 DP-Ⅰ型手持式钳型相位数字万用表为例，简称伏安相位表。

1）计量装置的检查。

① 检查计量装置的封印是否齐全；

② 检查计量装置的外观是否良好。

2）参数测量。

① 电流的测量——判断有无短接、断线。

a. 使用 I_1 或 I_2 卡钳，将相位表的旋钮开关旋转至相应的电流挡 I_1 或 I_2。注意钳子必须对号入座。

b. 将相位表的电流卡钳，分别卡住电能表表尾的电流进线，依次测量出 1、2、3、0 相的电流值，做好记录。

② 电压的测量——判断有无缺相、相零线接错或极性接反。

a. 使用 U_1 或 U_2 测试线，将相位表的旋钮开关旋转至相应的电压挡 U_1 或 U_2。

b. 将相位表的红笔（正极）和黑笔（负极）分别接触到电能表表尾盒内的 1、0 相电压接线端子上。此时显示的是 U_1 的电压值，做记录。然后再依次测量 U_2 和 U_3 的电压值。

③ 相位角度的测量——测量时只能是相位表上"U_1"与"I_2"或"U_2"与"I_1"

配合使用。

a. 将相位表的旋钮开关旋至"$\varphi U_1 - I_2$"挡，电压测试线使用 U_1，电流卡钳使用 I_2。

b. 先将相位表的电流卡钳卡住电能表表尾的 1 相电流进线（注意电流卡钳的极性一定要正确，卡钳上表示极性的红色小点应对应电流进入的方向），再将相位表的红笔和黑笔分别接触到电能表表尾盒内的 1、0 相电压接线端子上，此时相位表显示的是 U_{10} 和 I_1 之间的夹角，做记录。再依次测量 U_{20} 和 I_2、U_{30} 和 I_3 之间的夹角。或保持电压红笔和黑笔不动，将电流卡钳依次卡住 2、3 相电流进线，可测出 U_{10} 和 I_2、U_{10} 和 I_3 之间的夹角。

④ 相序的测量——"U_1""U_2"的两组测试红笔黑笔同时使用。

a. 将相位表的旋钮开关旋转至"$\varphi U_1 - U_2$"挡。

b. 将相位表"U_1"挡的红笔接触电能表表尾盒内的 1 相电压接线端子，"U_2"挡的红笔接触电能表表尾盒内的 2 相电压接线端子，两支黑笔同时接触电能表表尾盒内的 0 相电压接线端子。此时相位表显示的是 U_1 和 U_2 之间的夹角，角度为 120° 时相序为正（顺）相序（见图 12-4-1），角度为 240° 时相序为反（逆）相序（见图 12-4-2）。如有失压现象，应采用测量其他两相之间的夹角，如 1 相失压，测量 U_2 与 U_3 之间的夹角，如 2 相失压测量 U_3 与 U_1 之间的夹角，根据测量结果判定方法相同。

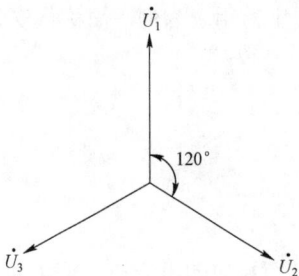

图 12-4-1　正（顺）相序　　　　图 12-4-2　反（逆）相序

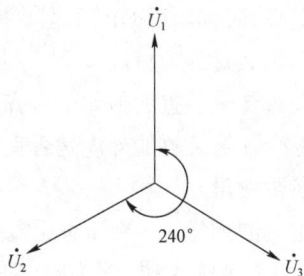

3）接线分析。

① 根据测量的电流值判定是否有断线、短接。

因为三相负荷平衡，三相电流值应基本相同。如发现值相差很大，则值小的相被短接。如发现电流基本为零，则这相电流断线。

② 根据测量的电压值判定是否缺线。

与电能表的额定电压比较，如电压为零，则这相电压失压（与无功电能表联合接线情况不同，有一定的电压）。

③ 画相量图，确定实际错误接线组合。

a. 三相四线计量装置画相量图时，为方便理解和分析，无论相序为正还是逆，均按正相序画 U_1、U_2、U_3（顺时针）。只是在确定接线组合时正相序写成 U_U、U_V、U_W（三相四线有三种可能 U_U–U_V–U_W；U_V–U_W–U_U；U_W–U_U–U_V，现只按第一种来分析说明），逆相序写成 U_U、U_W、U_V（同样有三种）。

b. 根据测得的相位角在相量图上找到 I_1、I_2、I_3 的位置并画相应相量。

c. 依据就近原则和给定的感性（电流滞后电压）或容性（电流超前电压）负载条件来确定电流的实际相别。如电流相量无就近的电压相量，则反向作负的相量，定可找到。那么与电压相量就近的电流相量，其相别与电压的一致。

d. 确定实际错误接线组合。

正相序：电压为 U_U、U_V、U_W；电流为 I_1、I_2、I_3

逆相序：电压为 U_U、U_W、U_V；电流为 I_1、I_2、I_3

接线组合表示上下电压电流在实际接线中对应，产生功率。其中电流应以分析后的实际相别表示，并有正负号。如：I_U、$-I_V$、I_W，I_V、I_U、$-I_W$……而且电流顺序一定是 I_1、I_2、I_3。

④ 画出实际错误接线图，指出错误接线的方式。

4）退补电量计算。

① 画出正确相量图，根据错误接线电压电流组合，写出错误接线情况下功率表达式。

② 计算更正系数。

③ 退补电量

$$G_x = \frac{P_0}{P_x}$$

5）更正接线。当然错误接线有三种可能，那么另外两种组合时，同样可以得到相同的结果。即不同的错误接线形式，其导致结果是一致的。这是三相四线计量装置错误接线的一个特点。如果我们已经知道了某相电压具体的相别，那么其错误接线的方式是唯一的。

二、例题

【例 12-4-1】根据测量参数（见表 12-4-1），判断错接线及计算错误功率表达式。

表 12-4-1 　　　　　　　　$60° > \varphi > 0°$ ［例 12-4-1］表

测量参数	U_{10}	U_{20}	U_{30}	U_{12}	U_{13}	U_{23}	I_1	I_2	I_3
测量数据	220V	220V	220V	380V	380V	380V	2.0A	2.0A	2.0A

续表

相位测量数据	$\dot{I}_1$	$\dot{I}_2$	$\dot{I}_3$
$\dot{U}_{10}$	84°（A）		
$\dot{U}_{20}$	323°（B）	263°	
$\dot{U}_{30}$			263°

解：

（1）确定电压相序，由 A–B≈–240°=120°，可得电压为正相序。

（2）画出电压为正相序的相量图后，画出三个电流相量（见图12–4–3）。

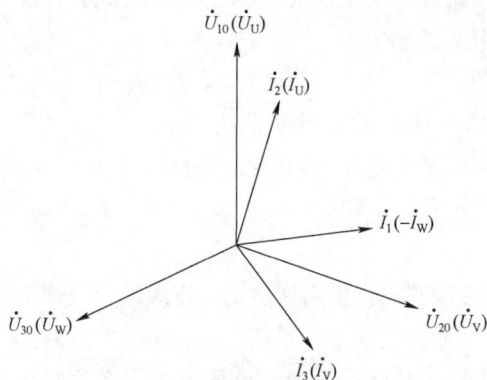

图 12–4–3 ［例 12–4–1］图

（3）按感性负载，在相量图上，标出实际的电压、电流。

（4）感性负载时错接线的形式：

电压 U_U　U_V　U_W，电流–I_W　I_U　I_V。

（5）感性负载时错接线的功率表达式及最简式

$$P=UI[\cos(60°+\varphi)+\cos(240°+\varphi)+\cos(240°+\varphi)]=-UI\cos(60°+\varphi)$$

$$Q=-UI\sin(60°+\varphi)$$

【**例12–4–2**】根据测量参数（见表12–4–2），判断错接线及计算错误功率表达式。

表 12–4–2　　　　　　　　60°＞φ＞0°［例 12–4–2］表

测量参数	U_{10}	U_{20}	U_{30}	U_{12}	U_{13}	U_{23}	I_1	I_2	I_3
测量数据	220V	220V	220V	380V	380V	380V	2.0A	2.0A	2.0A

相位测量数据	$\dot{I}_1$	$\dot{I}_2$	$\dot{I}_3$
$\dot{U}_{10}$	203°		
$\dot{U}_{20}$	323°	23°	
$\dot{U}_{30}$			203°

解：

（1）确定电压相序，由 A–B≈240°，可得电压为反相序。

（2）画出电压为反相序的相量图后，画出三个电流相量（见图 12–4–4）。

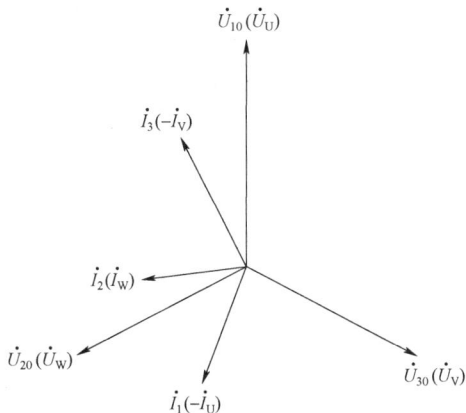

图 12–4–4 ［例 12–4–2］图

（3）按感性负载，在相量图上标出实际的电压、电流。

（4）感性负载错接线的形式：

$$电压\ U_U\quad U_W\quad U_V，电流-I_U\quad I_W\quad -I_V$$

（5）感性负载错接线的功率表达式及最简式

$$P=UI[\cos(180°+\varphi)+\cos\varphi+\cos(180°+\varphi)]$$

$$=-UI\cos\varphi$$

$$Q=-UI\sin\varphi$$

若此题条件改为 $0°>\varphi>-60°$

则错接线的形式为：

$$电压\ U_U\quad U_W\quad U_V\ ，电流\ I_W\quad -I_V\quad I_U$$

容性负载时错接线的功率表达式：

$$P=UI[\cos(240°+\varphi)+\cos(60°+\varphi)+\cos(240°+\varphi)]=-UI\cos(60°+\varphi)$$

$$Q=-UI\sin(60°+\varphi)$$

三、三相四线智能表接线检查

目前，三相智能电表在国网系统内，已得到了广泛应用。它不仅仅可以准确计量有功、无功与视在电量，更在编程、存储、通信、电网监测、报警、事件日志等有着良好的应用。供电企业营销人员要充分利用其特点，及时发现计量装置的异常状况。通常情况下计量装置的接线检查都是由计量外勤人员到用户现场进行，都是用电能表现场校验仪或者钳形相位表来判断电能表的接线是否正确，但在实际工作中，考虑到计量运行设备、测量仪表和操作人员的安全问题，所使用的工具及测量方法越简单、越不容易出错越好。经过实践总结，在正常情况下，都可以通过智能电能表的屏幕显示来直接判断电能表的接线是否正确，并且可判断出错接线的形式。

我们可以把智能能表看成是我们平时所用的钳形相位表，读取判断错误接线所需要的几个参数。不同厂家的智能表，有的直接显示分相电压与电流之间的夹角，我们直接抄录即可。有的厂家的智能表显示的是分相功率因数值、功率方向等参数，需要计算出电压、电流间的相位角，经过分析判断，得出实际的相位角，还原到常用的相位表接线检查方法上。通俗地说，就是利用智能表上显示的参数值，来代替相位表的测量值。

从三相四线智能表的显示屏上，可直接读出 U_{10}、U_{20}、U_{30} 的电压值，I_1、I_2、I_3 的电流值，三相电压的相序，分相功率的正负，分相的功率因数值等。需要注意的是，有的厂家的表在电压是正相序的情况下，有功功率表达式为 0，即有功表不走时，"逆相序" 会闪动。

本书所举案例，给定条件是三相电压、电流对称平衡，无缺相等故障。下面以三相四线智能表为例，说明确定相位角的方法。

【**例 12-4-3**】智能表参数，如图 12-4-5 所示，计算相位角。

图 12-4-5 ［例 12-4-3］智能表参数

计算过程如下。

A 相：由 $\cos\varphi = 0.770$（显示反向），得 $\cos\varphi = -0.770$，用计算器算得 U_{10}、I_1 间相位角约为 140° 或 220°。

B 相：由 $\cos\varphi = 0.936$，用计算器算得 U_{20}、I_2 间相位角约为 20° 或 340°。

C 相：由 $\cos\varphi = 0.165$（显示反向），得 $\cos\varphi = -0.165$，用计算器算得 U_{30}、I_3 间相位角约为 100° 或 260°。

由 8 个相位值得到以下组合：

① 140°、20°、100°。每相的功率因数角不同，排除。

② 140°、20°、260°。每相的功率因数角相同，保留。

③ 140°、340°、100°。每相的功率因数角不同，排除。

④ 140°、340°、260°。每相的功率因数角不同，排除。

⑤ 220°、20°、100°。每相的功率因数角不同，排除。

⑥ 220°、20°、260°。每相的功率因数角不同，排除。

⑦ 220°、340°、100°。每相的功率因数角相同，保留。

⑧ 220°、340°、260°。每相的功率因数角不同，排除。

从以上分析可看出，组合 2、组合 7 的相位角可用。由于组合 2、组合 7 的总有功功率表达为 0，则电压"逆相序"闪动不一定是电压逆相序。这时，可将联合接线盒的 U 相电流连片短接，过 10 秒左右，电压"逆相序"将不再闪动，可得电压是正相序。在电压为正相序的情况下，组合 2 被排除，即可得到组合 7 是电压电流的相位角。

若总有功功率表达不为 0，则根据电能表显示当前有功功率、无功功率、无功的象限，确定哪个组合的相位角是可用的。

电能测量四象限定义，如图 12-4-6 所示，其参考矢量是电流矢量（取向右为正方向）。电压矢量 U 随相角 φ 改变方向。电压 U 和电流 I 间的相角 φ 在数学意义上取正（逆时针方向）。

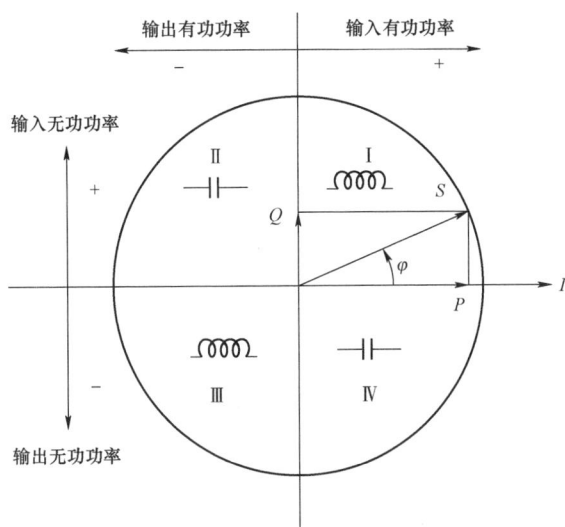

图 12-4-6　电能测量四象限定义

无功功率表达式最简式可根据有功功率表达式最简式直接写出。将有功功率表达式最简式中的 φ 用（$\varphi-90°$）代入，化简后即可得出无功功率表达式最简式。

【例 12-4-4】智能表参数，如图 12-4-7 所示，计算相位角。

A 相：由 $\cos\varphi=0.936$，用计算器算得 U_{10}、I_1 间相位角约为 20° 或 340°。

B 相：由 $\cos\varphi=-0.935$，用计算器算得 U_{20}、I_2 间相位角约为 160° 或 200°。

C 相：由 $\cos\varphi=-0.936$，用计算器算得 U_{30}、I_3 间相位角约为 160°或 200°。

图 12-4-7 ［例 12-4-4］智能表参数

由 8 个相位值得到以下组合：

① 20°、160°、160°。功率因数角不同，排除。
② 20°、160°、200°。功率因数角不同，排除。
③ 20°、200°、160°。功率因数角不同，排除。
④ 20°、200°、200°。功率因数角相同，保留。
⑤ 340°、160°、160°。功率因数角相同，保留。
⑥ 340°、160°、200°。功率因数角不同，排除。
⑦ 340°、200°、160°。功率因数角不同，排除。
⑧ 340°、200°、200°。功率因数角不同，排除。

从以上分析可看出，组合 4、组合 5 的相位角可用。由于组合 4、组合 5 的总有功功率表达不为 0，电压"逆相序"闪动，电压为逆相序。写出功率表达式。

$$P_4=UI[\cos\varphi+\cos(180°+\varphi)+\cos(180°+\varphi)]=-UI\cos\varphi \qquad Q_4=-UI\sin\varphi$$

$$P_5=UI[\cos(300°+\varphi)+\cos(120°+\varphi)+\cos(120°+\varphi)]=-UI\cos(60°-\varphi)$$

$$Q_5=UI\sin(60°-\varphi)$$

因为智能表显示无功在第二象限，组合 4 无功在第三象限，被排除。因为组合 5 无功在第二象限，所以组合 5 是电压电流的相位角。

【思考与练习】

1. 根据测量参数（见表 12-4-3），判断错接线及计算错误功率表达式。

表 12-4-3 　　60°>φ>0° ［思考与练习］测量参数表 1

测量参数	U_{10}	U_{20}	U_{30}	U_{12}	U_{13}	U_{23}	I_1	I_2	I_3
测量数据	220V	220V	220V	380V	380V	380V	2.0 A	2.0 A	2.0 A
相位测量数据		$\dot{I}_1$			$\dot{I}_2$			$\dot{I}_3$	
$\dot{U}_{10}$		84°							
$\dot{U}_{20}$		323°			203°				
$\dot{U}_{30}$								143°	

2. 根据测量参数（见表 12-4-4），判断错接线及计算错误功率表达式。

表 12-4-4　　　　　　　$0°>\varphi>-60°$［思考与练习］测量参数表 2

测量参数	U_{10}	U_{20}	U_{30}	U_{12}	U_{13}	U_{23}	I_1	I_2	I_3
测量数据	220V	220V	220V	380V	380V	380V	2.0 A	2.0 A	2.0 A
相位测量数据		$\dot{I}_1$			$\dot{I}_2$			$\dot{I}_3$	
$\dot{U}_{10}$		84°							
$\dot{U}_{20}$		203°			322°				
$\dot{U}_{30}$								23°	

3. 判断错接线（见图 12-4-8）。$60°>\varphi>0°$ 设 $U_{10}=U_U$

图 12-4-8　［思考与练习］图 1

4. 判断错接线（见图 12-4-9）。$60°>\varphi>0°$ 设 $U_{10}=U_U$

图 12-4-9　［思考与练习］图 2

短接第一元件电流，"逆相序"显示。

◢ 模块 5　直流法判断 TA、TV 极性（Z34G3005Ⅲ）

【模块描述】本模块包含 TA、TV 极性的基本概念、直流法判断 TA、TV 极性的基本原理、操作步骤及安全工作要求等内容。通过流程介绍、图表示意、要点归纳，掌握直流法判断 TA、TV 极性的方法。

【模块内容】

一、极性判断的目的

窃电发生时，用户一般都能正常用电，但电能表的转向、转速会发生变化。互感器的极性、变比、相序、接线端标志及接地点的确定是保证电能计量装置正确接线的一个重要的必备条件。在互感器投运前，首先要搞清楚互感器绕组的极性。互感器的极性判断方法有直流法、交流法和比较法，在此只介绍直流法。

二、危险点分析与控制措施

直流法判断 TA、TV 极性的危险点与控制措施主要有：使用仪表时应注意安全，防止极性接反、量程过小损坏仪表；使用有绝缘柄的工具以防触电；必须穿长袖工作服，戴好绝缘手套；作业前应认真检查周边环境，发现影响作业安全的情况时，应做好安全防护措施。

三、TA、TV 极性的基本概念

（1）极性的概念。电流互感器、电压互感器的极性是指一、二次接线端子同名端之间的关系。判断 TA、TV 的极性，即验证电流互感器中 P1 端与 S1 端为同名端，P2 端与 S2 端为同名端；电压互感器中，A 端与 a 端为同名端，X 端与 x 端为同名端。

对电流互感器，$\dot{i}_1$、$\dot{i}_2$ 瞬时方向相对于同名端正好相反，即若 $\dot{i}_1$ 从 P1 流进，$\dot{i}_2$ 此时一定从 S1 流出；对电压互感器，$\dot{U}_1$、$\dot{U}_2$ 瞬时极性相对于同名端正好相同，即若 A 端为 "+"，a 端此时也一定为 "+"。

（2）极性正确的重要性。电流互感器、电压互感器的极性对电能计量装置的准确计量非常重要。极性正确，加载到电能表上电压、电流方向也正确，电能表就能正确计量；极性不正确，加载到电能表上的电流、电压方向相反，就会造成电能不计、不计或倒计电量，造成电量损失。所以在电能计量装置投入运行之前进行互感器的极性测试是非常重要的工作。

四、直流法判断 TA、TV 极性的基本原理

1. 直流法判断 TA 极性的基本原理

直流法判断 TA 极性的基本原理如图 12-5-1 所示。当图中开关 S 闭合时，若电流表正偏，则说明二次电流从电流互感器的 S1 流出、从 S2 流入，一次电流从 P1 流入，从 P2 流出，所以 S1 与 P1、S2 与 P2 为同名端。

2. 直流法判断单相 TV 极性的基本原理

直流法判断单相 TV 极性的基本原理如图 12-5-2 所示。当图中开关 S 闭合时，直流电压表的偏向随电流方向而变化：当电流从 "+" 端流入，指针正偏；当电流从 "−" 端流入，指针反偏，所以可以在 TV 一次侧施加 1.5～12V 的直流电压，二次侧接入一小量限电压表或万用表进行测试。当图中开关 S 闭合时，若电流表正偏，则说明一次

绕组接直流电源"+"极的端子与二次绕组接直流电压表"+"极的端子为同名端；若指针反偏，则说明一次绕组接直流电源"+"极的端子与二次绕组接直流电压表"+"极的端子为异名端。

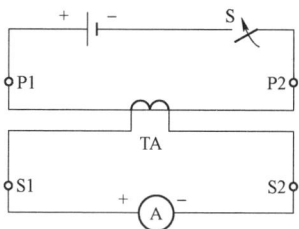

图 12-5-1　直流法判断 TA 的极性　　　　图 12-5-2　直流法判断 TV 的极性

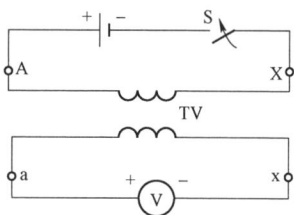

五、工具材料准备与检查

直流法判断 TA、TV 极性所需的工具有螺丝刀、直流电流（电压）表或万用表。
直流法判断 TA、TV 极性所需的材料有导线、开关、干电池。

六、现场测试步骤及要求

1. 连接电路：连接电路如图 12-5-1、图 12-5-2 所示。
2. 检查电路：保证电路正确连接。
3. 将万用表的转换开关放在合适的量程上。
4. 合上开关的瞬间，观察万用表的指针偏转方向。
5. 判断极性。

七、注意事项

使用仪表时应注意仪表的量程，不要烧表。使用有绝缘柄的工具，并戴好绝缘手套，必须穿长袖工作服。接线时，应注意区分电流互感器的一次绕组和二次绕组。

【思考与练习】

1. 画出直流法判断 TA 极性的基本原理图，并说明试验原理与要点。
2. 画出直流法判断 TV 极性的基本原理图，并说明试验原理与要点。
3. 直流法判断 TA、TV 极性的工具、材料有哪些？

◢ 模块 6　三相三线电能计量装置的接线检查（Z34G3006Ⅲ）

【模块描述】本模块包含经 TA、TV 接入的三相三线电能计量装置的常见错接线形式和检查方法、步骤和分析等内容。通过流程介绍、图解示意、案例介绍、要点归纳，掌握经 TA、TV 接入的三相三线电能计量装置接线检查方法。

【模块内容】

对于三相三线电能表接线，电压正相序有三种形式，即 U、V、W；V、W、U；W、U、V。电压反相序有三种形式，即 U、W、V；W、V、U；V、U、W。根据 DL 448—2016《电能计量装置技术管理规程》的要求，电流回路应采用分相连接，则电流接线形式共有 8 种，电压与电流的组合共有 48 种接线，其中只有 1 种是正确接线，有 12 种接线功率表达式为 0。

目前国内在进行 48 种错接线检查技能考核时，需要明确负载功率因数角范围，否则会出现两种结果，在功率因数为 1 或 0.5 左右时，易造成误判。

进行 48 种错接线检查的前提条件是：三相电路对称平衡，没有断线、短路和电压互感器极性接反等故障。功率因数角为 $60°>\varphi>0°$、$0°>\varphi>-60°$ 或者 $30°>\varphi>-30°$ 的其中一种。

三相三线电能表正确接线的相量图如图 12-6-1 所示。

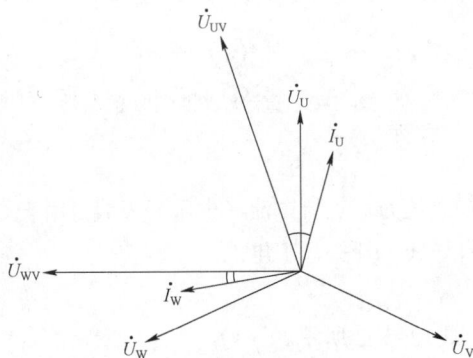

图 12-6-1　三相三线电能表相量图

三相三线表有 2 个计量元件，第一元件是 U_{UV} 和 I_U 工作，第二元件是 U_{WV} 和 I_W 工作。若不知道电压电流相别，则第一元件是 U_{12} 和 I_1 工作，第二元件是 U_{32} 和 I_3 工作。

以下我们说到的 1、2、3 分别代表电能表元件 1、元件 2、元件 3。具体操作方法如下。

一、参数的测量

在做好所有安全措施后，对相位表及测试导线检查，确认正常后，进行相关参数的测量。具体操作以 DK–45H 型相位表为例。

1. 电压的测量——判断电压有无缺相、接错或极性接反

（1）将相位表的量程开关旋转至 U_1、500V 的电压挡；

（2）将电压测试线按颜色插入相位表的 U_1 端口，将另一端红笔（正极）和黑笔（负极）分别接触到电能表表尾盒内的 U_1、U_2 电压接线端子上。此时测量的是 U_{12} 的电压值，用同样的方法测量 U_{13}、U_{32} 的电压值。根据测量数值大小，确定是否转换电压的量程。依次记录电压值。

（3）电压数据应注明计量单位。

2. 电流的测量——判断电流有无开路、短路

（1）将相位表的量程开关旋转至 I_2、10A 电流挡；

（2）将 I_2 电流测试钳插头插入 I_2 孔内；将 I_2 电流测试钳分别卡住电能表表尾的电流进线，依次测量出 I_1、I_2 的电流值，根据测量数值大小，决定是否转换电流的量程。依次记录电流值。

（3）电流数据应注明计量单位。

3．相位角的测量

（1）将相位表的量程开关旋至"φU_1-I_2"挡。

（2）先将相位表的红笔和黑笔分别接触到电能表表尾盒内的 U_1、U_2 相电压接线端子上，再将相位表的电流夹钳卡住电能表表尾的 I_1 相电流进线（注意电流卡钳的极性一定要正确，卡钳上表示极性的红色小点应对应电流进入的方向），此时相位表显示的是 U_{12} 和 I_1 之间的夹角，取下表笔和电流钳后做记录。用此方法分别测量 U_{32} 和 I_1 之间的夹角，和 U_{32} 和 I_3 之间的夹角。

二、画相量图，并分析判断

（1）相序的判定。三相三线电能计量装置电压相序的判定，常见的方法，用相位表测量电压 U_{12} 与 U_{32} 之间相位角，显示值若为 $300°$，则为正相序；若为 $60°$，则为反相序。此方法的缺点是操作较繁琐，需同时使用三根或四根测试线，需转换相位表的挡位和多做一次测试线的通断检查。

下面介绍一种操作更简单、更实用的方法。错接线检查，肯定要测量电压与电流之间的相位角，只需多测一个相位角，即可判定电压的相序。测量数据见表 12-6-1。

表 12-6-1　　　　　　　　　　现场测量相位角数据

测量数据	$\dot{I}_1$	$\dot{I}_3$
$\dot{U}_{12}$	235° A	
$\dot{U}_{32}$	295° B	355° C

从表 12-6-1 中可看出，以 $\dot{I}_1$ 为参考点，可确定 U_{12} 与 U_{32} 之间顺时针相位角为 $300°$，为正相序。也可采用下面方法，设 $\dot{U}_{12}$ 与 $\dot{I}_1$ 的相位角为 A，$\dot{U}_{32}$ 与 $\dot{I}_1$ 的相位角为 B，$A-B=-60°$ 或 $300°$，得 $\dot{U}_{12}$ 与 $\dot{U}_{32}$ 夹角为 $300°$，为正相序。若 $A-B=60°$ 或 $-300°$，则为反相序。

（2）确定电压是正相序还是反相序后，画出电压相量图。当正相序时，按顺时针画 U_1、U_2、U_3，反相序时，按反时针画 U_1、U_2、U_3。然后画出 U_{12} 相量和 U_{32} 相量。

相量图如图 12-6-2、图 12-6-3 所示。

（3）根据测得的相位角在相量图上画出 $\dot{I}_1$ 和 $\dot{I}_3$，根据已知负载性质或判断得出的负载性质，得出电压和电流的错接线方式。

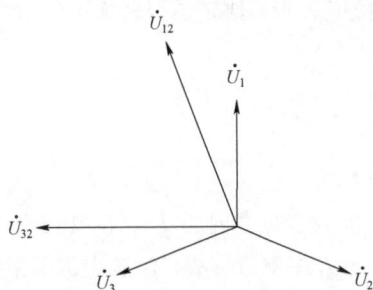

图 12-6-2　电压正相序相量图　　　　图 12-6-3　电压反相序相量图

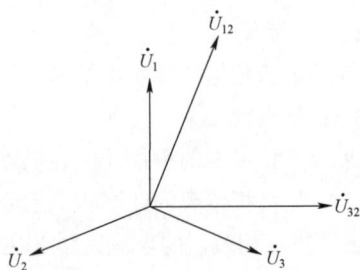

1）根据测得的相位角在相量图上找到 $\dot{I}_1$ 和 $\dot{I}_3$ 的位置并画相应相量。

2）确定三相电压。先确定 V 相电压，将两电流相量看成直线，根据功率因数角范围，当感性负载时，三相电压中，若某相电压顺时针 60°（或 30°）范围内无电流，则这相电压为 V 相电压。容性负载时，三相电压中，若某相电压反时针 60°（或 30°）范围内无电流，则这相电压为 V 相电压。无论是正相序还是反相序，都按照顺时针 U、V、W 的顺序，确定其余两相电压。

3）依据就近原则和给定的感性（电流滞后电压）或容性（电流超前电压）负载条件来确定电流的实际相别。

4）确定实际错误接线组合。

将 U_{12} 和 I_1 的下标，改为实际电压电流的相别，写出第一元件接线方式；将 U_{32} 和 I_3 的下标，改为实际电压电流的相别，写出第二元件接线方式。

（4）写出错误接线方式的功率表达式。

三相三线表功率表达式最简式，最基本的方法是利用三角函数的和差化积公式，将功率表达式化成最简。公式如下：

$$\cos A + \cos B = 2\cos\frac{A+B}{2}\cos\frac{A-B}{2}$$

$$\cos(330° + \varphi) + \cos(270° + \varphi) = 2\cos\frac{330° + \varphi + 270° + \varphi}{2}\cos\frac{330° + \varphi - 270° - \varphi}{2}$$

$$= 2\cos(300° + \varphi)\cos 30° = \sqrt{3}\cos(60° - \varphi)$$

对三角函数知识较差的学员来说，即使借助计算器，写出功率表达式的最简式，也是非常困难的，这也是技能考核中错误率最高的一项。通过分析 48 种常见错接线，功率表达式的最简式有一定规律，掌握这一规律，有助于大幅度提高操作速度和准确率。规律详见表 12-6-2。（设 $\dot{U}_{32}$ 与 $\dot{I}_3$ 的相位角为 C）

表 12–6–2　　　　　　　　　　有功功率表达式最简式一览表

电压	角度差（A–C）	有功功率最简式	更正系数
U V W W V U	$\pm 60°$	$P=\pm\sqrt{3}UI\cos\varphi$	$G=\pm 1$
	$\pm 120°$	$P=\pm UI\sin\varphi$	$G=\pm\dfrac{\sqrt{3}}{\tan\varphi}$
	$0°$	$P=\pm 2UI\sin\varphi$	$G=\pm\dfrac{\sqrt{3}}{2\tan\varphi}$
	$\pm 180°$	$P=0$	不存在
V W U U W V	$\pm 60°$	$P=\pm\sqrt{3}UI\cos(60°+\varphi)$	$G=\pm\dfrac{2}{1-\sqrt{3}\tan\varphi}$
	$\pm 120°$	$P=\pm UI\cos(30°-\varphi)$	$G=\pm\dfrac{2\sqrt{3}}{\sqrt{3}+\tan\varphi}$
	$0°$	$P=\pm 2UI\cos(30°-\varphi)$	$G=\pm\dfrac{\sqrt{3}}{\sqrt{3}+\tan\varphi}$
	$\pm 180°$	$P=0$	不存在
W U V V U W	$\pm 60°$	$P=\pm\sqrt{3}UI\cos(60°-\varphi)$	$G=\pm\dfrac{2}{1+\sqrt{3}\tan\varphi}$
	$\pm 120°$	$P=\pm UI\cos(30°+\varphi)$	$G=\pm\dfrac{2\sqrt{3}}{\sqrt{3}-\tan\varphi}$
	$0°$	$P=\pm 2UI\cos(30°+\varphi)$	$G=\pm\dfrac{\sqrt{3}}{\sqrt{3}-\tan\varphi}$
	$\pm 180°$	$P=0$	不存在

注意：角度差与最简式的±号，不存在对应关系，最简式±号的确定请读者根据练习题自己总结。

【例 12–6–1】根据测量参数（见表 12–6–3），判断错接线及计算错误功率表达式。

表 12–6–3　　　　　　　$0°>\varphi>-60°$［例 12–6–1］测量参数表

测量参数名称	U_{12}	U_{13}	U_{23}	I_1	I_3
测量数据	100.2V	100.5V	100.3V	1.5A	1.5A
测量数据		$\dot{I}_1$		$\dot{I}_3$	
$\dot{U}_{12}$		125°　A			
$\dot{U}_{32}$		185°　B		245°	

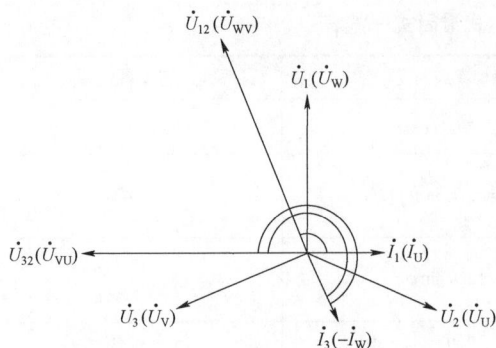

图 12-6-4 [例 12-6-1] 图

解：

（1）由电压、电流数值正常，不存在异常情况，可判定为 48 种接线。

（2）由 $\dot{U}_{12}$ 与 $\dot{I}_1$ 的相位角 125°，$\dot{U}_{32}$ 与 $\dot{I}_1$ 的相位角 185°，得 $A-B=-60°$，可得电压为正相序。

（3）画出电压为正相序的相量图后，画出 $\dot{I}_1$ 和 $\dot{I}_3$。如图 12-6-4 所示。

得到电压的排列为 U_W、U_U、U_V；根据功率因数角范围，可得 $\dot{I}_1$ 实际

电流为 $\dot{I}_U$，$\dot{I}_3$ 实际电流为 $-\dot{I}_W$；

错接线方式：

I_U	U_W	$-I_U$	U_U	$-I_W$	U_V	I_W

（4）写出功率表达式；

$$P=UI[\cos(150°+\varphi)+\cos(270°+\varphi)]=UI[-\cos(30°-\varphi)+\sin\varphi]$$
$$=-UI\cos(30°+\varphi)$$
$$Q=-UI\sin(30°+\varphi)$$

计算更正系数

$$G_P=P_0/P=\sqrt{3}\,UI\cos\varphi/\,[-UI\cos(30°+\varphi)]=-2/\sqrt{3}\,(\sqrt{3}-\tan\varphi)$$
$$G_Q=Q_0/Q=\sqrt{3}\,UI\sin\varphi/\,[-UI\cos(60°-\varphi)]=-2\sqrt{3}\,/\,(\tan^{-1}\varphi+\sqrt{3})$$

【例 12-6-2】 根据测量参数（见表 12-6-4），判断错接线及计算错误功率表达式。

表 12-6-4　　　　　　　60°＞φ＞0°　[例 12-6-2] 测量参数表

测量参数名称	U_{12}	U_{13}	U_{23}	I_1	I_3
测量数据	100.2V	100.5V	100.3V	1.5A	1.5A
测量数据		$\dot{I}_1$		$\dot{I}_3$	
$\dot{U}_{12}$		115°　A			
$\dot{U}_{32}$		55°　B		295°	

解：

（1）由电压、电流数值正常，不存在异常情况，可判定为 48 种接线。

（2）由 $\dot{U}_{12}$ 与 $\dot{I}_1$ 的相位角 115°，$\dot{U}_{32}$ 与 $\dot{I}_1$ 的相位角 55°，得 $A-B=60°$，可得电压为反相序。

（3）画出电压为反相序的相量图后，画出 $\dot{I}_1$ 和 $\dot{I}_3$。如图 12-6-5 所示。

可得出电压的排列为 U_W、U_V、U_U；

根据功率因数角范围，可得 $\dot{I}_1$ 实际电流为 $\dot{I}_U$，$\dot{I}_3$ 实际电流为 $\dot{I}_W$；

错接线方式：

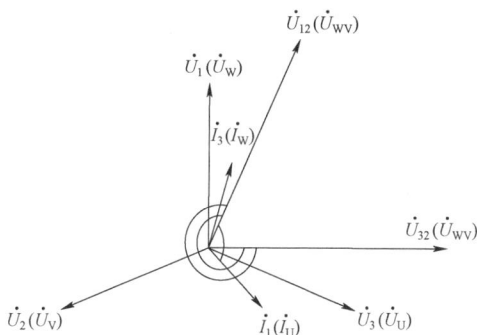

图 12-6-5　[例 12-6-1] 图

I_u	U_w	$-I_u$	U_v	I_w	U_u	$-I_w$

根据 $\dot{U}_{12}$ 与 $\dot{I}_1$ 的相位角 115°，$\dot{U}_{32}$ 与 $\dot{I}_3$ 的相位角 295°，写出功率表达式；

$$P=UI[\cos(90°+\varphi)+\cos(270°+\varphi)]=UI[-\sin\varphi+\sin\varphi]=0$$

（4）计算更正系数。

因功率为 0，更正系数不存在。

【思考与练习】

1. 已知三相三线有功电能计时装置的接线方式为：A 相元件 U_{BC}、I_A，C 相元件为 U_{AC}、I_C，请画出错误的接线图和相量图，写出两元件功率 P_A、P_C 表达式和总功率 P 的表达式。

2. 已知三相三线有功电能计量装置的接线方式为：A 相元件 U_{BC}、I_A，C 相元件为 U_{AC}、I_C，请画出错误的接线图和相量图，写出两元件功率 P_A、P_C 表达式和总功率 P 的表达式。

3. 根据测量参数（见表 12-6-5），判断错接线及计算错误功率表达式。

表 12-6-5　　60°＞φ＞0°　[思考与练习] 测量参数表 1

测量参数名称	U_{12}	U_{13}	U_{23}	I_1	I_3
测量数据	100.5V	100.6V	100.3V	1.0A	1.0A
测量数据		$\dot{I}_1$		$\dot{I}_3$	
$\dot{U}_{12}$		235°			
$\dot{U}_{32}$		295°		175°	

4. 根据测量参数（见表 12-6-6），判断错接线及计算错误功率表达式。

表 12-6-6　　　　　0°＞φ＞-60°［思考与练习］测量参数表 2

测量参数名称	U_{12}	U_{13}	U_{23}	I_1	I_3
测量数据	100.2V	100.2V	100.4V	2.0A	2.0A
测量数据		$\dot{I}_1$		$\dot{I}_3$	
$\dot{U}_{12}$		355°			
$\dot{U}_{32}$		55°		115°	

▲ 模块 7　电能计量装置接线错误情况下退补电量计算（Z34G3007Ⅲ）

【模块描述】本模块包含电能计量装置接线错误情况下电量退补原则、更正系数与更正率、退补电量计算等内容。通过流程介绍、公式解析、图解示意、要点归纳，掌握电能计量装置接线错误情况下退补电量计算方法。

【模块内容】对计量故障或计量差错进行了定性或定量的分析之后，就可以确定现场计量装置的实际运行情况，在纠正计量错误的同时，还要进行差错电量的计算，及时为电力企业和客户提供退补电量的依据。

一、错误电量追退原则

（1）由于计费计量的互感器、电能表的误差及其连线电压降超出允许范围或其他非人为原因致使计量记录不准确时，根据《供电营业规则》第八十条规定，供电企业应按下列规定退补相应电量的电费。

1）互感器或电能表误差超过允许范围时，以"0"误差为基准，按验证后的误差值退补电量。退补时间按从上次校验或换装后投入之日起至误差更正之日止的 1/2 时间计算。

2）连接线的电压降超过允许误差范围时，以允许电压降为基准，按验证后实际值与允许值之差补收电量。补收时间从连接线投入或负荷增加之日起至电压降更正之日止。

3）其他非人为原因致使计量记录不准时，以客户正常月份的用电量为基准，退补电量，退补时间按抄表记录确定。退补期间，客户先按抄见电量如期交纳电费，误差确定后，再行退补。

（2）用电计量装置因接线错误、熔断器熔断、倍率不符等原因，使电能计量或计算出现差错时，根据《供电营业规则》第八十一条规定规定，供电企业应按下列规定退补相应电量的电费。

1）计费电量装置接线错误时，以其实际记录的电量为基准，按正确与错误接线的差额率退补电量，退补时间从上次校验或换装后投入之日起至接线错误更正之日止。

2）电压互感器熔断器熔断的，按规定计算方法计算值补收相应电量的电费；无法计算的，以客户正常月份用电量为基准，按正常月与故障月的差额补收相应电量的电费，补收时间按抄表记录或按失压记录仪记录确定。

3）计算电量的倍率或铭牌倍率与实际不相符时，以实际倍率为基准，按正确与错误倍率的差值退补电量，退补时间以抄表记录为准确定。退补电量未正式确定前，客户应先按正常月用电量交付电费。

在现场处理计量故障或差错时，应注意做好记录，如电能表计度器止数、互感器倍率、功率因数、电流表读数（或现场实测负荷），以及客户上月电费单据等有关涉及计算电量的有关数据，以备日后计算用。

二、计算方法

电能计量超差（差错）退补方法应依次采用计算法、估算法、测试法。

1. 计算法

（1）通过电能计量器具正确计量时所计电能量 W 与非正常计量时电能量 W' 比值，推导出电量更正系数 $K = \dfrac{W}{W'}$，按下式计算出需退补的电量值 ΔW（当 ΔW 为正值时，向购电方退电量；ΔW 为负值时，由购电方补电量）：

$$\Delta W =(1-K)W' \qquad\qquad (12-7-1)$$

式中　ΔW ——需退补电量值，kWh；

　　　K ——电量更正系数；

　　　W' ——电能计量装置非正常计量时的电量值，kWh。

（2）电能计量器具配置不符合规定或误差超差时，按下式根据电能计量器具实际误差值计算出需退补的电量值：

$$\Delta W = \frac{\gamma}{1+\gamma}W' \qquad\qquad (12-7-2)$$

式中　ΔW ——需退补电量值，kWh；

　　　γ ——电能计量器具实际误差值，%；

　　　W' ——电能计量装置非正常计量时的电量值，kWh。

（3）电能计量装置中电压互感器二次回路电压降超出允许范围时，按实际测试值与允许值之差计算退补电量。

（4）当电能计量装置同时存在多项配置不符合规定或多项计量器具超差时，应以各项误差的合成值作为误差（差错）电量的计算依据。

（5）需采用功率因数进行计算时，其取值首先采用电能计量装置故障期间的平均功率因数，其次可根据实际情况采用正常月份的平均功率因数。

2. 估算法

在难以推导出电量更正系数 K 的情况下，应依次采用以下几种方法。

（1）以贸易双方认可的副表所计的正常电量为准，推算出需退补的电量值。

（2）以电能平衡数据（如对侧或下一级电能计量装置所计电量），并考虑相应电能量损耗等情况推算出需退补的电量值。

（3）以同一计量点的其他电能量或功率测量单元的数据记录为基准，综合考虑电力负荷、值班记录情况，推算出需退补的电量值。

（4）以计量正常月份电量为基准，综合考虑电力负荷、值班记录情况，按正常月与故障月的电量差额推算出需退补的电量值。

（5）以更正后的电能计量装置所计量的电量（一般为一个抄表周期）为基准，综合考虑电力负荷、值班记录情况，推算出需退补的电量值。

3. 测试法

保持产生电能计量超差（差错）的电能计量器具现状，另在该电能计量点接入正确的电能计量器具，并在正常电力负荷情况下进行计量，然后用正确计量的电量除以同时间内错误计量的电量，推导出电量更正系数，计算出需退补的电量值。

三、电能表误差的确定

一般按实际负荷点确定，实际负荷难以确定时，应以正常月份的平均负荷确定误差。当平均负荷难以确定时，按电能表加入参比电压，负荷电流为 I_{max}、I_b、$0.2I_b$，功率因数为 $\cos\varphi=1.0$ 时的检定误差值，按下式计算其误差值：

$$\gamma_b(\%) = \frac{\gamma_{b1} + 3\gamma_{b2} + \gamma_{b3}}{5} \qquad (12-7-3)$$

式中　　γ_b ——电能表相对误差加权平均值，%；

　　　　γ_{b1} ——电能表负荷电流为 I_{max}，$\cos\varphi=1.0$ 时的检定误差值，%；

　　　　γ_{b2} ——电能表负荷电流为 I_b，$\cos\varphi=1.0$ 时的检定误差值，%；

　　　　γ_{b3} ——电能表负荷电流为 $0.2I_b$，$\cos\varphi=1.0$ 时的检定误差值，%。

四、电能计量器具故障时（差错）电量的计算

1. 停走、潜动、跳字、损坏

按估算法进行超差（差错）电量的计算。退补时间按电能量采集系统的记录确定；无法确定时以最近一次现场工作（检验、值班记录、抄表、换装、现场检查）发现的时间为起始时间，结束时间为装置更正后投运时的时间。

2. 不显示

优先考虑读取电能表内部数据信息（内部计量元件正常），作为结算电量的依据。当无法读取电能表内部数据信息时，按本标准 4.2 估算法进行超差（差错）电量的计算。

退补时间按电能量采集系统的记录确定；无法确定时以最近一次现场工作（检验、值班记录、抄表、换装、现场检查）发现的时间为起始时间，结束时间为装置更正后投运时的时间。

3. 时钟不准、时段错误

（1）时钟不准。有电能量采集系统的，以采集系统中相应时段内各费率电量，确定各费率电量的比率，根据电能表的总电量计算各费率电量。无电能量采集系统的，以正常月份或下一抄表周期的费率电量比率，根据电能表的总电量计算各费率电量。

（2）时段错误。有电能表负荷曲线记录（或电能量采集系统）的，以电能表内负荷曲线记录（或电能量采集系统）中相应时段内各费率电量，确定各费率电量的比率，根据电能表的总电量计算各费率电量。无电能表内负荷曲线记录（或电能量采集系统）的，以下一抄表周期的费率电量比率，根据电能表的总电量计算各费率电量。退补时间以最近一次时段参数改变时间为起始时间，结束时间为时段更正后的时间。

（3）费率电量不一致。有电能表负荷曲线记录（或电能量采集系统）的，以电能表内负荷曲线记录（或电能量采集系统）的数据确定各费率电量的比率，根据电能表的总电量计算各费率电量。无电能表内负荷曲线记录（或电能量采集系统）的，以下一抄表周期的费率电量比率，根据电能表的总电量计算各费率电量。退补时间以最近一次现场工作（检验、值班记录、抄表、换装、现场检查）发现的时间为起始时间，结束时间为装置更正后投运时的时间。

注：购售电双方不执行分时电价结算时，时钟不准、时段错误无须退补电量。

【思考与练习】

1.《供电营业规则》中对错误电量追退有何规定？

2. 某客户电能表发生错误接线，经检查分析，其错误接线的功率为 $P'=2UI\sin\varphi$，电能表在错误接线情况下累计电量为 15 万 kWh，该客户的功率因数为 0.87 滞后，求实际电量并确定退、补电量。

3. 某客户电能表错误接线如图 12-7-1 所示，试进行相量分析和差错电量的退、补。

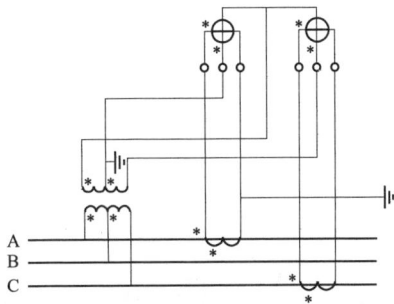

图 12-7-1 某客户电能表错误接线示意图

第四部分

电力营销管理信息系统应用

第十三章

营销管理系统应用

▲ 模块 1 电力营销管理信息系统基本知识（Z34D5001Ⅰ）

【模块描述】本模块包含电力营销信息系统的定义和作用等基本知识。通过概念描述、术语说明、要点归纳，掌握电力营销信息系统的基本知识。

【模块内容】

一、SG186 工程

2006 年 4 月 29 日，国家电网公司提出了在全系统实施"SG186 工程"的规划。根据规划，"SG186 工程"将实现四大目标：一是建成"纵向贯通、横向集成"的一体化企业级信息集成平台，实现公司上下信息畅通和数据共享；二是建成适应公司管理需求的八大业务应用，提高公司各项业务的管理能力；三是建立健全规范有效的六个信息化保障体系，推动信息化健康、快速、可持续发展；四是力争到"十一五"末，公司的信息化水平达到国内领先、国际先进，初步建成数字化电网、信息化企业。

SG 是国家电网英文的简拼。

"SG186 工程"中的"1"，指的是一体化企业级信息集成平台。

"SG186 工程"中的"8"，就是按照国家电网企业级信息系统建设思路，依托公司企业信息集成平台，在公司总部和公司系统，建设财务（资金）管理、营销管理、安全生产管理、协同办公管理、人力资源管理、物资管理、项目管理、综合管理等八大业务应用。

"SG186 工程"中的"6"，是建立健全六个信息化保障体系，分别是：信息化安全防护体系、标准规范体系、管理调控体系、评价考核体系、技术研究体系和人才队伍体系。

二、营销管理信息系统总体业务

营销管理信息系统总体业务模型见图 13-1-1。

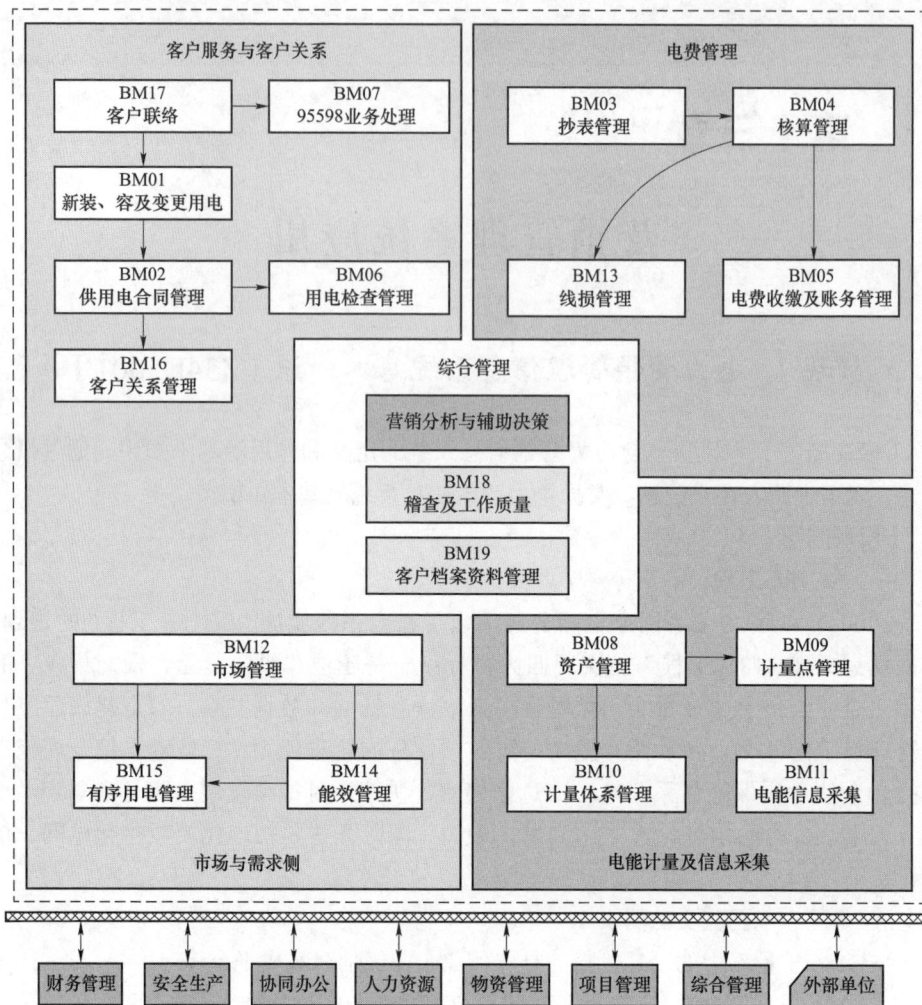

图 13-1-1 营销管理信息系统总体业务模型

营销管理业务应用。建立覆盖公司总部、网省公司及基层供电公司的营销管理业务应用，推动营销管理创新、服务创新和业务流程优化。整合服务资源，加大对营销各项管理指标、经营指标、服务指标的控制力。实现对三级电力市场建设与运营的集约化管理，实现电能信息的自动采集、购售电环节的统一管理、公司系统营销经营的实时分析，实现客户服务信息化、业务处理自动化、市场响应快速化、质量管理可控化和决策支持前瞻化。统一组织电力需求侧管理、客户关系管理和营销辅助决策分析等模块的试点和推广。

　　整个电力营销业务划分为 19 个业务类，为客户提供各类服务，完成各类业务处理，为供电企业的管理、经营和决策提供支持；同时，通过营销业务与其他业务的有序协作，提高整个电网企业信息资源的共享度。支持营销业务应用的一体化、集成化；支撑营销"一部三中心"运作。

三、营销管理信息系统的作用

　　农村供电所是直接面向农业、农民、农村供用电服务的窗口，成年累月地处理着业扩报装、电量电费、电能计量、用电检查、配电网线损、配电生产、客户服务等方面的业务，所涉及的业务事项相对琐碎繁杂，服务的范围点多、面广，记录台账多、基础数据量大，且处理过程复杂。由于这些业务具有数据量大、加工处理过程复杂工作负担重等特点，采用手工处理方式，台账记录，人工查找、统计、汇总分析，不但要耗费大量的人力，而且速度慢，容易出错，很难做到准确、完整、及时，无法满足管理好配用电业务工作的需要。同时，由于信息通信和传输手段的落后，造成信息不统一，使得各个部门之间缺乏有效协调，导致重复劳动，从而带来的资源浪费也是非常严重。业务数据零散不全，各专业统计口径不统一、差错漏洞多、信息不能共享等诸多弊端，都是过去一直困扰着基层供电部门的难题。

　　（1）提升农电管理水平。电力营销管理信息系统可将农村供电所的日常工作全面纳入计算机管理，实现农电管理规范化、科学化、现代化，提高工作效率；加快资金回收，加强管理，堵住漏洞。

　　（2）提供新的营销服务平台。可使农电管理流程规范统一、信息传递快捷通畅；系统还可以设立网上营业厅，通过互联网，用电客户可以便捷地了解安全用电常识、电力法规、电量电费、收费标准和缴纳电费。

　　（3）提供强大的管理手段。各种实时报表显示各项工作的进度，如电费回收进度，线损报表显示哪些线路、哪些台区线损偏高，从而有的放矢抓管理。

　　农电营销管理的信息化是规范农电工作管理、提高工作效率、提升管理水平、降低电力企业成本、更好地为广大客户服务的基础，是实现国家电网有限公司农电发展战略目标的一个重要手段。

四、营销管理信息系统的发展方向

　　随着业务数据的不断暴增，未来智能电网在信息接入、海量存储、实施监测与智能分析方面将会有新的高要求。在信息接入方面安全变得越来越重要，需要支持各类系统的安全性，要建设多渠道用户的入口，提升信息双向交互的安全防护能力。而智能分析方面，对数据进行决策分析和数据挖掘的能力也需增强。为此，国家电网有限公司在 SG186 的基础上，推出了"SG-ERP"工程，旨在建立覆盖面更广，集成度更高，智能化更高，安全性更强，可视化更优的新型 IT 构架，其区别于 SG186 之处在于，纳入了电力应用的全过程，加强了数据分析和辅助决策功能。

如今 SG–ERP 工程经历了近 3 年的发展，虽已取得一系列成果，但相关完善工作将会继续，其电网信息系统将在平台集中、业务融合、决策智能、安全适用等方面，进一步由 186 向 ERP 过渡。在此过渡的过程中，主要内容和主题架构都不变，而内容较之以前会更为全面。

【思考与练习】

1. 电力营销管理信息系统的作用？
2. 电力营销管理信息系统由哪些业务构成？
3. SG186 工程的含义是什么？

模块 2　电力营销管理信息系统各子系统介绍（Z34D5002Ⅰ）

【模块描述】本模块包含电力营销管理信息系统各子系统的功能介绍，包括营销基础资料管理、抄核收业务、电费账务管理、计量管理、业扩与变更、线损管理等功能模块。通过概念描述、术语说明、要点归纳，掌握电力营销信息系统各子系统功能。

【模块内容】

一、系统结构和特点概述

（1）应用和数据采用全省集中管理。

（2）新系统采用 BS 模式，客户端通过网页访问服务器，不用下载客户端。

（3）采用工作流引擎，系统的流程是通过配置流程图配置上去，功能界面简洁。

（4）采用图形化工具，实现营销业务流程的简便定义。

（5）可以动态地调整完成善、修改、营销工作流程，实现营销业务的实时动态重组。

（6）在流程控制方面，可进行流程回退、流程挂起、流程恢复、流程中止、流程人工调度等各种特殊流程控制的实际需要。

（7）当营销业务办理期限已到时，发出相应的消息，通知用户超时；可以在任务到期前固定时间给用户发出提醒消息。

（8）可进行各个流程活动的当前工作量统计，提供超期用户清单、超期量、超期率等，对超期工作可进行异常报警。

（9）适应营销发展方式和管理方式的转变，进一步提升营销服务能力和水平，进一步规范营销管理及业务流程，满足"SG186"工程建设原则和要求，确保"统一领导、统一规划、统一标准、统一组织实施"，实现资源集约与共享。

（10）新系统将营销业务领域相关的业务划分为"客户服务与客户关系""电费管

理""电能计量及信息采集"和"市场与需求侧"等 4 个业务领域及"综合管理",共 19 个业务类、138 个业务项及 762 个业务子项。

二、模块介绍

1. 客户服务和客户关系

通过统一客户联络,实现通过营业厅、呼叫中心、门户网站、银行网点和现场服务渠道与客户交互。

通过业扩管理、故障保修、客户投诉、客户举报、建议表扬、信息咨询、业务查询等业务的流程化处理,达到服务便捷、响应快速,并提供客户回访、业务通知、停电通知、缴费提醒、用电检查等主动式服务,实现客户关怀。通过客户细分,定义不同属性和行为特征的客户群,在此基础上对客户价值、信用、风险进行评估,依据评估结果找出大客户以及风险所在,并对大客户以及风险进行管理,以提高客户满意度和防范电费风险。

2. 电费管理

通过抄表管理、核算管理、客户缴费管理、电价管理、营销账务管理和欠费管理等电费管理业务的处理,实现优化整合电价及电费抄核收管理流程,降低电费管理运营风险,提高电价电费整体管理绩效和资金的规模化效益。

3. 电能计量及信息采集

通过计量装置从需求、采购、入库、运行、退役等全寿命周期的资产管理,明晰资产状态,促使资源优化配置。

通过计量点的设计,设备安装调试、竣工验收、维护管理,以及电能计量装置运行维护、改造、评估管理,实现计量装置现场运行情况的全过程管理。

通过室内检测、现场校验、轮换和二次压降测试等电能计量技术管理,规范电能计量检测、运行及工作流程,保证电能计量装置的准确可靠。

通过售电侧电能信息进行采集与监控,并利用调度、配电等相关系统的采集信息,将购电侧、供电侧、销售侧三个环节的实时信息整合在一起,形成购、供、售三个环节实时信息的统一监控。

4. 市场与需求侧

通过开展市场调查,获取市场数据,开展市场分析预测。根据市场分析预测结果进行市场拓展和制定售电计划,同时,市场分析结果和市场售电计划数据将为有序用电方案制定提供依据,可以根据有序用电方案执行负荷管理措施。

通过跟踪重点用电单位,主要耗能工业企业单位产品能源消耗情况,总结能耗项目的实施效果,挖掘、实施有利于提高能效、降低电网峰谷差、提高电网负荷率的措施,促进电力市场的良性发展,形成社会、政府、电力企业、电力用户"多赢"

的局面。

5. 综合管理

综合管理包括客户档案资料管理、稽查与工作质量管理。

客户档案资料管理包括以客户编号为唯一标识的客户基本档案、用电特性、服务需求、信用评价、合同信息、客户关系及客户调查信息，通过客户信息资源统一管理，为其他业务领域提供完整的客户资料数据。

稽查与工作质量管理，是通过对电力营销系统各方面运作的合法性和规范性，包括对业务、设备资产、计量、收费、服务等方面的运行和执行情况进行稽查，及时发现问题并及时处理，提高企业的经济效益和服务质量，促进电力企业依法经营，规范运作。

通过对营销工作质量及管理指标考核管理，加强营销工作的质量监督、增收堵漏，提高经营管理水平和经济效益。

【思考与练习】

1. 简述客户服务和客户关系模块的功能。

2. 简述电费管理模块的功能。

3. 简述电能计量及信息采集模块的功能。

▶ 模块 3 电力营销管理信息系统的操作应用（Z34D5003Ⅰ）

【模块描述】本模块包含电力营销管理信息系统各营销业务的实现过程及相关业务的办理情况介绍。以低压居民新装和高压新装为例，通过概念描述、流程介绍、系统截图示意、要点归纳，掌握电力营销管理信息系统的操作应用。

【模块内容】营销管理信息系统中模块和涉及的操作较多，现选取常用的低压居民新装和信息采集终端安装调试 2 个流程的操作方法进行介绍。各省的操作可能存在不同。

一、低压居民新装

1. 登录系统

（1）在地址栏内输入网址。

（2）输入工号及密码，点击"登录"。

2. 建立低压居民用户路径

（1）在一级菜单中，选择"新装增容及变更用电"。

（2）在二级菜单中，选择"业务受理"。

（3）在三级菜单中，选择"功能""业务受理"。

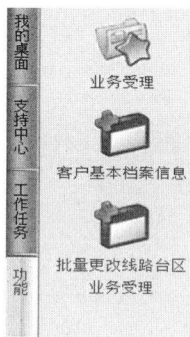

3. 业务受理

（1）填写用电申请信息。

1）在 用电申请信息 ｜ 客户自然信息 ｜ 申请证件 ｜ 联系信息 ｜ 银行帐号 ｜ 用电资料 ｜ 用电设备 ｜ 用户标识
中，选择"用电申请信息"。

2）在"业务类型"选择相应的业务类型，如"低压居民新装"。

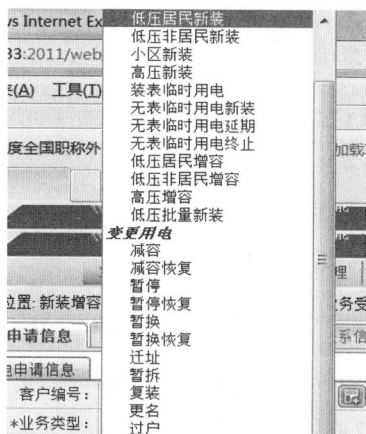

3）填写"业务子类"，选择"低压居民新装"。

4）输入用户名称：如"张志明"。

5）点击" "显示"用电地址分解信息—网页对话框"填写"省、市、区县"点击"确认"。

6）在"证件类型"选择相应的证件，如"营业执照"。

7）填写"证件号码"注：如要在"证件类型"选择"身份证"，必须如实填写"证件号码"，其他填写上即可。

8）在"联系类型"选择相应类型。

9）在"联系人"填写用户名称。

*联系人：张志明

10）在"申请容量"填写用户设备容量或变压器容量。注：总容量。

*申请容量：　　　　　　　　　5 kW/k

11）点击 显示"供电单位选择—网页对话框"选择供电单位，点击"确认"。

12）点击 显示"用电类别选择—网页对话框"选择用电类别，点击"确认"。

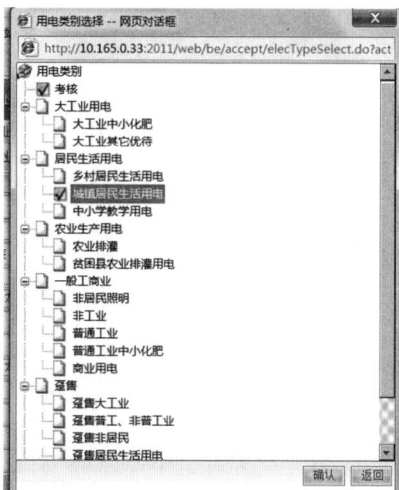

13）在"行业分类"选择相应的行业。

14）在"用户分类"选择用户类别，如"低压居民"。

15）在"供电电压"选择相应负荷。

16）在"转供标志"选择是否是转供用户。

17）在"电费通知方式"选择相应通知方式，如"电话通知"。

18）在"电费结算方式"选择结算方式，如"抄表结算"。

19）在"电费票据类型"选择发票类型，如用户为二次用户选择"农电二次发票"、一次用户选择"农电一次发票"。

20）在"缴费方式"选择相应的缴费方式。

21）在"申请方式"选择相应申请方式。

22）以上信息均填写完毕，再单 打印 查询 保存 发送 返回 击"保存"。

显示点击"确定"。

（2）填写客户自然信息、申请证件、联系信息、银行账号（这4项信息都是在"用电申请信息"中提取来的，一般不用填写），单击"保存"。

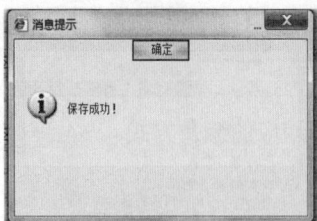

（3）填写用电资料。

1）在 | 用电申请信息 | 客户自然信息 | 申请证件 | 联系信息 | 银行帐号 | **用电资料** | 用电设备 | 用户标识 | 中，选择"用电资料"。

2）填写"资料名称"。

| *资料名称：| 低压新装居民 |

3）在"资料类别"中选择相应类别。

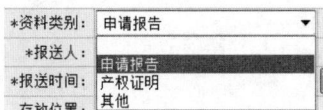

4）填写"份数"。

| *份数：| 1 |

5）在"资料是否合格"选择"是"或"否"。

6）填写"报送人"。

| *报送人：| 张志明 |

7）点击 📅 显示 选择"报送时间" *报送时间：2011-04-20 📅 。

8）在 | 过滤 | 查看 | 批量新增 | 新增 | 保存 | 删除 | 打印 | 返回 | 中，选择"保存"。

（4）填写用电设备。

1）在 | 用电申请信息 | 客户自然信息 | 申请证件 | 联系信息 | 银行账号 | 用电资料 | **用电设备** | 用户标识 | 中，选择"用电设备"。

2）在"设备类型"选择相应的用户设备。

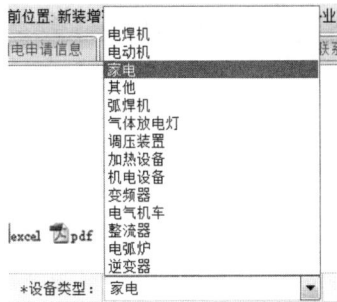

3）在"相线"选择用户的相线类别。

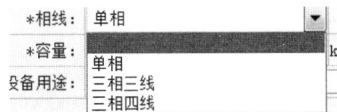

4）在"电压"选择电压负荷。

5）在"容量"填写用电设备容量（此容量指的是一台设备容量）。

6）在"台数"填写用电设备的台数。

台数×容量=申请容量（与"用电申请信息"中的"申请容量"一致）。

7）点击  显示"选择用户—网页对话框"选择用户，点击"确认"。

8）在 新增 保存 删除 返回 中，单击"保存"。

（5）填写用户标识。

1）在 用电申请信息 客户自然信息 申请证件 联系信息 银行帐号 用电资料 用电设备 **用户标识** 中，单击"用

户标识"显示

2）在"用户分类"选择用户的用户类型，如用户为二次用户选择"农电二次发票"，一次用户选择"农电一次发票"。

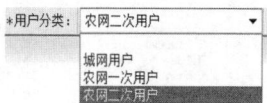

3）在 保存 返回 ，单击"保存"。

（6）以上信息均填写完毕后，回到"用电申请信息"，在 打印 查询 保存 发送 返回 ，

单击"发送"，显示 。注意：要将申请编号记下来，便于进程查询。

（7）进程查询。

1）单击"工作任务"中的"待办工作单—查询"。

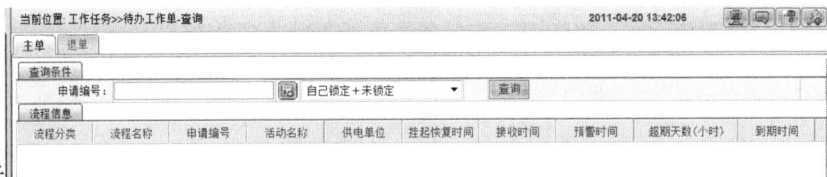

显示

2）在"主单"中"申请编号"输入之前记下的申请编号，单击"查询"显示

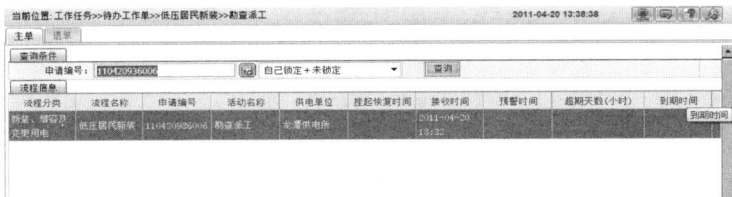

3）在 配置 进程查询 图形化流程查询 ，单击"进程查询"，显示"网页对话框"。

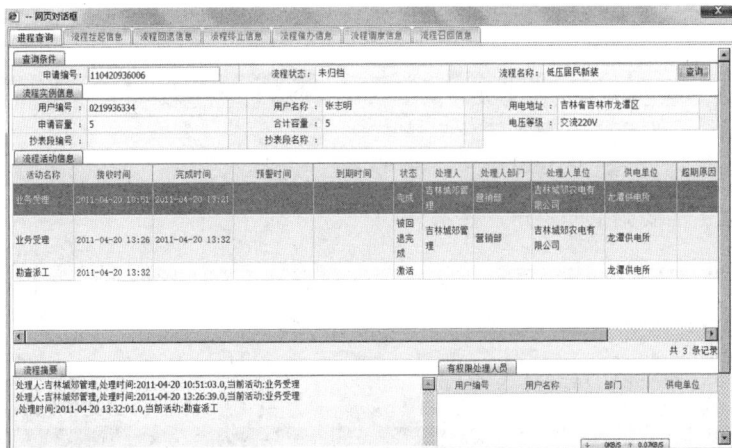

4）单击"激活"状态的活动名称，显示

5）按照"有权限处理人员"的"用户编号"如"0201a075"重新登录后，到勘查派工环节。

4. 勘查派工

（1）重新登录后，单击"工作任务"中的"待办工作单"。

显示

（2）双击需要派工的用户，显示

（3）在  ，选择"接收人员"。

（4）在 发送 返回 单击"发送"显示 ，单击"确定"。

（5）按上述进程查询查找下一环节的工号，按此工号重新登录。

5. 现场勘查

（1）选择要处理的工单。

1）重新登录后，单击"工作任务"中"待办工作单"选择"主单"。

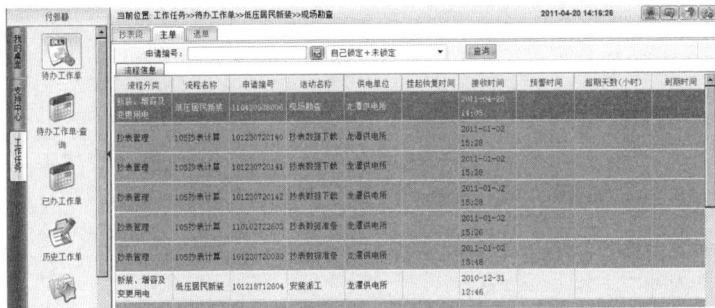

2）在输入"申请编号"后，单击"查询"。

3）在"申请编号"处双击。

（2）填写勘查信息。

1）在 _____ 选择是或否。

2）在"勘查意见"填写意见，如"同意"。

3）单击"保存"显示 _____ 后，单击"确定"。

（3）填写方案信息。

1）单击"方案信息"。

2）在"是否有工程"选择有无工程。

3）在"优惠电价标志"选择是或否。

4）单击"保存"显示 ，单击"确定"。

5）单击"用户信息"。

6）选择"行业分类"单击 ，显示"行业类别选择—网页对话框"选择所填的行业类别，单 击"确定"。注意：一定要选择到最底层。

7）在"生产班次"选择班次。

8）在"负荷性质"选择相应类别。

9）单击"保存"显示 ，单击"确定"。

（4）填写电源方案。

1）单击"电源方案"中的"受电点方案"单击"保存"。

2）单击"供电电源方案"。

3）在"电源类型"选择台变类型。公变：与用户或台区共用一台变压器，自己无台变；专变：自己有台变。

4）在"电源性质"选择电源性质。

5）填写 台区：_____ 🆔，单击🆔显示"选择台区—网页对话框"输入查询条件，点击"查询"选择所属台区，单击"确定"。

6）在"进线方式"选择相应的方式。

7）在"进线杆号"输入杆号 进线杆号：02 。

8）选择"产权分界点" ∗产权分界点：[　　　　　　　　　　　　　　　　　] 🔍 ，单击 🔳 显示"录入信息—网页对话框"选择相应分界点，单击"确认"。

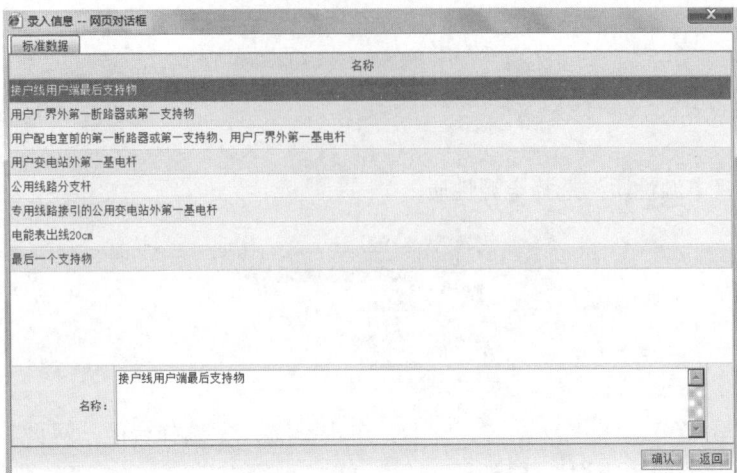

9）选择"保护方式"。

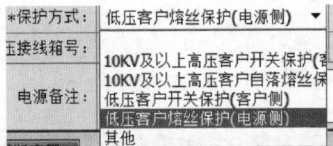

10）在 [新增][拆除][保存][取消] 上，单击"保存"显示 [　　　　　　] ，单击"确定"。

（5）填写计费方案。

1）单击"计费方案"。

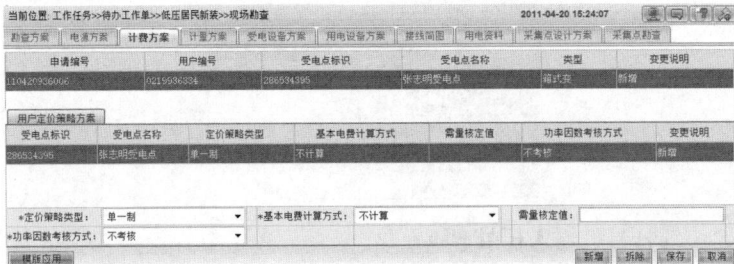

2）选择"定价策略类型"。

3）选择"基本电费计算方式"。

4）选择"功率因数考核方式"。

5）在 新增 拆除 保存 取消 ，单击"保存"显示 单击"确定"。

6）在"用户电价方案"

7）选择"执行电价" *执行电价: 单击 显示。

输入"用电类别"和"电压等级"点击"查询"选择相应电价，点击"确定"。

8）选择"是否执行峰谷标志"是或否。

9）选择"功率因数标准"。

10）在 [新增] [撤销] [保存] [取消] ，单击"保存"显示 [消息提示] 单击"确定"。

（6）填写计量方案。

1）单击"计量方案"。

点击"新增"显示"计量点方案—网页对话框"。

2）选择"计量方式"。

3）选择"接线方式"。

4）选择"是否安装终端"。

5）选择"是否具备装表条件"。

6）选择"电能计量装置分类"。

7）选择"计量点所属侧"。

8）填写"计量点计费信息"。

9）选择"电量计算方式"。

10）选择"定比扣减标志"。

11）选择"变损分摊标志"。

12）选择"变损计费标志"。

13）选择"线损分摊标志"。

14）选择"线损计算方式"。

15）选择"线损计费标志"。

16）在"电价名称"选择电价。

*电价名称： 居民生活用电（1千伏以下，无城市附加费）

17）单击 显示"相关计量点关系方案—网页对话框"电价都已在上步提取，单击"确认"即可。

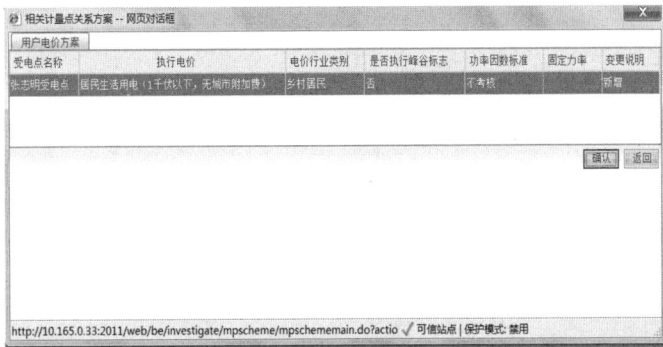

18）填写电能表方案。

19）单击"电能表方案"点击"新增"显示"电能表方案—网页对话框"。

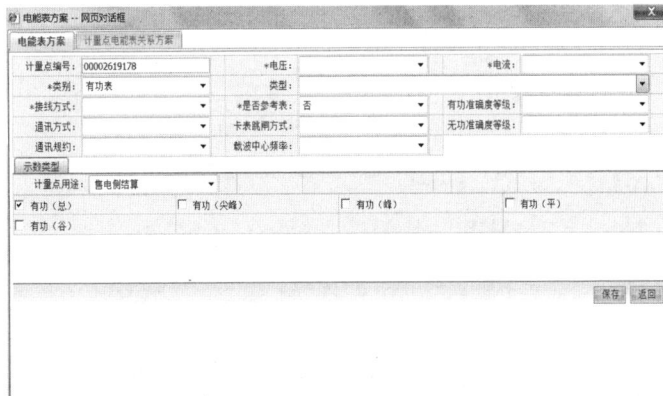

20）选择"电压"。

*电压：	220V	▼
类型：	220V	
参考表：	3x380	
钢方式：	3x220/380V	
	3x100V	
心频率：	3x57.7/100V	

21）选择"电流"。

*电流：	10(40)A	▼

```
0.2(1.2)A
0.3(1.2)A
1(1)A
1(10)A
1(2)A
1(25)A
1(40)A
1(5)A
1(50)A
1(6)A
1.5(1.5)A
1.5(3)A
1.5(6)A
1.5(9)A
1.5A
10(10)A
10(20)A
10(30)A
10(40)A
```

22）选择"类别"。

*类别：	有功表	▼

```
有功表
无功表
多功能表
复费率表
需量表
预付费表
智能表
有功+无功表
```

23）选择"接线方式"。

*接线方式：	单相	▼

```
单相
三相三线
三相四线
```

24）选择"是否参考表"。

*是否参考表：	否	▼
卡表跳闸方式：	否	
载波中心频率：	是	

消息提示

确定

ⓘ 保存成功！

25）点击"保存"显示　　　　　　　　　单击"确定"。

（7）填写受电设备方案和用电设备方案，低压用户不填写"受电设备方案"，"用电设备方案"是从以上信息提取过来的，直接单击保存即可。

（8）以上信息填写完毕后，回到"勘查方案"，在 [多次勘查] [批量打印] [打印] [发送] [返回] 点

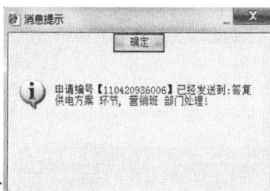

击"发送"后，显示 单击"确定"到下一环节。

（9）按上述的"进程查询"查询下一环节待办人的工号，重新登录答复供电方案环节。

6. 答复供电方案

（1）选择要处理的工单。

1）重新登录后，单击"工作任务"中"待办工作单"选择"主单"。

2）在输入"申请编号"后，单击"查询"。

3）在"申请编号"处双击。

（2）填写答复供电方案。

1）在"答复"栏，选择"答复方式"单击"保存"。

2）在"客户回复"栏，选择"客户回复方式"。

3）选择"客户回复时间"， 单击 显示

 选择客户答复时间。

4）选择"客户回复意见"点击"保存"。

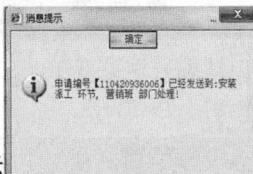

5）在 单击"发送"显示 单击"确定"到下一环节。

（3）按上述的"进程查询"查询下一环节待办人的工号重新登录安装派工环节。

7. 安装派工

（1）选择要处理的工单。

1）重新登录后，单击"工作任务"中"待办工作单"选择"主单"。

2）在输入"申请编号"后，单击"查询"。

3）在"申请编号"处双击。

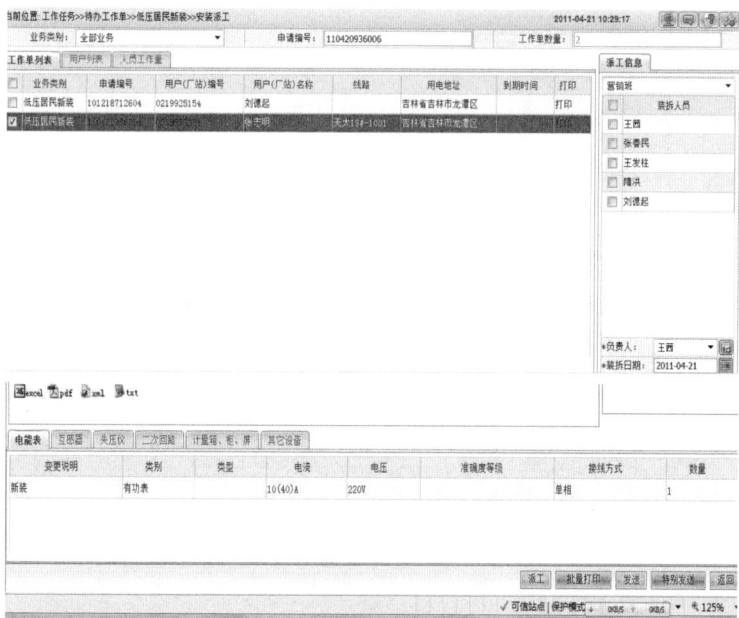

（2）开始派工。

1）在"工作单列表"中选择要派工的用户。

2）在"派工信息"中选择装拆人员。

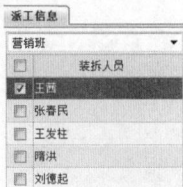

3）在"派工信息"中选择"负责人"。

4）在"派工信息"中选择"装拆日期"。

单击 🔳 出现 以 星期六 为每周的第一天 选择装拆日期。

5）在 派工 批量打印 发送 特别发送 返回 点击"派工"，显示 点击"确定"。

6） 派工 批量打印 发送 特别发送 返回 点击"发送"。

点击"确定"到下一环节。

（3）按上述的"进程查询"查询下一环节待办人的工号，重新登录开始配表（备表）环节。

8. 配表（备表）

（1）选择要处理的工单。

1）重新登录后，单击"工作任务"中"待办工作单"选择"主单"。

2）在输入"申请编号"后，单击"查询"。

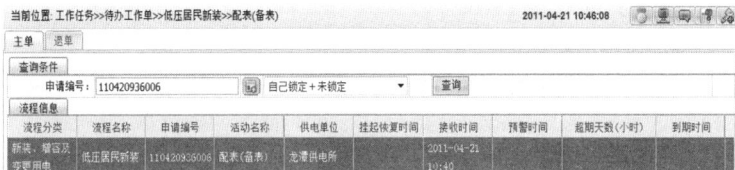

3）在"申请编号"处双击。

（2）开始配表（备表）。

1）在"工作单列表"选择要配表的用户。

2) 点击"配表"中的 。

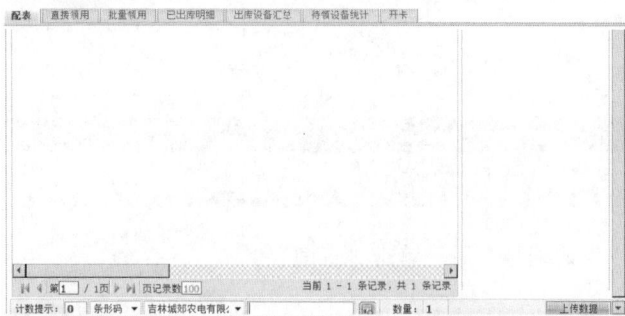

3) 显示"配表（备表）—网页对话框"选择对应的条形码，点击"确定"。

4) 在 点击"领用"显示"配表（备表）——网页对话框"。

5) 点击 ，显示"网页对话框"选择"领用人员"点击"确认"。

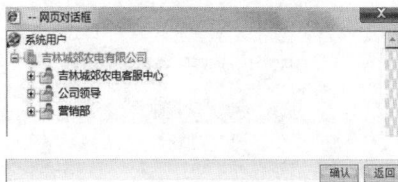

6）点击 显示 ，选择"信用日期"点击"确定"，显示

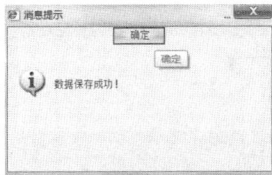

点击"确定"。

7）在 点击"发送"显示

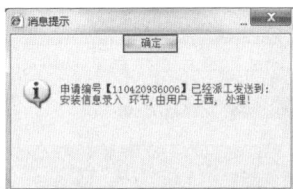

点击"确定"到下一环节。

（3）按上述的"进程查询"查询下一环节待办人的工号重新登录开始安装信息录入环节。

9. 安装信息录入

（1）重新登录后，单击"工作任务"中"待办工作单"选择"主单"。

（2）双击要处理的工单。

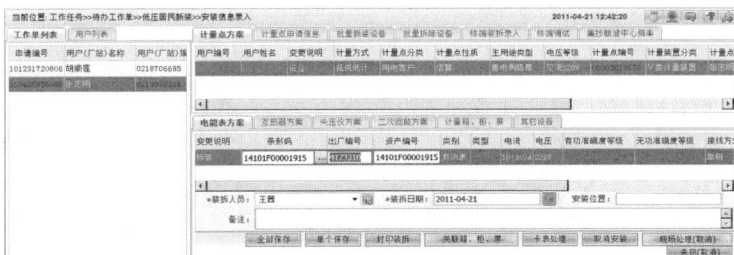

（3）点击"计量点方案"中的"全部保存"，显示 点击"确定"。

（4）在"电能表装拆示数"中"本次示数"输入表数。

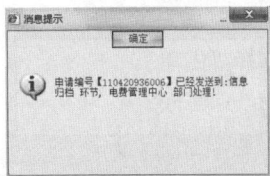

（5）在 点击"发送"后显示 点击"确定"到下一环节。

（6）按上述的"进程查询"查询下一环节待办人的工号重新登录开始信息归档环节。

10. 信息归档

（1）重新登录后，单击"工作任务"中"待办工作单"选择"主单"。

（2）双击要处理的工单。

（3）选择"审批/审核结果"。

（4）在 中点击"保存"
点击"确定"。

（5）在 点击"信息归档"。

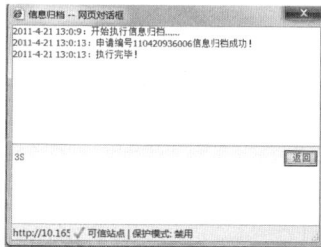

点击"返回"。

（6）在 点击"发送"

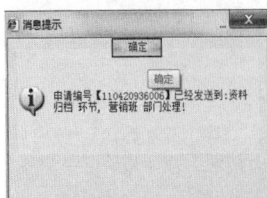

点击"确定"到下一环节。

（7）按上述的"进程查询"查询下一环节待办人的工号重新登录开始资料归档环节。

11. 资料归档

（1）重新登录后，单击"工作任务"中"待办工作单"选择"主单"。

（2）双击要处理的工单。

（3）填写档案号、盒号、柜号。

*档案号: 2　　　　*盒号: 3　　　　*柜号: 1

（4）填写归档人员及归档日期。

*归档人员: 宋春月　　　　*归档日期: 2011-04-21

（5）在 新增 保存 删除 点击"保存"。

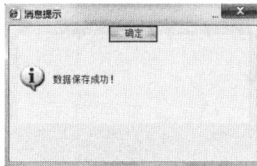

点击"确定"。

（6）在 打印 发送 返回 点击"发送"。

点击"确定"。

（7）低压居民新装的流程全部结束。

二、采集终端的安装调试

电力用户用电信息采集系统是"SG186"营销技术支持系统的重要组成部分，既可通过中间库、Web Service 方式为"SG186"营销业务应用提供数据支撑，同时也可独立运行，完成采集点设置、数据采集管理、预付费管理、线损分析等功能。

电力用户用电信息采集系统从功能上完全覆盖"SG186"营销业务应用中电能信息采集业务中所有相关功能，包括采基本应用、高级应用、运行管理、统计查询、系统管理，为"SG186"营销业务应用中的其他业务提供用电信息数据源和用电控制手段。同时还可以提供"SG186"营销业务应用之外的综合应用分析功能，如配电业务管理、电量统计、决策分析、增值服务等功能，并为其他专业系统如"SG186"生产管理系统、GIS 系统、配电自动化系统等提供基础数据。

1. 主站建档、调试及投运

点击功能菜单【基本应用】→【终端调试】→【集抄终端调试】。

（1）手工建档（新建）。

1）Ⅱ型集中器建档。点击【新建】，选择对应的条件，输入终端资产号及终端安装位置。

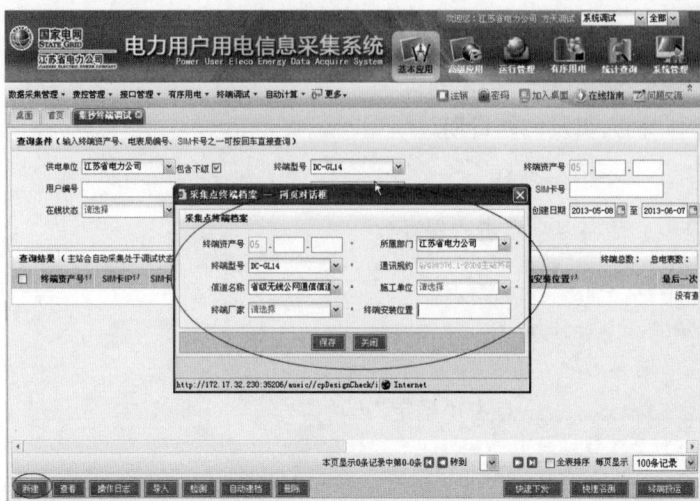

2）Ⅰ型集中器及 GPRS 表建档。

①Ⅰ型集中器建档。点击【新建】，选择对应的条件，输入终端资产号及终端安装位置，采集端口选系统默认。电表局编号根据实际情况填写。

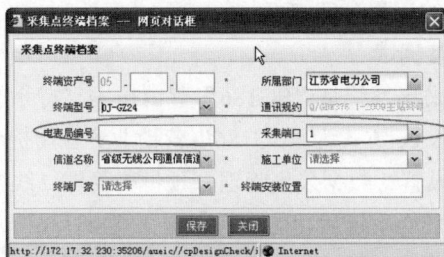

② GPRS 表建档。点击【新建】，选择对应的条件，输入终端资产号及终端安装位置，电表局编号根据实际表计局编号填写。

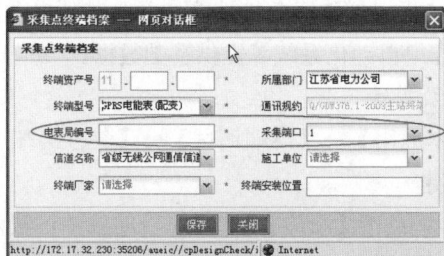

（2）批量建档（导入）。点击【导入】，勾选相应的选择条件，选择做安装档案表格（EXCEL）导入，根据系统提示对报错进行处理。

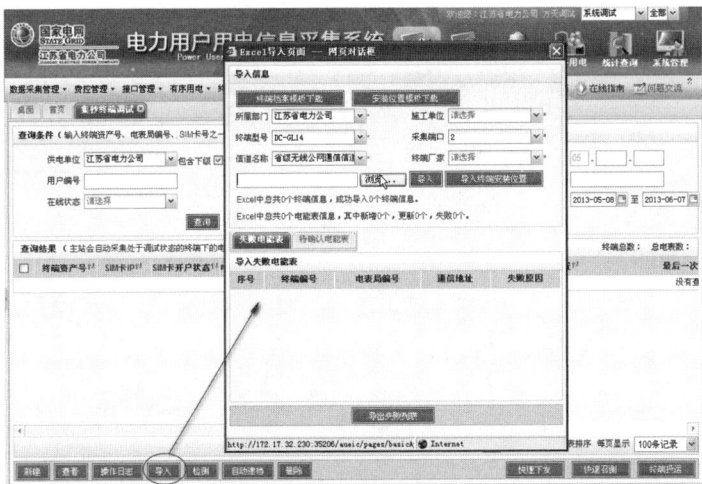

（3）电表挂接。选择终端点击【查看】，根据不同条件添加电表（抄表段，台区编号，局编号等），其余参数选默认。

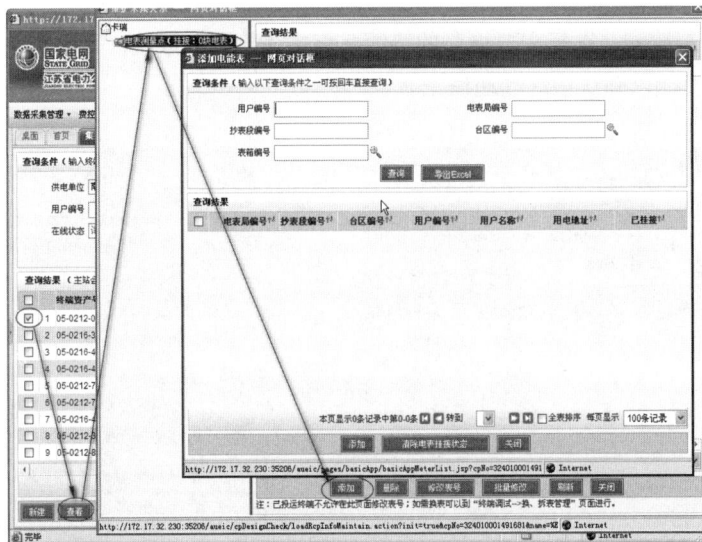

（4）召测终端时钟。点击列表中的"终端资产号"链接，召测终端时钟，以确认该终端已正常登录且时钟正确（若召测回的时钟不正确，可在快速下发页面进行终端对时操作）。

注意：新建完终端档案后，建议等一分钟后再召测终端时钟。测试时，可能不会一次就测试成功，请多试几次再判定通信是否成功。

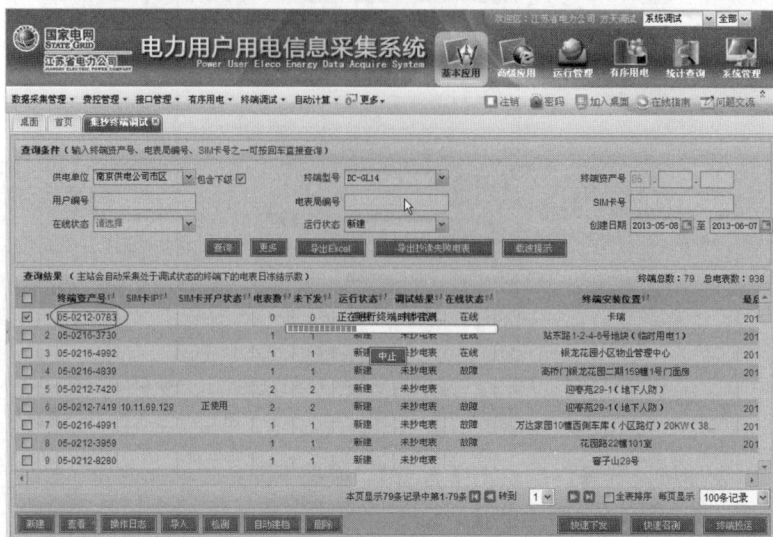

（5）终端检测。选择需要检测的终端，点击【检测】按钮，召测该终端的版本信息及信号强度，以确认该终端通信正常。

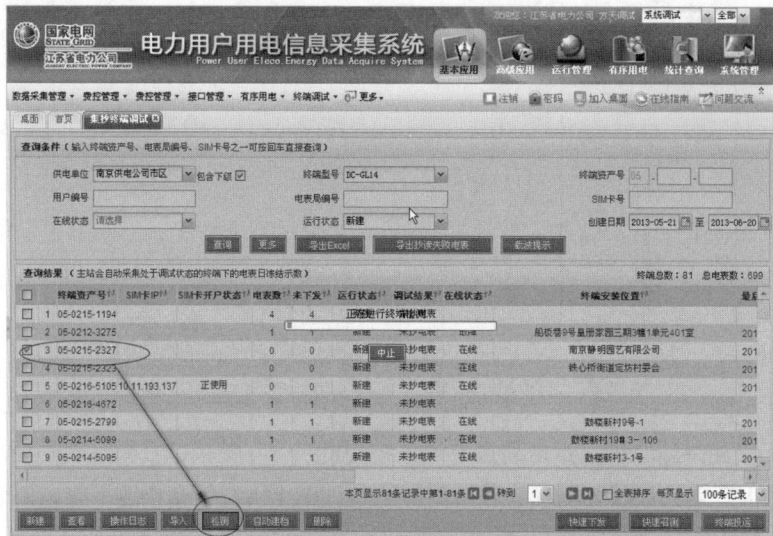

（6）参数下发。点击【参数下发】，下发成功后主站会显示"已下发"。

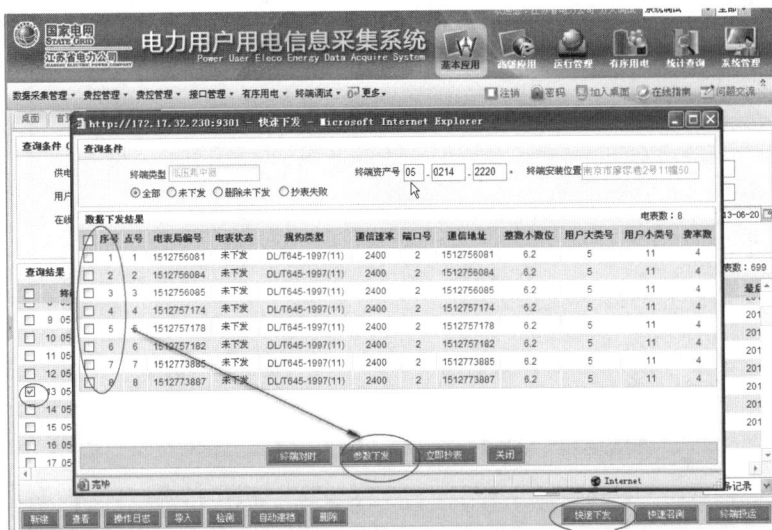

（7）抄表命令下发（立即抄表）。点击【立即抄表】，下发成功后，终端开始抄表。

（8）数据召测验证。点击【数据召测】，根据召回的数据（示数、抄表时间、数据、抄表状态等），判断终端抄表是否成功。Ⅱ型集中器及 GPRS 表可抄实时数据（一般在"立即抄表"几分钟后）；Ⅰ型集中器需抄日冻结数据（需隔日抄读）。

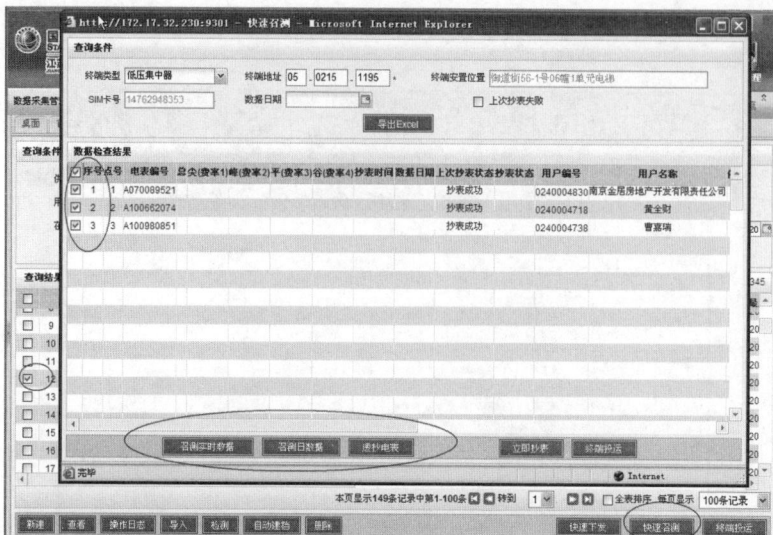

（9）终端投运。对抄表成功率 95% 以上的终端，点击【终端投运】，终端运行。

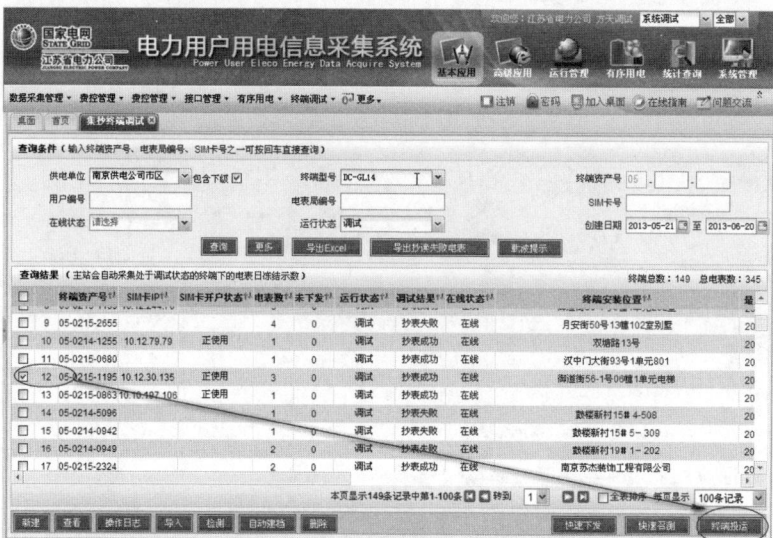

（10）批量检测、调试及投运。选择多个终端可进行批量检测、批量下发、批量召测、批量投运（操作步骤可参见单个终端调试）。

2. 采集全覆盖查缺补漏

（1）业务描述。按供电单位和分用户类别统计用电信息采集系统用户采集覆盖情况，了解各单位采集覆盖进度、实现采集用户数量，未实现采集用户数量及采集覆盖率等，同时提供查看、导出未实现采集用户清单。

（2）操作说明如下。

1）点击功能菜单【基本应用】→【终端调试】→【纠错功能】→【采集全覆盖查缺补漏】。

2）负控用户：应安装负控装置的电力用户。

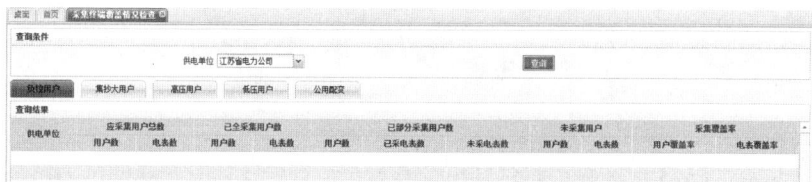

用户总数：此类用户总数，且这些用户至少有一只实装电表。

电表数：此类用户下的所有实际安装的电能表只数。

全采集：用户的所有电能表都已经被采集，不区分采集的具体终端类型。

部分采集：用户下有未被采集的电表。

未采集：未安装采集装置的用户。

用户覆盖率：（全采集+部分采集）用户/用户总数。

电表覆盖率：已装电表数/应装电表数。

3）集抄大用户："高压用户、低压非居民、低压居民"用户中，合同容量 50kVA 以上且被"应装负控用户"排除的其他全部正常电力用户。

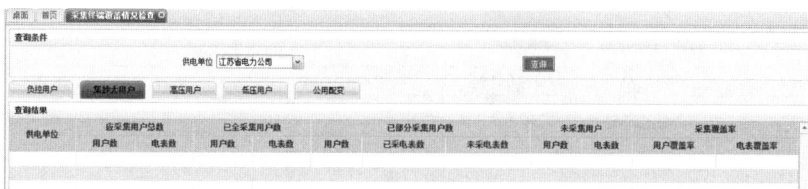

4）高压用户：用户分类为"高压用户"的全部电力用户，含合同容量小于 50kVA 的正常电力用户。

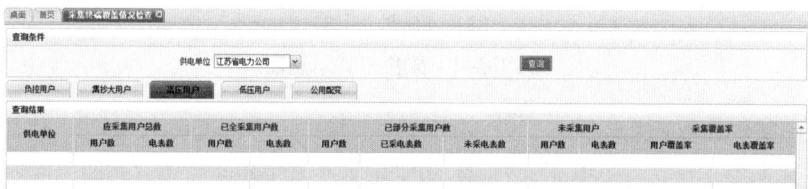

5）低压用户：用户分类为"低压居民和低压非居民"的全部正常电力用户，含合同容量大于 50kVA 的负控用户。

6）公用配变：PMS 台区中的有效运行的配变。

台区总数：PMS 台区数，此台区至少有一台运行配变，有归属的电力用户。

配变数：PMS 台区内正常运行的配变台数。

已采集：台区内所有台区考核的总表已全部采集，且已采集总表数≥运行的配变数。

部分采集：台区内已有考核用总表被采集，但不全或少于实际配变台数。

未采集：台区内无被采集的考核表。

采集覆盖率：已采集配变数/全部配变数。

3. 载波搜表

（1）采集模式如图 13-3-1 所示。

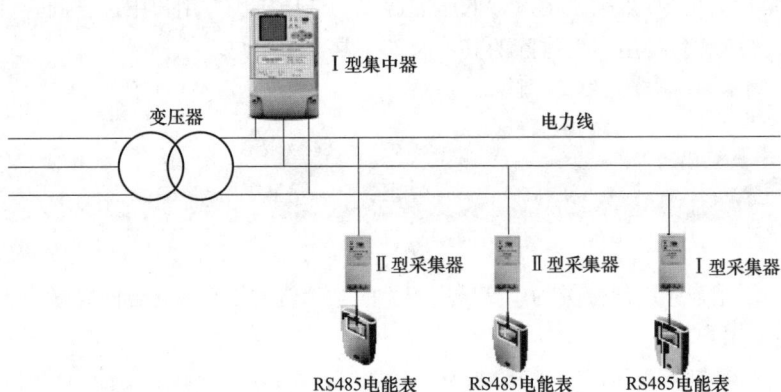

图 13-3-1　采集模式示意图

（2）实现原理。

1）采集器：建立一个电能表列表，用于记录本采集器能够搜索到的电能表号（是指电能表的通信地址号，而非主站上的电能表资产编号）。① 每次上电初始化后，清空当前列表，立即启动一次自动搜表；② 定时或在接收到集中器的搜表启动指令后，立即启动一次自动搜表，覆盖原有列表；③ 根据集中器的电表上报指令，将本采集器下当前电表全部上报。

2）集中器：集中器中建立一个电能表、采集器关系列表，用于记录采集器上报的电表列表及其连接关系。该清单包括所有上报的电表号及其对应的采集器资产号，也包括无表的采集器，与主站对集中器的测量点配置参数无任何关系。① 在集中器的搜表广播指令下，采集器自动识别并报告本采集器当前连接的电能表。② 集中器按照采集器的上报更新电表及其对应的采集器关系，删除连续 5 次未接收到报的电表或空采集器。③ 当出现串台区时，集中器可能会接收到非本台区下的采集器上报信息，同一个电表采集器关系可能会被多个集中器记录，但在主站的控制下仅会有一个被设置了测量点。

（3）自动搜表。

1）在集抄终端调试页面，在查询结果列表中选择 I 型集中器，点击【查看】，进入维护采集关系页面，在页面右侧点击【搜表比对】。

2）点击【立即重搜】，召测集中器中的"采集器资产号与电表号"关系表。

（4）载波拓扑图。点击【拓扑图】

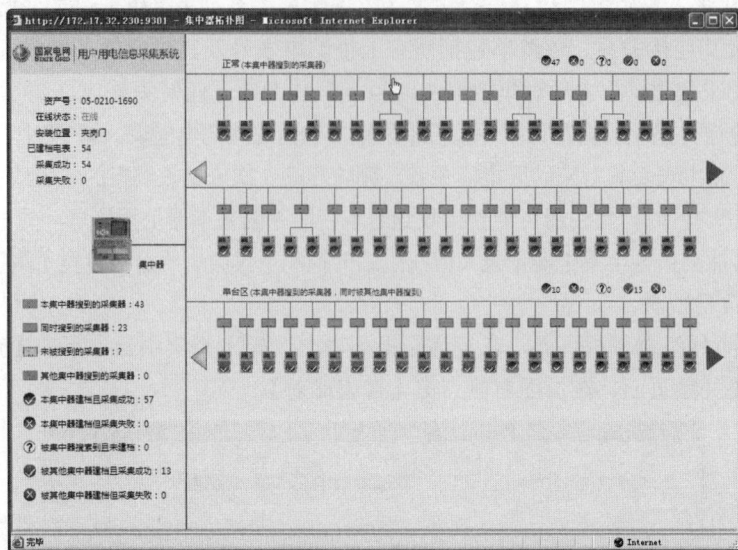

【思考与练习】

1. 简述低压居民新装中的安装信息录入操作流程。

2. 简述低压居民新装中的业务受理操作流程。

3. 简述采集全覆盖查缺补漏的操作流程。

第五部分

法律、法规、规程和规范

第十四章

电力营销相关法规

▲ 模块1　中华人民共和国电力法（Z34B5001 I ）

【模块描述】本模块包含电力法的基本内容，通过对电力法的介绍，掌握电力法的基本原则和条款。

【模块内容】

一、本法适用于中华人民共和国境内的电力建设，生产，供应和使用活动。

二、电力事业应当适应国民经济和社会发展的需要，适当超前发展。国家鼓励，引导国内外的经济组织和个人依法投资开发电源，兴办电力生产企业电力事业投资，实行谁投资谁收益的原则。

三、电力设施受国家保护，禁止任何单位和个人危害电力设施安全或非法侵占使用电能。

四、电力建设、生产、供应和使用应当依法保护环境，采用新技术，减少有害物质排放，防治污染和其他公害。国家鼓励和支持利用可再生能源和清洁能源发电。

五、电力建设企业，电力生产企业，电网经营企业依法实行自主经营，自负盈亏，并接受电力管理部门的监督。

六、城市电网的建设与改造规划，应当纳入城市总体规划，城市人民政府应当按照规划，安排变电设施用地，输电线路走廊和电缆通道。

七、电力投资者对其投资形成的电力，享有法定权益。并网运行的，电力投资者有优先使用权；未并网的自备电厂，电力投资者自行支配使用。

八、输变电工程、调度通信自动化工程等电网配套工程和环境保护工程，应当与发电工程项目同时设计、同时建设、同时验收、同时投入使用。

九、电力建设项目使用土地，应当依照有关法律，行政法规的规定办理，依法征用土地的，应当依法支付土地补偿费和安置补偿费，做好迁移居民的安置工作。

十、电力生产与电网运行应当遵循安全、优质，经济的原则。电网运行应当连续、稳定，保证供电可靠性。

十一、电力企业应当加强安全生产管理，坚持安全第一，预防为主的方针，建立健全安全生产责任制度。电力企业应当对电力设施定期进行检修和维护，保证其正常运行。

十二、电网运行实行统一调度、分级管理。任何单位和个人不得非法干预电网调度。

十三、国家提倡电力生产企业与电网、电网与电网并网运行。具有独立法人资格的电力生产企业要求将生产的电力并网运行的，电网经营企业应当接受。并网运行必须符合国家标准或电力行业标准。并网双方应当按照统一调度，分项管理和平等互利。相同、协商一致的原则，签订并网协议，确定双方的权利和义务，并网双方达不成协议的由省级以上电力管理部门协商决定。

【思考与练习】

1. 电力法对电力设施保护有何规定？
2. 电力法对并网运行有何规定？
3. 电力法的适用范围？

模块 2　电力供应与使用条例（Z34B5002Ⅰ）

【模块描述】本模块包含电力供应与使用条例的内容，通过介绍，了解电力供应与使用条例的内容。

【模块内容】

一、电力供应与使用条例

（1）国务院电力管理部门负责全国电力供应与使用的监督管理工作。县级以上地方人民政府电力管理部门负责本行政区域内电力供应与使用的监督管理工作。

（2）电网经营企业依法负责本供区内的电力供应与使用的业务工作，并接受电力管理部门的监督。

（3）国家对电力供应和使用实行安全用电、节约用电、计划用电的管理原则。

（4）供电企业和用户应当根据平等自愿、协商一致的原则签订供用电合同。

（5）电力管理部门应当加强对供用电的监督管理，协调供用电各方关系，禁止危害供用电安全和非法侵占电能的行为。

二、供电营业区

（1）供电企业在批准的供电营业区内向用户供电。供电营业区的划分，应当考虑电网的结构和供电合理性等因素。一个供电营业区内只设立一个供电营业机构。

（2）并网运行的电力生产企业按照并网协议运行后，送入电网的电力、电量由供电营业机构统一经销。

（3）用户用电容量超过其所在的供电营业区内供电企业供电能力的，由省级以上电力管理部门指定的其他供电企业供电。

三、供电设施

（1）地方各级人民政府应当按照城市建设和乡村建设的总体规划统筹安排城乡供电线路走廊、电缆通道、区域变电站、区域配电站和营业网点的用地。供电企业可以按照国家有关规定在规划的线路走廊、电缆通道、区域变电站、区域配电站和营业网点的用地上，架线、敷设电缆和建设公用供电设施。

（2）公用路灯由乡、民族乡、镇人民政府或者县级以上地方人民政府有关部门负责建设，并负责运行维护和交付电费，也可以委托供电企业代为有偿设计、施工和维护管理。

（3）供电设施、受电设施的设计、施工、试验和运行，应当符合国家标准或者电力行业标准。

（4）供电企业和用户对供电设施、受电设施进行建设和维护时，作业区域内的有关单位和个人应当给予协助，提供方便；因作业对建筑物或者农作物造成损坏的，应当依照有关法律、行政法规的规定负责修复或者给予合理的补偿。

四、电力供应

（1）用户受电端的供电质量应当符合国家标准或者电力行业标准。

（2）供电方式应当按照安全、可靠、经济、合理和便于管理的原则，由电力供应与使用双方根据国家有关规定，以及电网规划、用电需求和当地供电条件等因素协商确定。在公用供电设施未到达的地区，供电企业可以委托有供电能力的单位就近供电。非经供电企业委托，任何单位不得擅自向外供电。

（3）因抢险救灾需要紧急供电时，供电企业必须尽速安排供电。所需工程费用和应付电费由有关地方人民政府有关部门从抢险救灾经费中支出，但是抗旱用电应当由用户交付电费。

（4）申请新装用电、临时用电、增加用电容量、变更用电和终止用电，均应当到当地供电企业办理手续，并按照国家有关规定交付费用；供电企业没有不予供电的合理理由的，应当供电。供电企业应当在其营业场所公告用电的程序、制度和收费标准。

（5）供电企业应当按照国家标准或者电力行业标准参与用户受送电装置设计图纸的审核，对用户受送电装置隐蔽工程的施工过程实施监督，并在该受送电装置工程竣工后进行检验；检验合格的，方可投入使用。

（6）供电企业应当按照国家有关规定实行分类电价、分时电价。

（7）用户应当安装用电计量装置。用户使用的电力、电量，以计量检定机构依法认可的用电计量装置的记录为准。用电计量装置，应当安装在供电设施与受电设施的产权分界处。安装在用户外的用电计量装置，由用户负责保护。

（8）供电企业应当按照国家核准的电价和用电计量装置的记录，向用户计收电费。用户应当按照国家批准的电价，并按照规定的期限、方式或者合同约定的办法，交付电费。

五、电力使用

（1）用户不得有下列危害供电、用电安全，扰乱正常供电、用电秩序的行为如下。

1）擅自改变用电类别。

2）擅自超过合同约定的容量用电。

3）擅自超过计划分配的用电指标的。

4）擅自使用已经在供电企业办理暂停使用手续的电力设备，或者擅自启用已经被供电企业查封的电力设备。

5）擅自迁移、更动或者擅自操作供电企业的用电计量装置、电力负荷控制装置、供电设施以及约定由供电企业调度的用户受电设备。

6）未经供电企业许可，擅自引入、供出电源或者将自备电源擅自并网。

（2）禁止窃电行为，窃电行为如下。

1）在供电企业的供电设施上，擅自接线用电。

2）绕越供电企业的用电计量装置用电。

3）伪造或者开启法定的或者授权的计量检定机构加封的用电计量装置封印用电。

4）故意损坏供电企业用电计量装置。

5）故意使供电企业的用电计量装置计量不准或者失效。

6）采用其他方法窃电。

六、供用电合同

（1）供电企业和用户应当在供电前根据用户需要和供电企业的供电能力签订供用电合同。

（2）供用电合同应当具备以下条款：① 供电方式、供电质量和供电时间；② 用电容量和用电地址、用电性质；③ 计量方式和电价、电费结算方式；④ 供用电设施维护责任的划分；⑤ 合同的有效期限；⑥ 违约责任；⑦ 双方共同认为应当约定的其他条款。

七、监督与管理

（1）电力管理部门应当加强对供电、用电的监督和管理。供电、用电监督检查工作人员必须具备相应的条件。供电、用电监督检查工作人员执行公务时，应当出示证件。

（2）在用户受送电装置上作业的电工，必须经电力管理部门考核合格，取得电力管理部门颁发的《电工进网作业许可证》，方可上岗作业。

承装、承修、承试供电设施和受电设施的单位，必须经电力管理部门审核合格，取得电力管理部门颁发的《承装（修）电力设施许可证》后，方可向工商行政管理部门申请领取营业执照。

八、法律责任

（1）违反本条例规定，有下列行为之一的，由电力管理部门责令改正，没收违法所得，可以并处违法所得5倍以下的罚款：① 未按照规定取得《供电营业许可证》，从事电力供应业务的；② 擅自伸入或者跨越供电营业区供电的；③ 擅自向外转供电的。

（2）逾期未交付电费的，供电企业可以从逾期之日起，每日按照电费总额的千分之一至千分之三加收违约金，具体比例由供用电双方在供用电合同中约定；自逾期之日起计算超过30日，经催交仍未交付电费的，供电企业可以按照国家规定的程序停止供电。

（3）违章用电的，供电企业可以根据违章事实和造成的后果追缴电费，并按照国务院电力管理部门的规定加收电费和国家规定的其他费用；情节严重的，可以按照国家规定的程序停止供电。

（4）盗窃电能的，由电力管理部门责令停止违法行为，追缴电费并处应交电费5倍以下的罚款；构成犯罪的，依法追究刑事责任。

（5）供电企业或者用户违反供用电合同，给对方造成损失的，应当依法承担赔偿责任。

（6）供电企业职工违反规章制度造成供电事故的，或者滥用职权、利用职务之便谋取私利的，依法给予行政处分；构成犯罪的，依法追究刑事责任。

【思考与练习】

1. 电力供应与使用条例对电力供应有何规定？

2. 电力供应与使用条例对电力使用有何规定？

3. 电力供应与使用条例对法律责任有何规定？

▲ 模块3 供用电监督管理办法（Z34B5003Ⅰ）

【模块描述】本模块包含供用电监督管理办法，通过介绍，了解供用电监督管理办法。

【模块内容】

一、监督管理

（1）县以上电力管理部门负责本行政区域内供电、用电的监督工作。但上级电力管理部门认为工作必需，可指派供用电监督人员直接进行监督检查。

（2）供用电监督人员在依法执行监督检查公务时，应出示《供用电监督证》。被检查的单位应接受检查，并根据监督人员依法提出的要求，提供有关情况、回答有关询问、协助提取证据、出示工作证件等。

二、监督检查人员资格

（1）各级电力管理部门应依法配备供用电监督管理人员。担任供用电监督管理工作的人员必须是经过国家考试合格，并取得相应任聘资格证书的人员。

（2）供用电监督资格由个人提出书面申请，经申请人所在单位同意，县以上电力管理部门推荐，接受专门知识和技能的培训，参加全国统一组织的考试，合格后发给《供用电监督资格证》。

（3）县以上电力管理部门必须从取得《供用电监督资格证》的人员中，择优聘用供用电监督人员，报经省电力管理部门批准，并取得《供用电监督证》后，方能从事电力监督管理工作《供用电监督证》由国务院电力管理部门统一制作。

三、电力违法行为查处

（1）符合下列条件之一的电力违法行为，电力管理部门应当立案：① 具有电力违法事实的；② 依照电力法规可能追究法律责任的；③ 属于本部门管辖和职责范围内处理的。

（2）案件调查结束后，应视案情可依法作出下列处理。

1）对举报不实或证据不足，未构成违法事实的，应报请批准立案主管领导准予撤销。

2）对违法事实清楚，证据确凿的，应依法做出行政处罚决定，并发出《违反电力法规行政处罚决定通知书》，并送达当事人。

3）违法行为已构成犯罪的，应及时将案件移送司法机关，依法追究其刑事责任。

（3）当事人对行政处罚决定不服的，可在接到《违反电力法规行政处罚决定通知书》之日起，十五日内向做出行政处罚决定机关的上一级机关申请复议；对复议决定不服的，可在接到复议决定之日起十五日内，向人民法院起诉。当事人也可在接到处罚决定通知书之日起的十五日内，直接向人民法院起诉。对不履行处罚决定的，由做出处罚决定的机关向人民法院申请强制执行。

四、行政处罚

（1）违反《电力法》和国家有关规定，未取得《供电营业许可证》而从事电力供应业务者，电力管理部门应以书面形式责令其停止营业，没收其非法所得，并处以违法所得五倍以下的罚款。

（2）违反《电力法》和国家有关规定，擅自伸入或跨越其他供电单位供电营业区供电者，电力管理部门应以书面形式责令其拆除深入或跨越的供电设施，做出书面检查，没收其非法所得，并处以违法所得四倍以下的罚款。

（3）违反《电力法》和国家有关规定，擅自向外转供电者，电力管理部门应以书面形式责令其拆除转供电设施，做出书面检查，没收其非法所得，并处以违法所得三倍以下的罚款。

（4）供电企业未按《电力法》和国家有关规定中规定的时间通知用户或进行公告，而对用户中断供电的，电力管理部门责令其改正，给予警告；情节严重的，对有关主管人员和直接责任人员给予行政处分。

（5）供电企业违反规定，减少农业和农村用电指标的，电力管理部门责令改正；情况严重的，对有关主管人员和直接责任人员给予行政处分；造成损失的，责令赔偿损失。

（6）电力管理部门对危害供电、用电安全，扰乱正常供电、用电秩序的行为，除协助供电企业追缴电费外，应分别给予下列处罚。

1）擅自改变用电类别的，应责令其改正，给予警告；再次发生的，可下达中止供电命令，并处以一万元以下的罚款。

2）擅自超过合同约定的容量用电的，应责令其改正，给予警告；拒绝改正的，可下达中止供电命令，并按私增容量每千瓦（或每千伏安）100元，累计总额不超过五万元的罚款。

3）擅自超过计划分配的用电指标用电的，应责令其改正，给予警告，并按超用电力、电量分别处以每千瓦每次5元和每千瓦时10倍电度电价，累计总额不超过五万元的罚款；拒绝改正的，可下达中止供电命令。

4）擅自使用已经在供电企业办理暂停使用手续的电力设备，或者擅自启用已经被供电企业查封的电力设备的，应责令其改正，给予警告；启用电力设备危及电网安全的，可下达中止供电命令，并处以每次二万元以下的罚款。

5）擅自迁移、更动或者擅自操作供电企业的用电计量装置、电力负荷控制装置、供电设施及约定由供电企业调度的用户受电设备，且不构成窃电和超指标用电的，应责令其改正，给予警告；造成他人损害的，还应责令其赔偿，危及电网安全的，可下达中止供电命令，并处以三万元以下的罚款。

6）未经供电企业许可，擅自引入、供出电力或者将自备电源擅自并网的，应责令其改正，给予警告；拒绝改正的，可下达中止供电命令，并处以五万元以下的罚款。

电力管理部门对盗窃电能的行为，应责令其停止违法行为，并处以应交电费五倍以下的罚款；构成违反治安管理行为的，由公安机关依照治安管理处罚条例的有关规定予以处罚；构成犯罪的，依照刑法第一百五十一条或者第一百五十二条的规定追究刑事责任。

【思考与练习】

1. 供用电监督管理办法对监督检查人员资格有何规定？
2. 供用电监督管理办法对电力违法行为查处有何规定？
3. 供用电监督管理办法对行政处罚有何规定？

▲ 模块 4　供电营业规则（Z34B5004Ⅰ）

【模块描述】本模块包含供电营业规则的主要内容，通过供电营业知识的介绍，掌握供用电双方的权利和义务，掌握确定供电方式、新装、增容、变更用电、受电设施建设与维护管理、计量与收取电费、供用电合同与违约责任的一般规则。

【模块内容】

一、供电方式

（1）供电企业供电的额定率为交流 50Hz。

（2）供电企业供电的额定电压。① 低压供电：单相为 220V，三相为 380V；② 高压供电：为 10、35（63）、110、220kV。

（3）用户单相用电设备总容量不足 10kW 的可采用低压 220V 供电。但有单台容量超过 1kW 的单相电焊机、换流设备时，用户必须采取有效的技术措施以消除对电能质量的影响，否则应改其他方式供电。

（4）用户用电设备容量在 100kW 及以下或需用变压器容量在 50kVA 及以下者，可采用低压三相四线制供电，特殊情况也可采用高压供电。用电负荷密度较高的地区，经过技术经济比较，采用低压供电的技术经济性明显优于高压供电，低压供电的容量界限可适当提高。具体容量界限由省电网营企业作出规定。

（5）对基建工地、农田水利、市政建设等非永久性用电，可供给临时电源。临时用电期限除经供电企业准许外，一般不得超过六个月，逾期不办理延期或永久性正式用电手续的，供电企业应终止供电。使用临时电源的用户不得向外供电，也不得转让给其他用户，从电企业也不受理其变更用电事宜。如需改为正式用电，应按新装用电办理。

因抢险救灾需要紧急供电时，供电企业应迅速组织力量，架设临时电源供电。架设临时电源所需的工程费用和应付的电费，由地方人民政府有关部门负责从救灾经费中拨付。

（6）用户不得自行转供电。

（7）为保障用电安全，便于管理，用户应将重要负荷与非要负荷、生产用电与生活区用电分开配电。新装或增加用电的用户应按上述规定确定内部的配电方式，对目前尚未达到上述要求的用户应逐步进行改造。

二、新装、增容与变更用电

（1）任何单位或个人需新装用电或增加用电容量、变更用电都必须按本规则规定，事先到供电企业用电营业场所提出申请，办理手续。供电企业应在用电营业场所公告办理各项用电业务的程序、制度和收费标准。

（2）供电企业的用是营业机构统一归口办理用户的用电申请和报装接电工作，包括用电申请书的发放及审核、供电条件勘查、供电方案确定及批复、有关费用收取、受电工程设计的审核、施工中间检查、竣工检验、供用电合同（协议）签约、装表接电等项业务。

（3）用户申请新装或增加用电时，应向从电企业提供和电工程项目批准的文化及有关的用电资料，包括用电地点、电力用途、用电性质、用电设备清单、用电负荷、保安电力、用电规划等，并依照供电企业规定的格式如实填写用电申请书及办理所需手续。新建受电工程项目在立项阶段，用户应与供电企业联系，新工程供电的可能性、用电容量和供电条件等达成意向性协议，方可定址，确定项目。

未按前款规定办理的，供电企业有权拒绝受理其用电申请。如因供电企业供电能力不足或政府规定限制的用电项目，供电企业可通用户暂缓办理。

（4）供电企业对已受理的用电申请，应尽速确定供电方案，在下列期限内正式书面通知用户：居民用户最长不超过五天；低压电力用户最长不超过十天；高压单电源用户最长不超过一个月；高压双电源用户最长不超过二个月。若不能如期确定供电方案时，供电企业应向用户说明原因。用户对供电企业答复的供电方案有不同意见时，应在一个月内提出意见，双方可再行协商确定。用户应根据确定的供电方案进行受电工程设计。

（5）用户新装或增加用电，在供电方案确定后，应国家的有关规定向从供电企业交纳新装增容供电工程贴费（以下简称供电贴费）。

（6）供电方案的有效期，是指从供电方案正式通知书发了之日起至交纳供电贴费并受电工程开工日为止。高压供电方案的有效案的有效为一年，低压供电方案的有效期为三个月，逾期注销。用户遇有特殊情况，需延长供电方案有效期的，应在有效期到期前十天向供电企业提出申请，供电企业视情况予以办理手续。但延长时间不得超过前款规定期限。

（7）用户需变更用电时，应事先提出申请，并携带有关证明文件，到供电企业用电营业所办理手续，变更供用电合同。

（8）用户减容，须在五天前向供电企业提出申请。

（9）用户暂停，须在五天前向供电企业提出申请。

（10）用户暂换，因受电变压器故障而无相同容量变压器替代，需要临时更换大容量变压器，须在更换前向供电企业提出申请。

（11）用户迁址，须在五天前供电企业提出申请。

（12）用户连续六个月不用电，也不申请办理暂停用电手续者，供电企业须以销户终止其用电。用户需再用电时，按新装用电办理。

三、受电设施建设与维护管理

（1）供电设施的运行维护管理范围，按产权归属确定。责任分界点按下列各项确定。

1）公用低压线路供电的，以供电接户线用户端最后支持物为分界点，支持物属供电企业。

2）10kV 及以下公用高压线路供电的，以用户的厂界外或配电室前的第一断路器或第一支持物为分界点，第一断路器或第一支持物属供电企业。

3）35kV 及以上公用高压线路供电的，以用户厂界外或用户变电站外第一基电杆为分界点。第一基电杆属供电企业。

4）采用电缆供电的，本着便于维护管理的原则，分界点由供电企业与用户协商确定。

5）产权属于用户且由用户运行维护的线路，以公用线路支杆或专用线接引的公用变电站外第一基电杆为分界点，专用线路第一电杆属用户。在电气上的具体分界点，由供用双方协商确定。

（2）在供电设施上发生事故引起的法律责任，供电设施产权上归属确定。产权归属于谁，谁就承担其拥有的供电设施上发生事故引起的法律责任，但产权所有者不承担受害者因违反安全或其他规章制度，擅自进入供电设施非安全区域内而发生事故引起的法律责任，以及在委托维护的供电设施上，因代理方民发生事故引起的法律责任。

四、供电质量与安全供用电

（1）在电力系统正常状况下，供电频率的允许偏差如下。

1）电网装机容量在 300 万千瓦及以上的，为±0.2Hz。

2）电网装机容量在 300 万千瓦以下的，为±0.5Hz。

3）在电力系统非正常状况下，供电频率允许偏差不应超过±1.0Hz。

（2）在电力系统正常状况下，供电企业供到用户受电端的供电电压允许偏差如下。

1）35kV 及以上电压供电的，电压正、负偏差的绝对值之和不超过额定值的 10%。

2）10kV 及以下三相供电的，为额定值的±7%。

3）220V 单相供电的，为额定值的-10%～+7%。在电力系统非正常状况下，用户受电端的电压最大允许偏差不应超过额定值±10%。

（3）供电企业应不断改善供是可靠性，减少设备检修和电力系统事故主对用户的停电次数及每次停电持续时间。供用电设备计划检修应做到统一安排。供用电设备计划检修时，对 35kV 及以上电压供电的用户的停是次数，每年不应超过一次；对 10kV 供电的用户，每年不应超过三次。

（4）除因故中止供电外，供电企业需对用户停止供电时，应按下列程序输停电手续。

1）应将停电的用户、原因、时间报本单位负责人批准。批准权限和程序由省电网经营业制定。

2）在停电前三至七天内，将停电通知书送达用户，对重要用户的停电，应将停电通知书送同级电力管理部门。

3）在停电前 30 分钟，将停电时间通知用户一次，方可在通知规定时间实施电。

五、用电计量与电费计收

（1）供电企业应在用户每一个受电点内按不同电价类别，分别安装用电计量装置。每个受电点作为用户的一个计费单位。用户为满足内部核算的需要，可自行在其内部装高考核能耗用的电能表，但该表所示读数不得作为供电企业计费依据。

（2）在用户受电内难以按电价类别分别装设用电计量装置时，可装设总的用电计量装置，然后按其不同电价类别的用电设备容量的比例或实际可能的用电量，确定不同电价类别的用电量的比例或定量进行分算，分别计价。供电企业每年至少这比例或定量核定一次，用户不得拒绝。

（3）用电计量装置包括计费电能表（有功、无功电能表及最大需量表）和电压、电流互感器及二次连接线导线。计费电能表及附件的购置、安装、移动、更换、校验、拆除、加封、启封及表计接线等，均由供电企业负责办理，用户应提供工的方便。高压及户的成套设备中装有自备电能表入附件时，经供电企业检验合格、加封并移交供电企业维护管理的，可作为计费电级表。用户销户时，供电企业应将该设备交还用户。

供电企业在新装、换装及现场校验后应对用电计量装置加封，并请用户在工作凭证上签章。

（4）用电计量装置原则上应装在从电设施的产权分界处。

（5）城镇居民用电一般应实行一户一表。

（6）供电企业必须按规定的周期校验、较换计费电能表，并对计费电能表进行不定期检查。

六、并网电厂

（1）在供电营业区的建设的各类发电厂，未经许可，不得从事电力供应与电能经销业务。并网运行的发电厂，应在发电厂建设项目立项前，与并网的电网经营企业联系，就并网容量、发是时间、上网电价、上网电量等达成电量购销意向性协议。

（2）用户自备电厂应自发自供厂区内的用电，不得将自备电的电力向厂区外供电。自发自用有余的电量可与供电企业签订电量购销合同。自备电厂如需伸入或跨越供电企业所属的供电营业区从电的，应经省电网经营同意。

七、供用电合同与违约责任

（1）供用电合同的变更或者解除，必须依法进行。有下列情形之一的，允许变更或解除供用电合同。

1）当事人双方经过协商同意，并且不因此损害国利益和扰乱供用电秩序。

2）由于供电能力的变化或国家对电力供应与使用管理的政策调整，使订立供用电合同时的依据被修改或取消。

3）当事人一方依照法律程序确定无法履行合同。

4）由于不可抗力或一方当事人虽无过失，但无法防止的外因，致使合同无法履行。

（2）用户供电企业规定的期限内未交清电费时，应承担电费滞纳的违约责任。电费违约金从逾期之日起计算至交纳日止。每日电费违约金按下列规定计算。

1）居民用户每日按欠费总额的千分之一计算。

2）其他用户：① 当年欠费部分，每日按欠费总额的千分之二计算；② 跨年度欠度部分，每日按欠费总额的千分之三计算；电费违约金收取总额按日累计收，总额不足1元者按1元收取。

（3）因电力运行事故引起城乡居民用户家用电器损坏的，供电企业应按《居民用户家用电器损坏处理办法》进行处理。

（4）危害供用电安全、扰乱正常供用电秩序的行为，属于违约用电行为。供电企业对查获的违约用电行为应扩时予以制止。有下列违约用电行为者，应承担其相应的违约责任：

1）在电价低的供电线路上，擅自接用电价高的用电设备或私自改变用电类别的，应按实际使用日期补交其差额电费，并承担两倍差额电费的违约使用电费。使用起讫日期难以确的，实际使用时间按三个月计算。

2）私自超过合同约定的容量用电的，除应拆除私增容高备外，属于两部制的用户，应补交私增设备容量使用月数的基本电费，并承担三倍私增容量基本电费的违约使用电费；其他用户应承担私增容量每千瓦（千伏安）50 元的违约使用电费。如用户要求继续使用者，按新装增容办理手续。

3）擅自超过计划分配的用电指标的，应承担高峰超用电力每次每千瓦 1 元和超用电量与现行电价电费五倍的违约使用电费。

4）擅自使用已在供电企业办理暂停手续的电力设备或启用供电封存的电力设备的，应停用违约使用设备。属于两部制电价的用户，应补交擅自使用或启用封存设备容量和使用月数的基本电费，并承担二倍补交基本电费的违约使用电费；其他用户应承担擅自使用或启用封存设备容量每次每千瓦（千伏安）30 元的违约使用电费。启用属于私增容被封存的设备的，违约使用者还应承担本条第 2 项规定的违约责任。

5）私自迁移、更动和擅自操作供电企业的用电计量装置、电力负荷管理装置、供电设施，以及约定由供电企业调度的用户受电设备者，属于居民用户的，应承担每次 500 元的违约使用电费；属于其他用户的，应承担每次 5000 元的违约使用电费。

6）未经供电企业同意，擅自引入（供出）电源或将备用电源和其他电源私自并网的，除当即拆除接线外，应承担其引入（供出）或并网电源容量每千瓦（千伏安）500 元的违约使用电费。

（5）禁止窃电行为，窃电行为包括：① 在供电企业的供电设施上，擅自接线用电；② 绕越供电企业用电计量装置用电；③ 伪造或者开启供电企业加封的用电计量装置封印用电；④ 故意损坏供电企业用电计量装置；⑤ 故意使供电企业用电计量装置不准或失效；⑥ 采用其他方法窃电。

（6）供电企业对查获的窃电者，应予制止并可当场中止供电，窃电者应所窃电量补交电费，并承担补交三倍电费的违约使用电费。拒绝承担窃电责任的，供电企业应报请电力管理部门依法处理。窃电数额较大或情节严重的，供电企业应提请司法机关依法追究刑事责任。

【思考与练习】

1. 供电营业规则对供电方式有何规定？
2. 供电营业规则对供电设施运行维护有何规定？
3. 供电营业规则对违约责任有何规定？

▲ 模块 5　电力设施保护条例实施细则（Z34B5005 Ⅰ）

【模块描述】本模块包含电力设施保护实施细则的规定，包括适用范围、架空电力线路保护区、设置安全标志，以及违反本条例的相关处理办法。通过学习，掌握本实施细则的要求。

【模块内容】（1999 年 3 月 18 日国家经济贸易委员会、公安部令第 8 号发布，根据 2011 年 6 月 30 日国家发展和改革委员会令第 10 号修改）

一、根据《电力设施保护条例》（以下简称《条例》）第三十一条规定，制定本实施细则。

二、本细则适用于中华人民共和国境内国有、集体、外资、合资、个人已建或在建的电力设施。

三、电力管理部门、公安部门、电力企业和人民群众都有保护电力设施的义务。各级地方人民政府设立的由同级人民政府所属有关部门和电力企业（包括：电网经营企业、供电企业、发电企业）负责人组成的电力设施保护领导小组，负责领导所辖行政区域内电力设施的保护工作，其办事机构设在相应的电网经营企业，负责电力设施保护的日常工作。

电力设施保护领导小组，应当在有关电力线路沿线组织群众护线，群众护线组织成员由相应的电力设施保护领导小组发给护线证件。

各省（自治区、直辖市）电力管理部门可制定办法，规定群众护线组织形式、权利、义务、责任等。

四、电力企业必须加强对电力设施的保护工作。对危害电力设施安全的行为，电力企业有权制止并可以劝其改正、责其恢复原状、强行排除妨害、责令赔偿损失、请求有关行政主管部门和司法机关处理，以及采取法律、法规或政府授权的其他必要手段。

五、架空电力线路保护区，是为了保证已建架空电力线路的安全运行和保障人民生活的正常供电而必须设置的安全区域。在厂矿、城镇、集镇、村庄等人口密集地区，架空电力线路保护区为导线边线在最大计算风偏后的水平距离和风偏后距建筑物的水平安全距离之和所形成的两平行线内的区域。各级电压导线边线在计算导线最大风偏情况下，距建筑物的水平安全距离如下：

电压等级	距建筑物的水平安全距离
1kV 以下	1.0m
1～10kV	1.5m
35kV	3.0m
66～110kV	4.0m
154～220kV	5.0m
330kV	6.0m
500kV	8.5m

六、江河电缆保护区的宽度为：

（1）敷设于二级及以上航道时，为线路两侧各 100m 所形成的两平行线内的水域。

（2）敷设于三级及以下航道时，为线路两侧各 50m 所形成的两平行线内的水域。

七、地下电力电缆保护区的宽度为地下电力电缆线路地面标桩两侧各 0.75m 所形成两平行线内区域。

发电设施附属的输油、输灰、输水管线的保护区依本条规定确定。

在保护区内禁止使用机械掘土、种植林木；禁止挖坑、取土、兴建建筑物和构筑物；不得堆放杂物或倾倒酸、碱、盐及其他有害化学物品。

八、禁止在电力电缆沟内同时埋设其他管道。未经电力企业同意，不准在地下电力电缆沟内埋设输油、输气等易燃易爆管道。管道交叉通过时，有关单位应当协商，并采取安全措施，达成协议后方可施工。

九、电力管理部门应在下列地点设置安全标志：

（1）架空电力线路穿越的人口密集地段。

（2）架空电力线路穿越的人员活动频繁的地区。

（3）车辆、机械频繁穿越架空电力线路的地段。

（4）电力线路上的变压器平台。

十、任何单位和个人不得在距电力设施周围 500m（指水平距离）范围内进行爆破作业。因工作需要必须进行爆破作业时，应当按国家颁发的有关爆破作业的法律法规，采取可靠的安全防范措施，确保电力设施安全，并征得当地电力设施产权单位或管理部门的书面同意，报经政府有关管理部门批准。

在规定范围外进行的爆破作业必须确保电力设施的安全。

十一、任何单位或个人不得冲击、扰乱发电、供电企业的生产和工作秩序，不得移动、损害生产场所的生产设施及标志物。

十二、任何单位或个人不得在距架空电力线路杆塔、拉线基础外缘的下列范围内进行取土、打桩、钻探、开挖或倾倒酸、碱、盐及其他有害化学物品的活动。

（1）35kV 及以下电力线路杆塔、拉线周围 5m 的区域。

（2）66kV 及以上电力线路杆塔、拉线周围 10m 的区域。

在杆塔、拉线基础的上述距离范围外进行取土、堆物、打桩、钻探、开挖活动时，必须遵守下列要求。

（1）预留出通往杆塔、拉线基础供巡视和检修人员、车辆通行的道路。

（2）不得影响基础的稳定，如可能引起基础周围土壤、砂石滑坡，进行上述活动的单位或个人应当负责修筑护坡加固。

（3）不得损坏电力设施接地装置或改变其埋设深度。

十三、在架空电力线路保护区内，任何单位或个人不得种植可能危及电力设施和供电安全的树木、竹子等高杆植物。

十四、超过 4m 高度的车辆或机械通过架空电力线路时，必须采取安全措施，并经县级以上的电力管理部门批准。

十五、架空电力线路一般不得跨越房屋。对架空电力线路通道内的原有房屋，架空电力线路建设单位应当与房屋产权所有者协商搬迁，拆迁费不得超出国家规定标准；特殊情况需要跨越房屋时，设计建设单位应当采取增加杆塔高度、缩短档距等安全措施，以保证被跨越房屋的安全。被跨越房屋不得再行增加高度。超越房屋的物体高度或房屋周边延伸出的物体长度必须符合安全距离的要求。

十六、架空电力线路建设项目和公用工程、城市绿化及其他工程之间发生妨碍时，按下述原则处理：

（1）新建架空电力线路建设工程、项目需穿过林区时，应当按国家有关电力设计的规程砍伐出通道，通道内不得再种植树木；对需砍伐的树木由架空电力线路建设单位按国家的规定办理手续和付给树木所有者一次性补偿费用，并与其签订不再在通道内种植树木的协议。

（2）架空电力线路建设项目、计划已经当地城市建设规划主管部门批准的，园林部门对影响架空电力线路安全运行的树木，应当负责修剪，并保持今后树木自然生长最终高度和架空电力线路导线之间的距离符合安全距离的要求。

（3）根据城市绿化规划的要求，必须在已建架空电力线路保护区内种植树木时，园林部门需与电力管理部门协商，征得同意后，可种植低矮树种，并由园林部门负责修剪以保持树木自然生长最终高度，和架空电力线路导线之间的距离符合安全距离的要求。

（4）架空电力线路导线在最大弧垂或最大风偏后与树木之间的安全距离为：

电压等级（kV）	最大风偏距离（m）	最大垂直距离（m）
35～110	3.5	4.0
154～220	4.0	4.5
330	5.0	5.5
500	7.0	7.0

对不符合上述要求的树木应当依法进行修剪或砍伐，所需费用由树木所有者负担。

十七、城乡建设规划主管部门审批或规划已建电力设施（或已经批准新建、改建、扩建、规划的电力设施）两侧的新建建筑物时，应当会同当地电力管理部门审查后批准。

十八、在依法划定的电力设施保护区内，任何单位和个人不得种植危及电力设施安全的树木、竹子或高杆植物。

电力企业对已划定的电力设施保护区域内新种植或自然生长的可能危及电力设施安全的树木、竹子，应当予以砍伐，并不予支付林木补偿费、林地补偿费、植被恢复费等任何费用。

十九、电力管理部门对检举、揭发破坏电力设施或哄抢、盗窃电力设施器材的行为符合事实的单位或个人，给予 2000 元以下的奖励；对同破坏电力设施或哄抢、盗窃电力设施器材的行为进行斗争并防止事故发生的单位或个人，给予 2000 元以上的奖励；对为保护电力设施与自然灾害作斗争，成绩突出或为维护电力设施安全做出显著成绩的单位或个人，根据贡献大小，给予相应物质奖励。

对维护、保护电力设施作出重大贡献的单位或个人，除按以上规定给予物质奖励外，还可由电力管理部门、公安部门或当地人民政府根据各自的权限给予表彰或荣誉奖励。

二十、下列危害电力设施的行为，情节显著轻微的，由电力管理部门责令改正；拒不改正的，处 1000 元以上 10 000 元以下罚款。

（1）损坏使用中的杆塔基础的。

（2）损坏、拆卸、盗窃使用中或备用塔材、导线等电力设施的。

（3）拆卸、盗窃使用中或备用变压器等电力设备的。破坏电力设备、危害公共安全构成犯罪的，依法追究其刑事责任。

二十一、下列违反《电力设施保护条例》和本细则的行为，尚不构成犯罪的，由公安机关依据《中华人民共和国治安管理处罚法》予以处理。

（1）盗窃、哄抢库存或者已废弃停止使用的电力设施器材的。

（2）盗窃、哄抢尚未安装完毕或尚未交付使用单位验收的电力设施的。

（3）其他违反治安管理的行为。

二十二、电力管理部门为保护电力设施安全，对违法行为予以行政处罚，应当依照法定程序进行。

二十三、本实施细则自发布之日起施行，原能源部、公安部 1992 年 12 月 2 日发布的《电力设施保护条例实施细则》同时废止。

【思考与练习】

1. 江河电缆保护区的宽度有何规定？

2. 架空电力线路导线在最大弧垂或最大风偏后与树木之间的安全距离有何规定？

3. 危害电力设施的行为有哪些？如何处理？

▲ 模块6　居民用户家用电器损坏处理办法（Z34B5006Ⅰ）

【模块描述】本模块包含居民用户家用电器损坏的处理办法。通过介绍，掌握居民用户家用电器损坏后供电企业应负责的范围，了解供用电双方的处理流程及理赔规定。

【模块内容】

一、本办法适用于由供电企业以220/380V电压供电的居民用户，因发生电力运行事故导致电能质量劣化，引起居民用户家用电器损坏时的索赔处理。

二、本办法所称的电力运行事故，是指在供电企业负责运行维护的220/380V供电线路或设备上因供电企业的责任发生的下列事件。

（1）在220/380伏供电线路上，发生相线与零线接错或三相相序接反。

（2）在220/380伏供电线路上，发生零线断线。

（3）在220/380伏供电线路上，发生相线与零线互碰。

（4）同杆架设或交叉跨越时，供电企业的高电压线路导线掉落到220/380V线路上或供电企业高电压线路对220/380V线路放电。

三、出现若干户家用电器同时损坏时，居民用户应及时向当地供电企业投诉，并保持家用电器损坏原状。供电企业在接到居民用户家用电器损坏投诉后，应在24小时内派员赴现场进行调查、核实。

四、供电企业如能提供证明，居民用户家用电器的损坏是不可抗力、第三人责任、受害者自身过错或产品质量事故等原因引起，并经县级以上电力管理部门核实无误，供电企业不承担赔偿责任。

五、从家用电器损坏之日起七日内，受害居民用户未向供电企业投诉并提出索赔要求的，即视为受害者已自动放弃索赔权。超过七日的，供电企业不再负责其赔偿。

六、对损坏家用电器的修复，供电企业承担被损坏元件的修复责任。修复时应尽可能以原型号、规格的新元件修复；无原型号规格的新元件可供修复时，可采用相同功能的新元件替代。修复所发生的元件购置费、检测费、修理费均由供电企业负担。

不属于责任损坏或未损坏的元件，受害居民用户也要求更换时，所发生的元件购置费与修理费应由提出要求者负担。

七、对不可修复的家用电器，其购买时间在六个月及以内的，按原购货发票价，供电企业全额予以赔偿；购置时间在六个月以上的，按原购货发票价，并按本规定规定的使用寿命折旧后的余额予以赔偿。使用年限已超过本规定仍在使用的，或者折旧后的差额低于原价10%的，按原价的10%予以赔偿。使用时间以发货票开具的日期为准开始计算。

对无法提供购货发票的,应由受害居民用户负责举证,经供电企业核查无误后,以证明出具的购置日期时的国家定价为准,按前款规定清偿。以外币购置的家用电器,按购置时国家外汇牌价折人民币计算其购置价,以人民币进行清偿。清偿后,损坏的家用电器归属供电企业所有。

八、各类家用电器的平均使用如下。

(1)电子类:如电视机、音响、录像机、充电器等,使用寿命为 10 年。

(2)电机类:如电冰箱、空调器、洗衣机、电风扇、吸尘器等,使用寿命为 12 年。

(3)电阻电热类:如电饭煲、电热水器、电茶壶、电炒锅等,使用寿命为 5 年。

(4)电光源类:白炽灯、气体放电灯、调光灯等,使用寿命为 2 年。

九、第三人责任致使居民用户家用电器损坏的,供电企业应协助受害居民用户向第三人索赔,并可比照本办法进行处理。

【思考与练习】

1. 本办法所称的电力运行事故是什么?

2. 本办法对损坏家用电器的修复有何规定?

3. 本办法对家用电器的平均使用年限有何规定?

第十五章

电力技术相关规程

▲ 模块 1　DL/T 499—2001 农村低压电力技术规程（Z34B4001 Ⅰ）

【模块描述】本模块介绍电力行业标准《农村低压电力技术规程》（DL/T 499—2001），涉及低压电力网、配电装置、剩余电流保护、架空电力线路、地埋电力线路、低压电力电缆、接户与进户装置、无功补偿、接地与防雷、临时用电等内容。通过对本职业相关条文进行解释，掌握 380V 及以下农村电力网的设计、安装、运行及检修的基本技术要求。

【模块内容】

一、低压电力网

1. 配电变压器的装置要求

（1）农村公用配电变压器应按"小容量、密布点、短半径"的原则进行建设与改造，配电变压器应选用节能型低损耗变压器，变压器的位置应符合下列要求：靠近负荷中心；避开易爆、易燃、污秽严重及地势低洼地带；高压进线、低压出线方便；便于施工、运行维护。

（2）柱上安装或屋顶安装的配电变压器，其底座距地不应小于 2.5m。

（3）安装在室外的落地配电变压器，四周应设置安全围栏，围栏高度不低于 1.8m，栏条间净距不大于 0.1m，围栏距变压器的外廓净距不应小于 0.8m，各侧悬挂"有电危险，严禁入内"的警告牌。变压器底座基础应高于当地最大洪水位，但不得低于 0.3m。

（4）配电变压器应在铭牌规定的冷却条件下运行。油浸式变压器运行中的顶层油温不得高于 95K，温升不得超过 55K。

（5）配电变压器连接组别宜采用为 Y，yn0 或 D，yn11。配电变压器的三相负荷应尽量平衡，不得仅用一相或两相供电。对于连接组别为 Y，yn0 的配电变压器，中性线电流不应超过低压侧额定电流的 25%；对于连接组别为 D，yn11 的配电变压器，中性线电流不应超过低压侧额定电流的 40%。

2. 供电半径和电压质量

（1）低压电力网的布局应与农村发展规划相结合，一般采用放射形供电，供电半径一般不大于 500m。

（2）供电电压偏差应满足的要求：380V 为±7%；220V 为-10%～+7%。

注意：供电电压系指供电部门与用户产权分界处的电压，或由供用电合同所规定的电能计量点处的电压。

3. 低压电力网接地方式及装置要求

（1）农村低压电力网宜采用 TT 系统，城镇、电力用户宜采用 TN–C 系统；对安全有特殊要求的可采用 IT 系统。同一低压电力网中不应采用两种保护接地方式。

（2）TT 系统：变压器低压侧中性点直接接地，系统内所有受电设备的外露可导电部分用保护接地线（PEE）接至电气上，与电力系统的接地点无直接关联的接地极上。

（3）TN–C 系统：变压器低压侧中性直接接地，整个系统的中性线（N）与保护线（PE）是合一的，系统内所有受电设备的外露可导电部分用保护线（PE）与保护中性线（PEN）相连接。

（4）IT 系统：变压器低压侧中性点不接地或经高阻抗接地系统内所有受电设备的外露可导电部分用保护接地线（PEE）单独的接至接地极上。

4. 电气接线要求

（1）装设电能计量装置。

（2）变压器容量在 100kVA 以上者，宜装设电流表及电压表。

（3）低压进线和出线应装设有明显断开点的开关。

（4）低压进线和出线应装设自动断路器或熔断器。

（5）严禁利用大地作相线、中性线、保护中性线。

二、配电装置

1. 一般要求

（1）配电变压器低压侧应按规定设置配电室或配电箱。

（2）配电变压器低压侧装设的计收电费的电能计量装置，应符合 GBJ 63 标准和《供电营业规则》的规定。

（3）配电变压器低压侧配电室或配电箱应靠近变压器，其距离不宜超过 10m。

2. 配电箱

（1）配电箱的进出引线，应采用具有绝缘护套的绝缘电线或电缆，穿越箱壳时加套管保护。

（2）室外配电箱应牢固的安装在支架或基础上，箱底距地面高度不低于 1.0m，并采取防止攀登的措施。

（3）室内配电箱可落地安装，也可暗装或明装于墙壁上。落地安装的基础应高出地面 50～100mm。暗装于墙壁时，底部距地面 1.4m；明装于墙壁时，底部距地面 1.2m。

3. 配电室

（1）配电室进出引线可架空明敷或暗敷，明敷设宜采用耐气候型电缆或聚氯乙烯绝缘电线，暗敷设宜采用电缆或农用直埋塑料绝缘护套电线。

（2）配电室进出上线的导体截面应按允许载流量选择。主进回路按变压器低压侧额定电流的 1.3 倍计算，引出线按该回路的计算负荷选择。

（3）配电室内应留有维护通道：固定式配电屏为单列布置时，屏前通道为 1.5m；固定式配电屏为双列布置时，屏前通道为 2.0m；屏后和屏侧维护通道为 1.0m，有困难时可减为 0.8m。

（4）配电室的长度超过 7m 时，应设两个出口，并应布置在配电室两端，门应向外开启；成排布置的配电屏其长度超过 6m 时，屏后通道应设两个出口，并宜布置在通道的两端。

4. 配电屏及母线

（1）配电屏宜采用符合我国有关国家标准规定的产品，并应有生产许可证和产品合格证。

（2）配电屏的各电器、仪表、端子排等均应标明编号、名称、路别（或用途）及操作位置。

5. 控制与保护

（1）配电室（箱）进、出线的控制电器和保护电器的额定电压、频率应与系统电压、频率相符，并应满足使用环境的要求。

（2）配电室（箱）的进线控制电器按变压器额定电流的 1.3 倍选择；出线控制电器按正常最大负荷电流选择。手动开断正常负荷电流的，应能可靠地开断 1.5 倍的最大负荷电流；开断短路电流的，应能可靠地切断安装处可能发生的最大短路电流。

三、剩余电流保护

1. 保护范围

剩余电流动作保护是防止因低压电网剩余电流造成故障危害的有效技术措施，低压电网剩余电流保护一般采用剩余电流总保护（中级保护）和末级保护的多级保护方式。

2. 一般要求

（1）剩余电流动作保护器，必须选用符合 GB 6829 标准，并经中国电工产品认证委员会认证合格的产品。

（2）剩余电流动作保护器安装场所的周围空气温度，最高为+40℃，最低为–5℃，海拔不超过 2000m，对于高海拔及寒冷地区，以及周围空气温度高于+40℃低于–5℃运行的剩余电流动作保护器可与制造厂家协商制定。

3. 保护方式

（1）采用 TT 系统方式运行的，应装设剩余电流总保护和剩余电流末级保护。对于供电范围较大或有重要用户的农村低压电网可增设剩余电流中级保护。

（2）剩余电流总保护方式有：安装在电源中性点接地线上；安装在电源进线回路上；安装在各条配电出线回路上。

（3）剩余电流中级保护可根据网络分布情况装设在分支配电箱的电源线上。

（4）剩余电流末级保护可装在接户或动力配电箱内，也可装在用户室内的进户线上。

4. 剩余电流保护装置

（1）剩余电流总保护、剩余电流中级保护及三相动力电源的剩余电流末级保护，宜采用具有漏电保护、短路保护或过负荷保护功能的剩余电流断路器，当采用组合式保护器时，宜采用带分励脱扣的低压断路器。

（2）单相剩余电流末级保护，应选用剩余电流保护和短路保护为主的剩余电流断路器。

5. 额定剩余动作电流

剩余电流保护在躲过农村低压电网正常剩余电流情况下，额定剩余动作电流应尽量选小，以兼顾人身间接接触触电保护和设备的安全。剩余电流总保护的额定剩余动作电流宜为固定分档可调，

6. 检测

（1）安装剩余电流总保护的农村低压电网，其剩余电流不应大于剩余电流动作保护器额定剩余动作电流的 50%。

（2）装设剩余电流动作保护器的电动机及其他电气设备的绝缘电阻不应小于 0.5MΩ。

（3）装设在进户线的剩余电流动作保护器，其室内配线的绝缘电阻，晴天不宜小于 0.5MΩ；雨天不宜小于 0.08MΩ。

（4）剩余电流动作保护器安装后应进行如下检测：① 带负荷分、合开关 3 次，不得误动作；② 用试验按钮试跳 3 次，应正确动作；③ 各相用 1kΩ 左右试验电阻或 40～60W 灯泡接地试跳 3 次，应正确动作。

四、架空电力线路

1. 一般要求

计算负荷时应结合农村电力发展规划确定，一般可按 5 年考虑。

2. 绝缘子

架空导线应采用与线路额定电压相适应的绝缘子固定，其规程根据导线截面大小选定。

3. 横担及铁附件

（1）线路横担及其铁附件均应热镀锌或其他先进的防腐措施。

（2）导线一般采用水平排列，中性线或保护中性线不应高于相线，如线路附近有建筑物，中性线或保护中性线宜靠近建筑物侧。同一供电区导线的排列相序应统一。路灯线不应高于其他相线、中性线和保护中性线。

4. 对地距离和交叉跨越

（1）导线对地面和交叉跨越物的垂直距离，应按导线最大弧垂计算；对平行物的水平距离，应按导线最大风偏计算，并计及导线的初伸长和设计、施工误差。

（2）低压电力线路与弱电线路交叉时，电力线路应架设在弱电线路的上方；电力线路电杆应尽量靠近交叉点但不应小于对弱电线路的倒杆距离。

五、地埋电力线路

1. 一般要求

（1）地埋线的敷设路径和电线的计算负荷，应与农村发展规划相结合通盘考虑，一般不应少于 5 年。

（2）地埋线的型号选择，北方宜采用耐寒护套或聚乙烯护套型；南方采用普通护套型，严禁用无护套的普通塑料绝缘电线代替。

2. 敷设

（1）地埋线应敷设在冰土层以下，其深度不宜小于 0.8m。

（2）地埋线一般应水平敷设，线间距离为 50～100mm，电线至沟边距离不应小于 50mm。

（3）地埋线的沟底应平坦坚实，无石块和坚硬杂物，并铺设一层 100～200mm 厚的松软细土或细砂，当地形高度变化时应作平缓斜坡。线路转向时，拐弯半径不应小于地埋线外径的 15 倍。

（4）地埋线路的分支、接户、终端及引出地面的接线处，应装设地面接线箱，其位置应选择在便于维护管理、不易碰撞的地方。

（5）接线箱应牢固安装在基础上，箱底距地面不应小于 1m。

3. 填埋

（1）回填土前应核对相序，做好路径、接头与地下设施交叉的标志和保护。

（2）回填土应按以下步骤进行。

1）回填土应从放线端开始，逐步向终端推移，不应多处同时进行。

2）电线周围应填细土或细砂，覆土 200mm 后，可放水让其自然下沉或用人排步踩平，禁用机械夯实。

3）用 2500V 绝缘电阻表复测绝缘电阻，并与埋设前所测电阻相比，若阻值明显下降时，应查明原因进行处理。

4）当复测绝缘电阻无明显下降时，才可全面回填土，回填土时禁用大块泥土投击，回填土应高出地面 200mm。

六、低压电力电缆

1. 农村低压电力电缆选用要求

（1）一般采用聚氯乙烯绝缘电缆或交联聚乙烯绝缘电缆。

（2）农村三相四线制低压供电系统的电力电缆应选用四芯电缆。

2. 电缆路径

敷设电缆应选择不易遭受各种损坏的路径。

3. 电缆敷设

（1）敷设电缆前，应检查电缆表面有无机械损伤；并用 1kV 绝缘电阻表摇测绝缘，绝缘电阻一般不低于 $10M\Omega$。

（2）敷设电缆时应符合的要求。

1）直埋电缆的深度不应小于 0.7m，穿越农田时不应小于 1m。直埋电缆的沟底应无硬质杂物，沟底铺 100mm 厚的细土或黄砂，电缆敷设时应留全长 0.5%～1% 的裕度，敷设后再加盖 100mm 的细土或黄砂，然后用水泥盖板保护，其覆盖宽度应超过电缆两侧各 50mm，也可用砖块替代水泥盖板。

2）电缆穿越道路及建筑物或引出地面高度在 2m 以下的部分，均应穿钢管保护。保护长度在 30m 以下者，内径不应小于电缆外径的 1.5 倍，超过 30m 以上者不应小于 2.5 倍，两端管口应做成喇叭形，管内壁应光滑无毛刺，钢管外面应涂防腐漆。电缆引入及引出电缆沟、建筑物及穿入保护管时，出入口和管口应封闭。

3）交流四芯电缆穿入钢管或硬质塑料管时，每根电缆穿一根管子。单芯电缆不允许有单独穿在钢管内（采取措施者除外），固定电缆的夹具不应有铁件构成的闭合磁路。

七、接户与进户装置

1. 接户线、进户线的确定

（1）用户计量装置在室内时，从低压电力线路到用户室外第一支持物的一段线路为接户线；从用户室外第一支持物至用户室内计量装置的一段线路为进户线。

（2）用户计量装置在室外时，从低压电力线路到用户室外计量装置的一段线路为接户线；从用户室外计量箱出线端至用户室内第一支持物或配电装置的一段线路为进户线。

2. 计量装置

（1）低压电力用户计量装置应符合 GB/T 16934 的规定。

（2）农户生活用电应实行一户一表计量，其电能表箱宜安装于户外墙上。

（3）农户电能表箱底部距地面高度宜为 1.8～2.0m，电能表箱应满足坚固、防雨、防锈蚀的要求，应有便于抄表和用电检查的观察窗。

（4）农户计量表后应装设有明显断开点的控制电器、过流保护装置。每户应装设末级剩余电流动作保护器。

3. 接户线、进户线装置要求

（1）接户线的相线和中性线或保护中性线应从同一基电杆引下，其档距不应大于25m。超过 25m 时，应加装接户杆，但接户线的总长度（包括沿墙敷设部分）不宜超过 50m。

（2）接户线与低压线如系铜线与铝线连接，应采取加装铜铝过渡接头的措施。

（3）接户线和室外进户线应采用耐气候型绝缘电线，电线截面按允许载流量选择。

（4）沿墙敷设的接户线以及进户线两支持点间的距离，不应大于 6m。

（5）接户线、进户线与建筑物有关部分的最小距离为：① 与下方窗户的垂直距离 0.3m；② 与上方阳台或窗户的垂直距离 0.8m；③ 与窗户或阳台的水平距离 0.75m；④ 与墙壁、构架的水平距离 0.05m。

（6）接户线、进户线与通信线、广播线交叉：① 当接户线、进户线在上方时，其垂直距离不应小于 0.6m；② 当接户线、进户线在下方时，其垂直距离不应小于 0.3m。

八、无功补偿

（1）低压电力网中的电感性无功负荷应用电力电容器予以就地充分补偿，一般最大负荷月的月平均功率因数应达到下列规定：农村公用配电变压器不低于 0.85；100kVA 以上的电力用户不低于 0.9。

（2）应采用防止无功向电网倒送的措施。容量在 100kAV 以上的专用配电变压器，宜采用无功自动补偿装置。

九、接地与防雷

1. 工作接地

（1）TT、TN–C 系统配电变压器低压侧中性点直接接地。

（2）电流互感器二次绕组（专供计量者除外）一端接地。

2. 保护接地

（1）在 TT 和 IT 系统中，除Ⅱ类和Ⅲ类电器外，所有受电设备（包括携带式和移动式电器）外露可导电部分应装设保护接地。

（2）在 TT 和 IT 系统中，电力的传动装置、靠近带电部分的金属围栏、电力配线的金属管、配电盘的金属框架、金属配电箱，以及配电变压器的外壳应装设保护接地。

（3）在 IT 系统中，装设的高压击穿熔断器应装设保护接地。

（4）在 TN–C 系统中，各出线回路的保护中性线，其首末端、分支点及接线处应装设保护接地。

（5）与高压线路同杆架设的 TN–C 系统中的保护中性线，在共敷段的首末端应装设保护接地。

3. 接地电阻

（1）工作接地和保护接地的电阻（工频）在一年四季中均应符合本规程的要求。

（2）配电变压器低压侧中性点的工作接地电阻，一般不应大于 4Ω，但当配电变压器容量不大于 100kVA 时，接地电阻可不大于 10Ω。

（3）非电能计量的电流互感器的工作接地电阻，一般可不大于 10Ω。

4. 接地体和保护接地体

（1）接地体可利用与大地有可靠电气连接的自然接地物，如连接良好的埋设在地下的金属管道、金属井管、建筑物的金属构架等，若接地电阻符合要求时，一般不另设人工接地体。但可燃液体、气体、供暖系统等金属管道禁止用作保护接地体。

（2）利用自然接地体时，应用不少于两根保护接地线在不同地点分别与自然接地体相连。

十、临时用电

（1）临时用电是指小型基建工地农田基本建设和非正常年景的抗旱、排涝等用电，时间一般不超过 6 个月。临时用电不包括农业周期性季节用电，如脱粒机、小电泵、黑光灯等电力设备。

（2）临时用电应装设配电箱，配电箱内应配装控制保护电器、剩余电流动作保护器和计量装置。配电箱外壳的防护等级应按周围环境确定，防触电类别可为Ⅰ类或Ⅱ类。

（3）如临时用电线路超过 50m 或有多处用电点时，应分别在电源处设置总配电箱，在用电点设置分配电箱，总、分配电箱内均应装设剩余电流动作保护器。

（4）配电箱对地高度宜为 1.3～1.5m。

【思考与练习】

1. 农村低压电力技术规程对配电变压器有何规定？
2. 农村低压电力技术规程对接户与进户装置有何规定？
3. 农村低压电力技术规程对临时用电有何规定？

▲ 模块 2　电能计量装置安装接线规则（Z34B4002 Ⅰ）

【模块描述】本模块包含《电能计量装置安装接线规则》中规定的术语、技术要求、安装要求等内容。通过术语说明、条文解释、要点归纳，掌握国家电网公司对电能计量装置安装接线的要求。

【模块内容】

一、适用范围

DL/T 825—2002《电能计量装置安装接线规则》规定了电力系统中计费和非计费用交流电能计量装置的接线方式及安装规定，适用于各种电压等级的交流电能计量装置。电能计量装置中弱电输出部分由于尚无统一规范，故暂不包括在内。

以下着重介绍农网配电、营业工作中重点应用的相关条款。

二、技术要求

1. 接线方式

（1）低压计量。低压供电方式为单相二线者，应安装单相有功电能表；低压供电方式为三相者，应安装三相四线有功电能表；有考核功率因数要求者，应安装三相无功电能表。

（2）高压计量。中性点非有效接地系统一般采用三相三线有功、无功电能表，但经消弧线圈等接地的计费用户且年平均中性点电流（至少每季测试一次）大于 $0.1\%I_N$（额定电流）时，也应采用三相四线有功、无功电能表。中性点有效接地系统应采用三相四线有功、无功电能表。

（3）电能表的实际配置按不同计量方式确定，有功电能表、无功电能表根据需要可换接为多费率电能表、多功能电能表。

2. 二次回路

（1）所有计费用电流互感器的二次接线应采用分相接线方式。非计费用电流互感器可以采用星形（或不完全星形）接线方式（简称为简化接线方式）。

（2）电压、电流回路 U、V、W 各相导线应分别采用黄、绿、红色线，中性线应采用黑色线或采用专用编号电缆。导线颜色参见相关规程。

（3）电压、电流回路导线均应加装与图纸相符的端子编号，导线排列顺序应按正相序（即黄、绿、红色线为自左向右或自上向下）排列。

（4）导线应采用单股绝缘铜质线；电压、电流互感器从输出端子直接接至试验接线盒，中间不得有任何辅助触点、接头或其他连接端子。35kV 及以上电压互感器可经端子箱接至试验接线盒。导线留有足够长的裕度。110kV 及以上电压互感器回路中必须加装快速熔断器。

（5）经电流互感器接入的低压三相四线电能表，其电压引入线应单独接入，不得与电流线共用，电压引入线的另一端应接在电流互感器一次电源侧，并在电源侧母线上另行引出，禁止在母线连接螺钉处引出。电压引入线与电流互感器一次电源应同时切合。

（6）电流互感器二次回路导线截面不得小于 4mm²。

（7）电压互感器二次回路导线截面应根据导线压降不超过允许值进行选择，但其最小截面不得小于 2.5mm²。Ⅰ、Ⅱ类电能计量装置二次导线压降的允许值为 $0.2\%U_{2N}$，其他类电能计量装置二次导线压降的允许值为 $0.5\%U_{2N}$。

（8）电压互感器及高压电流互感器二次回路均应只有一处可靠接地。高压电流互感器应将互感器二次 s2 端与外壳直接接地，星形接线电压互感器应在中性点处接地，V–V 接线电压互感器在 V 相接地。

（9）双回路供电，应分别安装电能计量装置，电压互感器不得切换。

3. 直接接入式电能表

（1）金属外壳的直接接入式电能表，如装在非金属盘上，外壳必须接地。

（2）直接接入式电能表的导线截面应根据额定的正常负荷电流按表 15–2–1 选择。所选导线截面必须小于端钮盒接线孔。

表 15–2–1   负荷电流与导线截面选择表

负 荷 电 流	铜芯绝缘导线截面（mm²）	负 荷 电 流	铜芯绝缘导线截面（mm²）
$I<20$	4.0	$60{\leq}I<80$	7×2.5
$20{\leq}I<40$	6.0	$80{\leq}I<100$	7×4.0
$40{\leq}I<60$	7×1.5		

注 按 DL/T 448—2016《电能计量装置技术管理规程》规定，负荷电流为 60A 以上时，宜采用经电流互感器接入式的接线方式。

4. 二次回路的绝缘测试

二次回路的绝缘测试是指测量绝缘电阻。绝缘配合见 GB/T 16935.1—2008《低压系统内设备的绝缘配合 第 1 部分：原理、要求和试验》。绝缘电阻采用 500V 绝缘电阻表进行测量，其绝缘电阻应不小于 5MΩ。试验部位为所有电流、电压回路对地，各相电压回路之间，电流回路与电压回路之间。

三、安装要求

1. 计量柜（屏、箱）

（1）10kV 及以下电力用户处的电能计量点应采用全国统一标准的电能计量柜（箱），低压计量柜应紧靠进线外，高压计量柜则可设置在主受电柜后面。

（2）居民用户的计费电能计量装置必须采用符合要求的计量箱。

2. 电能表

（1）电能表应安装在电能计量柜（屏）上，每一回路的有功和无功电能表应垂直排列或水平排列，无功电能表应在有功电能表下方或右方，电能表下端应加有回路名称的标签，两只三相电能表相距的最小距离为 80mm，单相电能表间的最小距离为 30mm，电能表与屏边的最小距离为 40mm。

（2）室内电能表宜装在 0.8~1.8m 的高度（表水平中心线距地面尺寸）。

（3）电能表安装必须垂直牢固，表中心线向各方向的倾斜不大于 1°。

（4）装于室外的电能表应采用户外式电能表。

3. 互感器

（1）为了减少三相三线电能计量装置的合成误差，安装互感器时，宜考虑互感器合理匹配问题，即尽量使接到电能表同一元件的电流、电压互感器比差符号相反、数值相近、角差符号相同、数值相近。当计量感性负荷时，宜把误差小的电流、电压互感器接到电能表的 W 相元件。

（2）同一组的电流（电压）互感器应采用制造厂、型号、额定电流（电压）变比、准确度等级、二次容量均相同的互感器。

（3）两只或三只电流（电压）互感器进线端极性符号应一致，以便确认该组电流（电压）互感器一次及二次回路电流（电压）的正方向。

（4）互感器二次回路应安装试验接线盒，便于带负荷校表和带电换表。

（5）低压穿芯式电流互感器应采用固定单一的变化，以防发生互感器倍率差错。

（6）低压电流互感器二次负荷容量不得小于 10VA。高压电流互感器二次负荷可根据实际安装情况计算确定。

4. 熔断器

低压计量电压回路在试验接线盒上不允许加装熔断器。

5. 电压监视装置

电力用户用于高压计量的电压互感器二次回路，应加装电压失压计时仪或其他电压监视装置。

6. 电能表端钮盒盖、试验接线盒盖及计量柜（屏、箱）门

施工结束后，电能表端钮盒盖、试验接线盒盖及计量柜（屏、箱）门等均应加封。

7. 基本施工工艺

基本要求是：按图施工，接线正确；电气连接可靠、接触良好；配线整齐美观；导线无损伤，绝缘良好。

（1）二次回路接线应注意电压、电流互感器的极性端符号。接线时可先接电流回路，分相接线的电流互感器二次回路宜按相色逐相接入，并核对无误后，再连接各相的接地线。简化接线方式的电流互感器二次回路可利用公共线，分相接入时，公共线只与该相另一端连接，其余步骤同上。电流回路接好后再按相接入电压回路。

（2）二次回路接好后，应进行接线正确性检查。

（3）电流互感器二次回路每只接线螺钉只允许接入两根导线。当导线接入的端子是接触螺钉，应根据螺钉的直径将导线的末端弯成一个环，其弯曲方向应与螺钉旋入方向相同，螺钉（或螺母）与导线间、导线与导线间应加垫圈。

（4）直接接入式电能表采用多股绝缘导线，应按表计容量选择。若遇到选择的导线过粗时，应采用断股后再接入电能表端钮盒的方式。

（5）当导线小于端子孔径较多时，应在接入导线上加扎线后再接入，再连接各相的接地线。简化接线方式的电流互感器二次回路可利用公共线，分相接入时，公共线只与该相另一端连接，其余步骤同上。电流回路接好后再按相接入电压回路。

【思考与练习】

1. 电能表的安装有哪些要求？
2. 电能计量装置基本施工工艺有哪些要求？
3. 二次回路的技术要求有哪些？

模块 3 电能计量装置技术管理规程（Z34B4003Ⅱ）

【模块描述】本模块包含《电能计量装置技术管理规程》的电能计量装置的分类、接线方式、配置原则、设计审查、验收、现场检验等内容。通过对本规程重点条款的介绍，掌握电能计量装置技术管理的要求。

【模块内容】电能计量装置技术管理包括计量点、计量方式、计量方案的确定和设计审查，电能计量装置安装、竣工验收、运行维护、现场检验、故障处理，电能计量器具选用、订货验收、计量检定、存储与运输、运行质量检验、更换、报废的全过程及其全寿命周期管理，以及与电能计量相关设备的管理。

一、电能计量装置的分类

运行中的电能计量装置按计量对象重要程度和管理需要分为5类。

1. Ⅰ类电能计量装置

220kV 及以上贸易结算用电能计量装置，500kV 及以上考核用电能计量装置，计量单机容量 300MW 及以上发电机发电量的电能计量装置。

2. Ⅱ类电能计量装置

110（66）～220kV 及贸易结算用电能计量装置，220～500kV 考核用电能计量装置，计量单机容量 100～300MW 发电机发电量的电能计量装置。

3. Ⅲ类电能计量装置

10（6）～110kV 及贸易结算用电能计量装置，10～220kV 考核用电能计量装置，计量 100MW 以下发电机发电量、发电企业厂（站）用电量的电能计量装置。

4. Ⅳ类电能计量装置

380V～10kV 的电能计量装置。

5. Ⅴ类电能计量装置

220V 单相电能计量装置。

二、电能计量装置的接线方式

（1）电能计量装置的接线应符合 DL/T 825 的要求。

（2）接入中性点绝缘系统的电能计量装置，应采用三相三线有功、无功电能表或多功能电能表。接入非中性点绝缘系统的电能计量装置，应采用三相四线有功、无功电能表或多功能电能表。接入中性点绝缘系统的电压互感器，35kV 及以上的宜采用 Y/y 方式接线；35kV 以下的宜采用 V/v 方式接线。接入非中性点绝缘系统的电压互感器，宜采用 Y0y0 方式接线。其一次侧接地方式和系统接地方式相一致。

（3）低压供电，计算负荷电流为 60A 及以下时，宜采用直接接入电能表的接线方式；计算负荷电流为 60A 以上时，宜采用经电流互感器接入电能表的接线方式。对三相三线制接线的电能计量装置，其 2 台电流互感器二次绕组与电能表之间宜采用四线连接。对三相四线制连接的电能计量装置，其 3 台电流互感器二次绕组与电能表之间宜采用六线连接。

（4）选用直接接入式电能表其最大电流不宜超过 100A。

三、电能计量装置准确度等级

各类电能计量装置应配置的电能表、互感器的准确度等级不应低于相关标准。

电能计量装置中电压互感器二次回路电压降应不大于其额定二次电压的 0.2%。

四、电能计量装置的配置原则

贸易结算用的电能计量装置原则上应设置在供用电设施产权分界处。经互感器接入的贸易结算用电能计量装置应按计量点配置计量专用电压、电流互感器或者专用二次绕组，并不得接入与电能计量无关的设备。电能计量专用电压、电流互感器或专用二次绕组及其二次回路应有计量专用二次接线盒和试验接线。电能表与试验接线盒应按一对一原则配置。

互感器二次回路的连接导线应采用铜质单芯绝缘线，对电流二次回路，连接导线截面积应按电流互感器的额定二次负荷计算确定，应不小于 $4mm^2$。对电压二次回路，连接导线截面积应按允许的电压降计算确定，应不小于 $2.5mm^2$。为提高低负荷计量的准确性，应选用过负荷 4 倍及以上的电能表。经电流互感器接入的电能表，其基本电流不宜超过电流互感器额定二次电流的 30%，其额定最大电流应为电流互感器额定二次电流的 120% 左右。

五、电能计量装置设计审查

各类电能计量装置的设计方案应经有关电能计量专业人员审查通过。

电能计量装置设计审查的依据是 GB/T 50063、GB 17167—2006、DL/T 5137、DL/T 5202、本标准及电力营销方面的有关规定。设计审查的内容包括计量点、计量方式、电能表与互感器的接线方式的选择，电能表的型式和装设套数的确定，电能计量器具的功能、规格和准确度等级，互感器二次回路及附件，电能计量柜（箱、屏）的技术要求及选用、安装条件，以及电能信息采集终端等相关设备的技术要求及选用、安装条件等。

六、电能计量装置的安装及验收

电能计量装置的安装应严格按照通过审查的施工设计或批复的电力用户供电方案进行。待安装的电能计量器具应经依法取得计量授权的电力企业电能计量技术机构检定合格。电力用户使用的电能计量柜及发、输、变电工程的电能计量装置可由其施工单位负责安装，其他贸易结算用电能计量装置均应由供电企业负责安装。电能计量装置安装完工后宜测量、记录并保存电能表和互感器所处位置的三维地理信息数据，应填写竣工单，整理有关的原始技术资料，做好验收交接准备。

电能计量装置投运前应进行全面的验收。验收的项目及内容包括技术资料、现场检查、验收试验及验收结果的处理。

验收的技术资料包括：电能计量装置计量方式原理图，一、二次接线图，施工设计图和施工变更、竣工图等；电能表及电压、电流互感器安装使用说明书、出厂检验报告、授权电能计量技术机构的检定证书；电能信息采集终端的使用说明书、出厂检验报告、合格证，电能计量技术机构的检验报告；电能计量柜（箱、屏）的安装使用说明书、出厂检验报告；二次回路导线或电缆的型号、规格及长度资料；电压互感器二次回路中的快速自动空气开关、接线端子的说明书和合格证等；高压电气设备的接地及绝缘试验报告；电能表和电能信息采集终端的参数设置记录；电能计量装置设备清单；电能表辅助电源原理图和安装图；电流、电压互感器实际二次负载及电压互感器二次回路压降的检测报告；互感器实际使用变比确认和复核报告；施工过程中的变更等需要说明的其他资料。

现场检查内容包括：电能计量器具的型号、规格、许可标志、出厂编号应与计量检定证书和技术资料的内容相符；产品外观质量应无明显瑕疵和受损；安装工艺质量应符合有关技术规范的要求；电能表、互感器及其二次回路接线实况应和竣工图一致；电能信息采集终端的型号、规格、出厂编号，电能表和采集终端的参数设置应与技术资料及其检定证书、检测报告的内容相符，接线实况应和竣工图一致。

验收试验包括：接线正确性检查；二次回路中间触点、快速自动空气开关、试验接线盒接触情况检查；电流、电压互感器实际二次负载及电压互感器二次回路压降的测量；电流、电压互感器的现场检验。

经验收的电能计量装置应由验收人员出具电能计量验收报告，注明"电能计量装置验收合格"或者"电能计量装置验收不合格"；验收合格的电能计量装置应由验收人员及时实施封印；封印的位置为互感器二次回路的各接线端子（包括互感器二次接线端子盒、互感器端子箱、隔离开关辅助接点、快速自动空气开关或快速熔断器和试验接线盒等）、电能表接线端子盒、电能计量柜（箱、屏）门等；实施铅封后应被验收方对铅封的完好签字认可。验收不合格的电能计量装置应由验收人员出具整改建议意见书，待整改后再行验收；验收不合格的电能计量装置禁止投入使用；验收报告及验收资料应及时归档。

七、现场检验

现场检验电能表应采用标准电能表法，使用可测量电压、电流、相位和带有错接线判别功能的电能表现场检验仪器。现场检验仪器应有数据存储和通信功能，现场检验数据宜自动上传。

现场检验时不允许打开电能表罩壳和现场调整电能表误差。当现场检验电能表误差超过电能表准确度等级值或电能表功能故障时应在 3 个工作日内处理或更换。

新投运或改造后的Ⅰ、Ⅱ、Ⅲ类电能计量装置应在带负荷运行 1 个月内进行首次电能表现场检验。Ⅰ类电能计量装置宜每 6 个月现场检验一次，Ⅱ类电能计量装置宜每 12 个月现场检验一次，Ⅲ类电能计量装置宜每 24 个月现场检验一次。

【思考与练习】

1. 五类电能计量装置是如何划分的？

2. 电能计量装置的接线方式有哪些规定？

3. 电能计量装置准确度等级有哪些规定？

▲ 模块 4 GB 50052—2009 供配电系统设计规范
（Z34B4004Ⅱ）

【模块描述】本模块介绍国家标准《供配电系统设计规范》（GB 50052—2009），涉及负荷分级及供电要求、电源及供电系统、电压选择和电能质量、无功补偿、低压配电等内容。通过对本职业相关条文进行解释，掌握 110kV 及以下供配电系统新建和扩建工程设计规范。

【模块内容】

一、负荷分级及供电要求

（1）电力负荷应根据对供电可靠性的要求及中断供电在对人身安全、经济损失上所造成的影响程度进行分级，并应符合下列规定。

1）符合下列情况之一时，应视为一级负荷：① 中断供电将造成人身伤亡时；② 中断供电将在经济上造成重大损失时；③ 中断供电将影响重要用电单位的正常工作。

2）在一级负荷中，当中断供电将造成重大设备损坏或发生中毒、爆炸和火灾等情况的负荷，以及特别重要场所的不允许中断供电的负荷，应视为一级负荷中特别重要的负荷。

3）符合下列情况之一时，应视为二级负荷：① 中断供电将在经济上造成较大损失时；② 中断供电将影响较重要用电单位的正常工作。

4）不属于一级和二级负荷者应为三级负荷。

（2）一级负荷应由双重电源供电，当一电源发生故障时，另一电源不应同时受到损坏。

（3）一级负荷中特别重要的负荷供电，应符合下列要求。

1）除应由双重电源供电外，尚应增设应急电源，并不得将其他负荷接入应急供电系统。

2）设备的供电电源的切换时间，应满足设备允许中断供电的要求。

（4）下列电源可作为应急电源：① 独立于正常电源的发电机组；② 供电网络中独立于正常电源的专用的馈电线路；③ 蓄电池；④ 干电池。

（5）应急电源应根据允许中断供电的时间选择，并应符合下列规定。

1）允许中断供电时间为 15s 以上的供电，可选用快速自启动的发电机组。

2）自投装置的动作时间能满足允许中断供电时间的，可选用带有自动投入装置的独立于正常电源之外的专用馈电线路。

3）允许中断供电时间为毫秒级的供电，可选用蓄电池静止型不间断供电装置或柴油机不间断供电装置。

（6）应急电源的供电时间，应按生产技术上要求的允许停车过程时间确定。

（7）二级负荷的供电系统，宜由两回线路供电。在负荷较小或地区供电条件困难时，二级负荷可由一回 6kV 及以上专用的架空线路供电。

（8）各级负荷的备用电源设置可根据用电需要确定，备用电源必须与应急电源隔离。

二、电源及供电系统

（1）符合下列条件之一时，用户宜设置自备电源。

1）需要设置自备电源作为一级负荷中的特别重要负荷的应急电源时或第二电源不能满足一级负荷的条件时。

2）设置自备电源较从电力系统取得第二电源经济合理时。

3）有常年稳定余热、压差、废弃物可供发电，技术可靠、经济合理时。

4）所在地区偏僻，远离电力系统，设置自备电源经济合理时。

5）有设置分布式电源的条件，能源利用效率高、经济合理时。

（2）应急电源与正常电源之间，应采取防止并列运行的措施。当有特殊要求，应急电源向正常电源转换需短暂并列运行时，应采取安全运行的措施。

（3）供配电系统的设计，除一级负荷中的特别重要负荷外，不应按一个电源系统检修或故障的同时另一电源又发生故障进行设计。

（4）需要两回电源线路的用户，宜采用同级电压供电。但根据各级负荷的不同需求及地区供电条件，亦可采用不同电压供电。

（5）同时供电的两回及以上供配电线路中，当有一回路中断供电时，其余线路应能满足全部一级负荷及二级负荷。

（6）供配电系统应简单可靠，同一电压等级的配电级数高压不宜多于两级；低压不宜多于三级。

（7）高压配电系统宜采用放射式。根据变压器的容量、分布及地理环境等情况，亦可采用树干式或环式。

（8）根据负荷的容量和分布，配变电所应靠近负荷中心。当配电电压为 35kV 时，亦可采用直降至低压配电电压。

（9）在用户内部邻近的变电所之间，宜设置低压联络线。

（10）小负荷的用户，宜接入地区低压电网。

三、电压选择和电能质量

（1）正常运行情况下，用电设备端子处电压偏差允许值宜符合下列要求。

1）电动机为±5%额定电压。

2）一般工作场所的照明设备为±5%额定电压；对于远离变电站的小面积一般工作场所，难以满足上述要求时，可为-10%～+5%额定电压。

3）应急照明、道路照明和警卫照明等为-10%～+5%额定电压。

4）其他用电设备当无特殊规定时为±5%额定电压。

（2）计算电压偏差时，应计入采取下列措施后的调压效果：① 自动或手动调整并联补偿电容器、并联电抗器的接入容量；② 自动或手动调整同步电动机的励磁电流；③ 改变供配电系统运行方式。

（3）10、6kV 配电变压器不宜采用有载调压变压器；但在当地 10、6kV 电源电压偏差不能满足要求，且用户有对电压要求严格的设备，单独设置调压装置技术经济不合理时，亦可采用 10、6kV 有载调压变压器。

（4）供配电系统的设计为减小电压偏差，应符合下列要求：① 应正确选择变压器的变压比和电压分接头；② 应降低系统阻抗；③ 应采取补偿无功功率措施；④ 宜使三相负荷平衡。

（5）对波动负荷的供电，除电动机启动时允许的电压下降情况外，当需要降低波动负荷引起的电网电压波动和电压闪变时，宜采取下列措施。

1）采用专线供电。

2）与其他负荷共用配电线路时，降低配电线路阻抗。

3）较大功率的波动负荷或波动负荷群与对电压波动、闪变敏感的负荷分别由不同的变压器供电。

4）对于大功率电弧炉的炉用变压器由短路容量较大的电网供电。

5）采用动态无功补偿装置或动态电压调节装置。

（6）设计低压配电系统时宜采取下列措施，降低三相低压配电系统的不对称度。

1）220V 或 380V 单相用电设备接入 220V/380V 三相系统时，宜使三相平衡。

2）由地区公共低压电网供电的 220V 负荷，线路电流小于等于 60A 时，可采用 220V 单相供电；大于 60A 时，宜采用 220V/380V 三相四线制供电。

四、无功补偿

（1）当采用提高自然功率因数措施后，仍达不到电网合理运行要求时，应采用并联电力电容器作为无功补偿装置。当经过技术经济比较，确认采用同步电动机作为无功补偿装置合理时，可采用同步电动机。

（2）采用电力电容器作为无功补偿装置时，宜就地平衡补偿，并符合下列要求。

1）低压部分的无功功率应由低压电容器补偿。

2）高压部分的无功功率宜由高压电容器补偿。

3）容量较大，负荷平稳且经常使用的用电设备的无功功率宜单独就地补偿。

4）补偿基本无功功率的电容器组，应在配变电所内集中补偿。

5）在环境正常的车间和建筑物内，低压电容器宜分散设置。

（3）无功补偿容量宜按无功功率曲线或无功补偿计算方法确定。

（4）当采用高、低压自动补偿装置效果相同时，宜采用低压自动补偿装置。

（5）电容器分组时，应满足下列要求。

1）分组电容器投切时，不应产生谐振。

2）适当减少分组组数和加大分组容量。

3）应与配套设备的技术参数相适应。

4）应符合满足电压偏差的允许范围。

五、低压配电

（1）带电导体系统的型式，宜采用单相二线制、两相三线制、三相三线制和三相四线制。

低压配电系统接地型式，可采用 TN 系统、TT 系统和 IT 系统。

（2）在正常环境的建筑物内，当大部分用电设备为中小容量，且无特殊要求时，宜采用树干式配电。

（3）当用电设备为大容量或负荷性质重要，或在有特殊要求的车间、建筑物内，宜采用放射式配电。

（4）当部分用电设备距供电点较远，而彼此相距很近、容量很小的次要用电设备，可采用链式配电，但每一回路环链设备不宜超过 5 台，其总容量不宜超过 10kW。容量较小用电设备的插座，采用链式配电时，每一条环链回路的设备数量可适当增加。

（5）在多层建筑物内，由总配电箱至楼层配电箱宜采用树干式配电或分区树干式配电。对于容量较大的集中负荷或重要用电设备，应从配电室以放射式配电；楼层配电箱至用户配电箱应采用放射式配电。

在高层建筑物内，向楼层各配电点供电时，宜采用分区树干式配电；由楼层配电间或竖井内配电箱至用户配电箱的配电，宜采取放射式配电；对部分容量较大的集中负荷或重要用电设备，应从变电站低压配电室以放射式配电。

（6）平行的生产流水线或互为备用的生产机组，应根据生产要求，宜由不同的回路配电；同一生产流水线的各用电设备，宜由同一回路配电。

（7）在低压电网中，宜选用 D，yn11 结线组别的三相变压器作为配电变压器。

（8）在系统接地型式为 TN 及 TT 的低压电网中，当选用 Y，yn0 结线组别的三相变压器时，其由单相不平衡负荷引起的中性线电流不得超过低压绕组额定电流的 25%，且其一相的电流在满载时不得超过额定电流值。

（9）当采用 220/380V 的 TN 及 TT 系统接地型式的低压电网时，照明和电力设备宜由同一台变压器供电。必要时亦可单独设置照明变压器供电。

（10）由建筑物外引入的配电线路，应在室内分界点便于操作维护的地方装设隔离电器。

【思考与练习】

1. 供配电系统设计规范对电能质量有哪些要求？

2. 供配电系统设计规范对无功补偿有哪些要求？

3. 供配电系统设计规范对低压配电有哪些要求？

参 考 文 献

[1] 国家电网公司人力资源部. 农网配电（上、下）. 中国电力出版社，2010.

[2] 国家电网公司人力资源部. 农网营销（上、下）. 中国电力出版社，2010.

[3] 国家电网公司农电工作部. 农村供电所人员上岗培训教材. 中国电力出版社，2006.

[4] 国家电网公司农电工作部，中国电力企业联合会农电分会. 供电所工作务实手册. 中国电力出版社，2004.

[5] 国家电网公司人力资源部. 供用电常识. 中国电力出版社，2010.